国家出版基金项目
NATIONAL PUBLICATION FOUNDATION

中国航天技术进展丛书

吴燕生　总主编

数字化航天器系统工程设计

于登云　李　志　等　著

中国宇航出版社

·北京·

图书在版编目(CIP)数据

数字化航天器系统工程设计 / 于登云等著 . -- 北京：
中国宇航出版社，2018.9

ISBN 978 - 7 - 5159 - 1536 - 4

Ⅰ.①数… Ⅱ.①于… Ⅲ.①数字化－航天器－系统
设计 Ⅳ.①V423

中国版本图书馆 CIP 数据核字(2018)第 230932 号

责任编辑　侯丽平　　**封面设计**　宇星文化

出　版
发　行　**中国宇航出版社**

社　址　北京市阜成路 8 号　**邮　编**　100830
　　　　(010)60286808　　(010)68768548
网　址　www.caphbook.com
经　销　新华书店
发行部　(010)60286888　　(010)68371900
　　　　(010)60286887　　(010)60286804(传真)
零售店　读者服务部　　(010)68371105
承　印　河北画中画印刷科技有限公司

版　次　2018 年 9 月第 1 版
　　　　2018 年 9 月第 1 次印刷
规　格　787×1092
开　本　1/16
印　张　20.25
字　数　492 千字
书　号　ISBN 978 - 7 - 5159 - 1536 - 4
定　价　88.00 元

本书如有印装质量问题，可与发行部联系调换

总　序

　　中国航天事业创建 60 年来，走出了一条具有中国特色的发展之路，实现了空间技术、空间应用和空间科学三大领域的快速发展，取得了"两弹一星"、载人航天、月球探测、北斗导航、高分辨率对地观测等辉煌成就。航天科技工业作为我国科技创新的代表，是我国综合实力特别是高科技发展实力的集中体现，在我国经济建设和社会发展中发挥着重要作用。

　　作为我国航天科技工业发展的主导力量，中国航天科技集团公司不仅在航天工程研制方面取得了辉煌成就，也在航天技术研究方面取得了巨大进展，对推进我国由航天大国向航天强国迈进起到了积极作用。在中国航天事业创建 60 周年之际，为了全面展示航天技术研究成果，系统梳理航天技术发展脉络，迎接新形势下在理论、技术和工程方面的严峻挑战，中国航天科技集团公司组织技术专家，编写了《中国航天技术进展丛书》。

　　这套丛书是完整概括中国航天技术进展、具有自主知识产权的精品书系，全面覆盖中国航天科技工业体系所涉及的主体专业，包括总体技术、推进技术、导航制导与控制技术、计算机技术、电子与通信技术、遥感技术、材料与制造技术、环境工程、测试技术、空气动力学、航天医学以及其他航天技术。丛书具有以下作用：总结航天技术成果，形成具有系统性、创新性、前瞻性的航天技术文献体系；优化航天技术架构，强化航天学科融合，促进航天学术交流；引领航天技术发展，为航天型号工程提供技术支撑。

　　雄关漫道真如铁，而今迈步从头越。"十三五"期间，中国航天事业迎来了更多的发展机遇。这套切合航天工程需求、覆盖关键技术领域的丛书，是中国航天人对航天技术发展脉络的总结提炼，对学科前沿发展趋势的探索思考，体现了中国航天人不忘初心、不断前行的执着追求。期望广大航天科技人员积极参与丛书编写、切实推进丛书应用，使之在中国航天事业发展中发挥应有的作用。

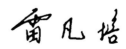

2016 年 12 月

前　言

随着我国经济和国防建设的不断发展，对空间技术的需求迅速增长，用户对航天器的研制工作提出了更高的要求。航天器的复杂程度和高新技术含量不断提高，技术与经济风险也在不断加大，我国航天器总体设计方法和手段已经成为制约航天器总体水平的主要因素。数字化航天器设计是以计算机网络为载体，以数字化模型为基础，将多学科优化作为协调控制机制的先进设计方法。数字化航天器设计模型的复用与并行协同设计机制，保证了航天器总体与分系统之间以及各分系统之间设计模型和数据的一致性，减少了设计差错。设计人员能够直接从数据库中调用已有的设计方案以及成熟设备和分系统模型，对其进行适应性修改，快速满足新的航天器方案设计要求，缩短了方案设计的周期。设计资源数据库的应用，极大提高了设计人员的工作效率，减少了重复性工作，提高了相关设计资源的使用效率。数字化航天器的设计模型与仿真模型之间存在映射关系，可从航天器设计模型中提取仿真分析相关的模型与参数直接应用于仿真实验，保证了设计与仿真之间模型和数据的一致性，使得仿真验证工作更为有效。

国外尤其是美、俄、欧洲等的航天机构和宇航公司将基于模型的数字化航天器设计与仿真手段广泛应用于航天器设计，对提高航天器的设计水平起到了非常重要的作用。为了缩短与国际先进水平之间的差距，将多年的航天器研制工程实践中取得的大量经验和成果进行分析、提炼和应用，同时考虑航天器新概念、新系统和新技术研究对数字化设计、仿真验证、集成试验等的实际需求，配合航天器研制流程改进，本书作者及其研究团队历经十年完成了"数字化航天器设计与仿真柔性平台系统"开发，并在我国神舟飞船和月球探测器等多个复杂航天器设计中得到了成功应用，取得了显著的经济效益和社会效益。该科研成果解决了大型、复杂航天器系统的设计与仿真一体化、柔性化、并行协同的技术难题，设计先进，功能齐全，工作运行稳定，适应性强，效益显著，综合性能属国内领先，达到国际先进水平。

全书分为 6 章：第 1 章概述了数字化航天器设计研究背景、概念内涵、技术特征、基本流程和主要关键技术，对国外相关技术发展状况进行了综述；第 2 章阐述了数字化航天器设计环境的功能和组成，对数字化航天器协同设计管理与支持系统、柔性仿真管理与控制及可视化系统进行了比较详细的介绍；第 3 章和第 4 章分别介绍了数字化航天器总体和平台分系统的设计和仿真模型；第 5 章给出了数字化航天器设计的应用实例；第 6 章从需求牵引、技术推动和应用推广方面对数字化航天器设计技术发展进行了展望。

本书是国内首次系统论述数字化航天器设计技术的著作，写作过程中得到了长期从事航天器总体设计工作的院士、总师的指导和帮助，得到了"数字化航天器设计与仿真柔性平台系统"研发团队的鼎力支持，在此谨向他们表示衷心的感谢。

数字化航天器设计技术尚处在快速发展时期，本书是对作者及其研发团队科研成果的系统总结和提炼。希望通过本书，能够对数字化航天器设计与仿真技术发展和推广应用起到积极作用，并为从事数字化航天器设计与仿真研究工作的科技人员提供参考。鉴于作者时间和水平有限，书中难免存在错误和不妥之处，敬请读者批评指正。

目　录

第 1 章　数字化航天器系统工程设计基础

1.1　航天器总体设计基本要求

设计是为了创制某一产品进行构思和描述这一构思结果的过程。工程设计是指应用科学规律，通过分析、综合和创造思维将设计要求转化为一组完整描述产品参数的活动过程。航天器总体设计或称航天器系统工程设计是指，以航天器为对象按照系统工程方法开展的所有系统设计活动，它是系统科学和工程设计交叉的产物。

本书所述航天器是指长期在空间轨道飞行和在地外天体表面长期工作的各类卫星、飞船和深空探测器等。它是一个复杂系统，由相互联系、相互依赖、相互制约、相互作用的若干要素组成，是具有特定整体功能的集合体，具有集合性、层次性、相关性、目的性、动态性和适应性等基本特征。航天器按基本功能划分，可分为有效载荷和平台系统两大部分，有效载荷是直接执行特定任务的分系统，平台系统是为有效载荷发挥正常效能提供支持和保证的其他各分系统的总称。任务不同，航天器平台系统构成也不尽相同，共性分系统包括结构与机构分系统、供配电分系统、姿态与轨道控制分系统、测控分系统、数据管理分系统、热控分系统等。

航天器研制采用系统工程的方法，由以下七个基本步骤构成：辨识环境、确立目标、评价指标、系统综合、系统分析、系统优化和决策实施。在工程实际中，以上方法步骤可能要反复迭代多次。在系统工程中存在两个相互作用的基本过程：一是实现目标系统的工程技术过程，二是对工程技术过程的控制过程。具体到航天器工程，则是航天器设计、制造、试验等过程和航天器项目管理过程。目前我国航天器研制一般经历六个阶段，即需求分析阶段、可行性论证阶段、方案设计阶段、初样研制阶段、正样研制阶段和在轨运行阶段。

航天器总体设计的任务是在规定的研制周期和研制成本的情况下，以用户要求为依据，将航天器工程其他系统（运载火箭、发射场、地面测控与通信和应用系统等）经选择和确认的各系统间接口作为约束条件，确定航天器系统构成、分配性能指标、明确分系统间接口、给出分系统设计要求。航天器总体设计基本任务为：

1) 将用户需求转化为由若干分系统组成的系统和系统的功能与性能参数，并满足工程其他系统的约束要求；

2) 将系统功能和性能参数分解到各个分系统中，经过分析和协调保证各种功能的、物理的和程序的接口相互兼容；

3) 提出分系统解决方案，确定分系统组成及其部组件技术状态，分析分系统完成总体技术要求的能力和程度，提出与其他分系统的接口要求；

4）提出产品保证要求，完成可靠性、可维修性、安全性、电磁兼容性及软件等保证大纲及规范。

航天器总体设计按照深入程度可以分为航天器系统概念设计、总体方案论证和总体方案设计等阶段。

航天器系统概念设计的目的是发现和确定新的需求、分析该需求能否得到满足，确定可能的技术实现途径。工作内容主要包括对任务进行分析、确定工程系统构成、选择任务轨道或星座、提出航天器方案设想、协调航天器设计的约束条件，进行关键技术分析，制定航天器研制计划、进行费用效益与风险分析等。

航天器总体方案论证的目的是确定航天器系统的必要性与可行性，为航天器转入工程研制提供决策依据。工作内容主要包括确定系统需求，提出满足系统需求的航天器总体方案并进行方案优选，进行航天器构型设计，论证分系统组成并进行方案选择，对关键技术攻关项目及其保障条件进行分析，提出系统验证与实施计划。

航天器总体方案设计的目的是选定和设计航天器总体方案，分析和确定总体参数，提出各种接口要求，工作内容包括进一步确定系统需求，确定总体方案、总体参数与飞行程序，确定与运载火箭、发射场、地面测控站、地面应用系统的接口，确定分系统组成及技术要求，完成关键技术攻关，完成轨道或星座设计，完成构型与布局设计，完成整星动力学分析、热分析和电磁兼容性分析，确定航天器研制技术流程、计划流程和产品保证流程，制定可靠性、可维修性、安全性、电磁兼容性及试验验证等保证大纲及规范。

在航天器总体设计中，要将航天器若干分系统有机结合在一起，对每个分系统的技术要求都要首先从实现整个系统技术协调的观点考虑，依据任务要求来选择方案，然后对各分系统提出技术要求，由分系统具体实现。由于航天器总体设计必须考虑大量设计因素，这些设计因素之间存在着补偿、替代和制约机制，是相互紧密耦合在一起的。总体设计就是要通过各分系统的相互作用、配合和协调获得总体最优或最合理可行的方案。因此，在总体设计中要采用科学方法和技术手段，通过对定义、规划、研究、设计、仿真、试验及鉴定等迭代过程的运用，将任务要求转化成对系统性能参数和系统配置的描述；综合各相关的技术参数，并保证各种接口的兼容性，使整个系统的技术状态及其设计方案得以优化；将可靠性、可维修性、安全性、生存性、人的因素以及其他有关因素综合考虑到整个工程中去，以期满足技术性能和费用、进度的目标要求。

航天器总体设计技术是一项多学科多专业交叉与综合的系统工程技术，在航天器研制和应用中占有重要地位，其技术水平不但对提高航天器总体水平、缩短研制周期、节省研制经费起着重要作用，而且直接关系到航天器总体性能及其总体技术指标的先进性、可靠性、安全性和航天器在轨工作寿命。

为完成航天器的总体设计工作，应遵循以下基本设计原则：

（1）以用户需求为导向

航天器总体设计必须以用户需求即任务要求为依据，开展航天器系统设计活动，保证最终研制出的航天器产品能够满足用户的使用要求。除满足特定的使用要求及性能指标要求外，还要满足用户提出的研制周期和成本的要求。

（2）确保系统整体最优

航天器系统由相互关联的分系统组成，各分系统又是由众多的子系统、设备及零部件组成的。航天器所具备的特有的功能和性能并不是通过各分系统功能的简单叠加获得，而是由各组成部分之间相互联系、相互作用和相互协调而形成的。因此，在航天器总体设计中，要防止脱离整体功能和性能而追求局部高性能或迁就局部低性能；要避免把系统分解和综合的技术协调做成简单的加减，而要根据相互联系、相互作用和相互协调的关系，进行科学的分析和计算来进行分解和综合；要使系统设计和技术协调达到整体最优的效果，即以最小的代价，最有效地利用技术成果，进行最佳组合，达到所要求的系统功能和性能。

（3）各层次系统协调一致

航天器系统的另一个性质就是它的层次性。航天器系统属于航天工程系统的重要组成部分，与其关联的系统还包括运载火箭系统、发射场系统、测控系统和应用系统。航天器系统设计要满足其他系统对它的限制和要求，航天器总体设计方案的改变，会影响到工程系统中其他系统设计方案，因此，在开展航天器总体设计前，一定要明确与工程其他系统之间的接口关系。

航天器由若干分系统组成，分系统之间通过相互联系、相互协调和相互作用实现航天器的各项功能和性能。某一分系统方案的改变，同样会影响其他相关分系统方案，最终导致航天器总体指标的变化。反之，航天器某一功能或指标的变化，会影响到一个或多个分系统的方案。因此，在航天器总体设计中，一定要保证各分系统之间的协调性和一致性。

（4）在充分继承的基础上创新

航天技术是 20 世纪 50 年代发展起来的新技术，随着相关技术、工艺、材料等水平的不断提高，在航天器设计中进行创新，可提高航天器总体性能。但是，航天器特殊运行环境要求高可靠性，必须建立在充分继承的基础上。因此，必须在充分继承的基础上创新，才能实现既具有较高品质又具有较高的可靠性和良好经济性的航天器设计。

（5）追求整体效益最大化

为了获得较高的效益，航天器总体设计要通过优化的方法，将成熟技术和新技术进行最佳组合，保证可靠性，缩短研制周期，降低研制成本，达到用户对航天器功能和性能的要求。

1.2　数字化航天器系统工程设计研究背景

随着我国经济和国防建设的不断发展，空间技术面临着大好的发展机遇，同时也面临着技术复杂、任务重、时间紧的严峻挑战。能否抓住机遇，好、快、省地完成航天器的研制工作，满足国防建设和国民经济发展对空间技术日益增长的需求，已经成为关系到我国空间事业前途和命运的重大问题。

现实表明，我国航天器总体设计方法和手段是制约航天器总体水平的主要因素。传统的航天器设计流程为顺序设计，从任务分析开始，进行总体方案可行性论证，并对关键技术进行攻关，然后进行总体方案设计，最后进行分系统方案设计。设计师采用"分散工作、集中讨论"工作方式，总体设计人员通过文件方式收集、整理和分发有关分系统设计人员产生的设计信息，再通过会议进行技术协调。面对多型号并举的局面，设计师陷入文山会海之中，致使在航天器研制周期中，方案设计阶段占很大比例，且容易产生设计差错，造成严重质量问题。

面对未来发展和任务需求，必须在现有航天器总体设计方法和手段的基础上，通过研究和探索，充分借鉴国际先进技术与经验，将多年的航天器研制工程实践中取得的大量经验和成果进行分析、提炼和应用，同时考虑航天器新概念、新系统和新技术研究对数字化设计、仿真演示验证、集成试验等的实际需求，配合航天器研制流程优化，发展数字化航天器系统工程设计技术，形成数字化航天器设计与仿真环境，推动空间技术实现跨越式发展，满足提高航天器综合性能、缩短研制周期、降低研制成本的要求。

数字化航天器系统工程设计（以下简称数字化航天器设计）就是将航天器作为一个复杂系统，采用系统工程方法与数字化技术和计算机技术相结合，并将系统的构成和行为模型化与参数化，实现航天器设计在外部环境及约束下从纸面到网络、从离线到在线的快速集成、仿真、优化与验证，以达到系统设计最快、性能最佳、整体效益最大的目的。

基于数字化设计技术的并行设计是解决目前面临问题的首选方法。所谓并行设计是产品研发团队基于资源可以共享和信息实时交互的网络化工作环境，面向统一的产品多学科模型，在并发设计流程调度管理下开展产品设计。构成并行设计的四要素为：多学科集成设计团队、协同工作网络环境、统一的产品数字化模型和并发协调的工作流程。

在航天器的概念研究和方案论证阶段，通过数字化航天器设计，可对新概念进行演示，验证方案的可行性，对新技术研究成果进行系统集成和演示验证。在航天器方案设计阶段，对于采用继承技术的分系统或产品，利用数字化航天器设计，仅需对以往型号工程所建立的模型进行适应性修改，就可快速完成分系统数字化设计；对新技术或新产品，则通过建立数字化模型，通过实时仿真加以验证，从而快速产生数字化航天器原型系统（或称数字化的虚拟航天器），对航天器总体性能给予综合评价。

数字化航天器设计支持递进开发方法，对于成熟技术，无须研制大量物理样机，在研发阶段即可进行全系统的功能联试，为新技术集成试验提供硬件在回路中（HIL）仿真验证环境，以促进新技术和新产品与成熟技术的融合；为飞行软件的设计、开发、调试及测试提供处理器在回路中（PIL）仿真验证环境，有效地缩短新技术和新系统的工程化周期。

另外，通过数字化航天器设计，在模型上反复对真实系统可能发生的故障进行模拟，可有效地开展故障诊断与对策研究。尤其是对高可靠和长寿命要求的航天器系统，要求具有一定的自主能力，因此，将预期可能发生的故障在数字化航天器设计平台的支持下进行仿真，模拟应急模式下航天器运行环境和工作状态，对航天器在轨故障对策给予验证，以保证可靠运行。

采用数字化航天器设计，对支持航天新概念、新系统以及新技术研究，加速工程转化，具有非常重要的工程应用价值，具体表现在以下几个方面：

1）通过数字化航天器设计，可以实现航天器的协同设计和并行开发，在设计的同时完成航天器方案的仿真验证工作，数字化航天器设计技术的应用将大大提高我国的航天器设计水平。

2）借助数字化航天器设计，提高与用户的有效沟通能力，使新型航天器设计方案不断得到完善和优化，最大限度地满足用户需求，为航天器新型号工程立项创造条件。

3）数字化航天器设计能更好地利用经过飞行试验得到验证的航天器型号的标准化和模块化产品，综合集成专家设计经验，从而有效提高航天器的可靠性和安全性。

4）数字化航天器设计支持"边设计边验证"递进开发方法，在航天器设计方案确定之前，就能对关键技术攻关产生的样机进行系统集成与试验，完成对方案设计的验证和与工程其他系统的协调。

5）通过数字化航天器设计，可以较早地发现可能的设计错误、接口问题和可能出现的故障，保证各分系统之间、各分系统与总体之间的协调性与一致性；保证产品投产一次完成，最大限度地避免因产品返工造成研制经费的增加和研制周期的拖延。

6）数字化航天器设计，不受航天器具体构型、配置和尺寸的限制，可同时开展多种类型航天器的设计、分析与验证，能够大大缩短航天器的研制周期，降低研制成本。

1.3　数字化航天器设计概念内涵

数字化航天器设计是以计算机网络为载体，以数字化模型为基础，以多学科优化为协调控制机制的先进设计方法。

数字化航天器设计继承了工业产品数字化设计和计算机集成制造系统的思想，同时又有其自身的特点。在数字化航天器设计中，产品建模是基础，优化设计是主体，数据管理是核心。

数字化航天器设计的核心是数字化模型数据库，数据库中存储所有已经得到飞行试验验证的航天器和正在研制的航天器的数字化模型。航天器总体设计人员和分系统设计人员按照设计要求，通过对数字化模型数据库的调用、修改和组合生成航天器数字化设计模型，该模型具有层次化体系结构，通过协同设计机制相互关联，当总体或某个分系统设计参数发生变化时，经过多学科优化，立即在总体和相关的分系统有所反应。设计师通过协同设计，不断对航天器数字化设计模型进行修改、补充和完善，直到以整体最优满足用户要求为止。由于有历史成熟航天器型号数字化模型提供参考和依据，设计团队可以快速完成新型航天器设计。

在数字化航天器设计中，仿真作为设计验证手段发挥十分重要的作用，并贯彻始终。数字化模型数据库中存储与设计模型相对应的仿真模型，相互形成映射关系，为设计的各个阶段提供仿真验证。

1.4　数字化航天器设计技术特征

数字化航天器设计主要包括如下几个方面的技术特征。

（1）协同设计

利用数字化航天器协同设计技术，不同专业、不同分系统的设计人员可以协同完成航天器的设计工作。主要包括两部分内容：第一部分是总体设计，确定航天器的运行轨道、总体性能指标、与工程其他系统接口、分系统技术要求；第二部分是分系统设计，根据总体设计要求和分系统的专业特点，完成分系统的配置、参数确定等设计工作。这两部分工作的开展是一个循环迭代的过程，通过不断迭代逼近，最终完成航天器总体方案的优化。

协同设计环境具有如下特点：

1）专业性：不同分系统的设计环境应具有专业性的特点，按照专业设计人员习惯的描述方法来描述模型和参数，以及模型之间的关系；

2）易用性：能使用图形化的方式进行开发，并为设计人员提供本专业设计和分析的常用工具；

3）集成性：与现有设计环境和工作流程相结合，完成数字化设计与建模工作；

4）通用性：同时支持多种类型的航天器数字化设计要求；

5）协调性：不同设计人员、不同专业的设计应该协调一致，主要体现为模型的一致性、接口的完整性；

6）一致性：提供多设计版本的管理能力，保证不同设计版本之间参数的一致性。

（2）快速设计

利用设计资源数据库，设计人员能够在已有的航天器数字化模型的基础上，采用新部件或新子系统模型替换已有的部件或子系统，快速完成新型航天器设计任务。

数字化航天器设计资源数据库具有如下特点：

1）继承性：航天器设计资源数据库通过积累，使设计人员能充分利用已有航天器数字化模型，快速完成新型航天器的设计；

2）通用性：数据库中的航天器数字化模型具有通用接口，在不改变接口的前提下，基于新的设计方案，完成对航天器数字化子系统和部件的替换；

3）可扩展性：航天器设计资源数据库采用开放式体系结构，可将产生的新概念、新技术、新系统的数字化模型不断地进行集成和扩充。

（3）并行设计

数字化航天器设计是一个多分支路径、多学科交叉、多人员参与的复杂设计过程。若采用传统的串行工作模式，不但会延长设计周期，而且导致设计协同性的下降。因此，在设计过程中应该采用平行的、交叉的、集成的方式进行并行设计。数字化航天器并行设计具有如下技术特点：

1）统一计划：在每一个数字化航天器设计任务开始，航天器总体设计人员和各分系统设计人员进行设计任务分析,以系统工程的方法制定技术流程和计划流程,将设计任务根据阶段、学科、目标等分解成任务包,明确每一个任务包的工作目标、保证条件、工作内容、人员分工及完成形式,确定里程碑节点的完成时间与考核方法。

2) 明确接口:为确保整个设计任务的完整性和时效性,分解后的每一个任务包之间的接口力求简单明确,接口的内容、形式等以相互能够理解的方式确定下来。

3) 总体监控:由于数字化航天器设计是一个渐进过程,在某一具体任务的设计过程中,随着工作的不断深化,必然会对前期一些不完善的甚至是错误的方案进行修改和完善。总体要对每一次修改和完善对整体设计任务的影响进行分析和评估,给出整体解决方案,这也是协同设计的关键。

4) 及时协调:在数字化航天器设计过程中,对于设计目标、任务、状态、计划、接口等调整变化,总体通过分析评估形成明确要求及时通知有关各方,以保持工作的协调性。

(4) 递进设计

数字化航天器设计主要应用于航天器设计的概念研究阶段、方案论证阶段和方案设计阶段,是一个由粗到细、由简到繁、反复迭代、逐步细化的分阶段递进过程。

1) 概念研究阶段:主要有航天器用户、有效载荷和总体设计人员参与,主要任务是分析航天器的任务目标、使用要求、工程系统支撑性,对航天器的工作模式、主要功能和性能指标及分系统组成等内容进行初步研究,提出关键技术及解决途径,以数字化仿真的方式为用户提供能够理解的航天器外部特征,一般不会深入到分系统内部。

2) 方案论证阶段:航天器总体和分系统设计人员共同参与,在概念研究的基础上,进一步明确航天器的任务目标、使用要求、工程系统接口、工作模式、主要功能和性能指标,构建航天器战术和技术指标体系,自顶而下逐级进行分解,通过多方案比较完成航天器总体和分系统方案论证,开展关键技术攻关,完成航天器总体方案仿真验证和关键技术样机的系统集成与演示验证,通过技术成熟度分析完成技术可行性的分析,基于定价体系完成经济可行性分析,支持型号工程立项。

3) 方案设计阶段:这是型号立项后的第一个阶段,航天器总体、分系统设计人员以及相关专业技术人员参与,基于明确的用户要求、外部约束条件和关键技术攻关研究成果,完成航天器总体、分系统、子系统以及新研或技术状态有改变的设备的方案设计,完成整星和分系统级的分析与仿真、可靠性和安全性设计,制定各种试验和建造规范。

(5) 即时仿真

航天器数字化设计过程与数字化仿真验证过程是紧密联系在一起的,其中仿真就是对设计进行数字化评价和验证,仿真贯穿数字化航天器设计全过程。

1) 在概念研究阶段,仿真是用户需求分析的辅助工具,通过仿真验证用户需求是否可以通过既定的技术方案得到满足,同时以用户能够理解的方式对航天器功能与性能、使用条件、工程系统支撑性以及在国民经济和国家安全等方面的作用等进行生动演示。

2）在方案论证阶段，通过仿真对多个方案进行比较分析，给出方案的技术可行性、总体和分系统所能实现的功能和所能达到性能的定量评估结果，验证航天器与运载火箭、发射场、地面测控站、地面应用系统的接口协调性，同时为关键技术样机提供集成测试和演示验证试验环境。

3）在方案设计阶段，通过仿真实验发现设计差错，验证航天器总体、分系统和子系统方案、指标参数、飞行方案以及工作模式设计的正确性与合理性，为新研和技术状态有改变的设备提供集成测试平台，通过故障仿真对可靠性设计进行验证。

1.5　数字化航天器设计基本流程

通过数字化设计，航天器总体、分系统以及相关专业设计人员可以协同完成航天器的方案设计工作。数字化设计包括三部分内容：第一部分是总体设计，包括任务分析、总体构架设计、总体参数设计、飞行方案设计与总体构型设计；第二部分是分系统设计，根据总体设计结果，完成分系统构架设计、工作模式设计，分系统、子系统和设备的功能与性能以及接口设计；第三部分是仿真验证，针对总体设计和分系统设计结果，配置相应的仿真模型，进行仿真分析，提出设计修改完善的意见。这三部分工作的开展是一个循环迭代的过程，经过多次迭代逼近，最终完成满足任务要求的航天器方案设计工作。图 1-1 为数字化航天器设计工作流程。

航天器任务分析工作内容包括任务目标分析、使用要求分析、工程系统支撑性分析等。任务目标分析的目的是将用户任务要求转化为航天器研制及飞行期间所要达到的具体目标。使用要求分析就是要将用户任务要求和航天器任务目标转化为航天器总体功能和性能指标要求。工程系统支撑性分析是通过与运载火箭系统总体、地面测控系统总体、地面应用系统总体和发射场等单位进行协调或利用已有条件和技术参数，明确航天器与其他系统之间的外部接口关系，作为航天器设计依据和限制条件。

航天器飞行方案设计工作内容包括从航天器发射到任务结束离轨全生命周期各种飞行轨道的设计，包括初始轨道、转移轨道和任务轨道设计，以及任务期间轨道保持、任务结束离轨转移等设计，通过仿真分析的方法，优选出航天器各种轨道的参数和轨道间转移控制策略，分析相应的测控条件、光照条件、空间环境条件。

航天器总体构架设计工作内容包括航天器分系统划分及其接口关系确定、工作模式分析。航天器的功能是由各个分系统通过相互作用、相互配合和相互协调实现的，因此，在明确航天器功能要求的基础上，要构架出组成航天器的分系统。根据航天器任务要求和飞行方案，确定航天器的工作模式，模式间切换的条件。总体构架设计为总体功能与性能指标分解提供依据。

航天器总体参数设计工作内容包括将航天器总体功能与性能指标向各分系统和各工作模式进行分解。首先根据航天器任务目标和使用要求，确定航天器总体功能与技术指标要求。航天器的功能及技术指标是各个分系统通过相互作用、相互配合和相互协调实现的，

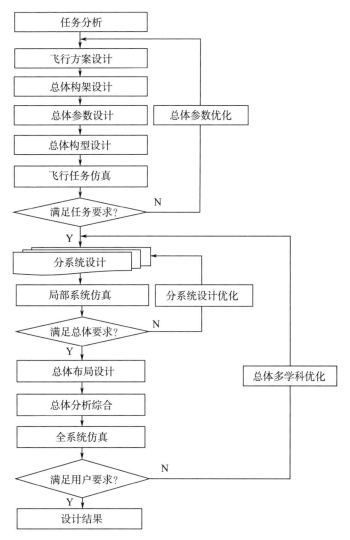

图 1-1　数字化航天器设计工作流程

因此，在明确航天器功能及技术指标后。将航天器总体功能及技术指标分解为各分系统和各工作模式的功能与性能指标要求。航天器总体分析设计输出参数化的航天器初步方案，往往存在多种方案可供选择。

　　航天器总体构型设计主要完成总体外形设计、主承力结构构架设计、在轨展开附件（太阳翼、可展开天线、伸展机构等）构型设计，整星质量特性预估等工作，为航天器分系统设计和仿真提供条件。

　　航天器飞行任务仿真是通过航天器飞行仿真，分析验证航天器飞行方案设计、工作模式设置、总体参数设计的正确性和合理性，验证与运载火箭、发射场、地面测控系统、地面应用系统的协调性，给出航天器在轨飞行期间测控与数传条件和光照条件等，参与航天器总体参数优化，为进一步开展分系统设计提供输入条件。

　　航天器总体参数优化是将航天器总体参数设计结果代入总体参数优化目标函数，通过飞行任务仿真进行总体参数分析评估，提出总体参数调整要求。通过设计、仿真和优化反复迭代，使得参数趋于优化。

航天器分系统设计是根据航天器总体分配给各分系统的功能与性能指标以及分系统设计要求，完成分系统设计，包括分系统及其子系统构架设计、工作模式设置，从资源数据库中选择设备，提出外部接口要求等。如果系统组成中存在新研子系统或设备，根据资源数据库对设备信息要求，完成相应的原理描述、接口设计和入库管理等工作。在分系统设计结果中包括分系统设备配套表。

航天器局部系统仿真包括航天器分系统设计仿真验证和新研子系统或设备集成演示验证两部分功能。分系统设计仿真验证是在分系统设计完成后进行的只有本分系统和其他相关分系统部分参加的仿真，验证分系统构架和功能与性能指标是否满足总体要求，参与分系统设计优化。新研子系统或设备集成演示验证是通过航天器数字化仿真平台针对新研的子系统或设备样机构建集成测试环境，测试样机的功能与性能指标，检验样机对外接口设计的合理性和相容性。

航天器分系统设计优化是将航天器分系统设计结果代入分系统设计优化目标函数进行优化分析，通过航天器局部系统仿真进行评估，提出分系统设计调整要求。通过设计、仿真和优化反复迭代，使得分系统设计趋于优化。

航天器总体布局设计是依据分系统设备配套表及其运动、指向、视场、热控、相互连接关系、整流罩空间包络等要求和限制条件，将设备布置在星体外部和星体内部，保证设备的地面测试与操作条件、发射动力学环境条件和在轨工作条件。根据总体对质量特性的要求设定布局优化目标函数进行优化分析，对设备布局进行调整。

航天器总体分析综合是根据分系统设计结果进行整星参数综合分析，包括整星质量特性计算、整星功耗和可靠性计算，整星力学分析、热分析等，为全系统仿真和总体优化提供条件。

航天器全系统仿真是航天器所有分系统都参加的覆盖航天器所有工作模式和全寿命周期的仿真，对航天器总体功能与性能指标进行分析评估，参与总体设计优化，验证航天器与工程系统中其他系统工作的匹配性和协调性。

航天器总体多学科优化是将航天器总体分析综合结果代入总体优化目标函数进行多学科优化分析，通过航天器全系统或局部系统仿真进行评估，提出总体或分系统设计调整要求。通过设计、仿真和优化反复迭代，使得航天器设计趋于优化。

上述设计流程是数字化航天器设计通用流程，在具体应用中，根据所处研究阶段和设计工作要求进行裁剪。流程中优化环节所采用的优化目标函数也需根据具体应用情况进行选择或定制。

1.6 数字化航天器设计主要关键技术

数字化航天器设计与仿真平台是一个集设计、分析、仿真、测试等功能于一体的全新系统。为保证整个系统的先进性、有效性、协同性等特点，在平台设计与研制过程中，需要突破多项关键技术，主要包括：

　　1）数字化航天器协同设计技术；

　　2）数字化航天器建模与验模技术；

　　3）数字化航天器柔性仿真技术。

1.6.1　数字化航天器协同设计技术

航天器系统是由多个分系统相互作用、协调工作组成的有机整体，各分系统由若干子系统或设备组成。协同设计的技术基础是对航天器的组成和各部分之间的相互联系、相互依存、相互作用和相互制约的关系有清晰的理解。利用数字化航天器设计平台实现航天器设计的过程就是一个定义、分析、设计、仿真、综合和优化反复迭代的过程。

协同设计支持系统根据任务定制设计流程，驱动和管理设计过程；为总体和分系统设计人员提供交互界面；为航天器总体和各分系统数字化建模、分析与仿真工具软件提供接口；通过网络数据库管理系统进行模型管理和数据动态交换，确保数字化航天器设计参数匹配、数据一致、工作协调。

1.6.2　数字化航天器建模与验模技术

数字化航天器设计的基础是航天器数字化模型。数字化航天器在设计过程中主要由数据库中的设计参数集和模型库中的模型集通过组合配置构成航天器数字化模型，描述航天器的功能组成、性能指标、对内和对外的接口关系等。

数字化航天器仿真模型在不同的阶段和不同的应用中有不同的表现形式。在方案设计过程中，由数学仿真模型支持设计优化和数学仿真应用；在关键技术攻关过程中，由实时仿真模拟接口支持系统集成、功能验证、软件测试、故障仿真等应用。

对数字化航天器进行模型验证，主要是进行可信性评估，包括校核（Verification）、验证（Validation）和确认（Accreditation）三个方面，又称为 VV&A。数字化航天器的模型验证包括：需求校核、总体模型验证、分系统模型验证、总体置信度评估和确认。数字化航天器的模型验证方法包括非正式方法、正式方法、静态方法和动态方法等。

1.6.3　数字化航天器柔性仿真技术

柔性仿真是关于多方法混合、多模型组合、多系统联合的仿真技术。其主要特征包括多面向的建模方法、可扩展的模型框架和易集成的仿真体系。

在工程领域普遍应用的建模仿真系统是虚拟样机系统和仿真评估系统。虚拟样机系统通过建立实体模型和部件级物理性能仿真模型，支持物理系统的设计优化；仿真评估系统支持对系统的需求、概念、方案、设计和试验进行论证、评估和分析。航天器具有多学科和多层次特征，在其设计周期内模型具有多种形态，要求仿真平台具有广泛的适应性、灵活的扩展性和方便的集成性，同时模型应具有良好的可重用性。

1.7　航天器飞行力学基础知识

1.7.1　时间系统

（1）Greenwich 恒星时计算模型

Greenwich 恒星时（GST — Greenwich Sidereal Time）也叫 Greenwich 赤经，是指在某特定的绝对时刻［Year/Month/Day - Hour：Minute：Second］Greenwich 子午线通过春分点后转过的角度。通常用 $\alpha_G(t)$ 表示 t 时刻的 Greenwich 恒星时。Greenwich 赤经在轨道计算中至关重要，因为只给定航天器入轨时的 r, v 并不能唯一确定其入轨轨道，还必须同时给定入轨的绝对时间；而这一绝对时间对航天器运动的影响，也是对轨道仿真的影响，正是体现在其对应的 Greenwich 赤经上。

严格地讲，轨道仿真过程中任一绝对时间 t 对应的 $\alpha_G(t)$ 都应该运用本模型求解。但最为通常的做法（也是本系统的做法）是：取某个绝对时刻 t_0 作为起始时刻（相对时间的零点）；由本模型求出该时刻的 α_{G0} 作为 Greenwich 赤经的起始值；后继 t 时刻（相对）的 $\alpha_G(t)$ 用 $\alpha_G(t) = \alpha_{G0} + \omega_E t$ 确定。在仿真时间不太长的情况下（比如小于 1 年，通常的仿真时间都满足此条件），这是足够准确的。

下面给出某绝对时间［Year/Month/Day - Hour：Miunte：Second］对应的 Greenwich 赤经之求解模型：

1）计算给定的年、月、日零时的儒略（Julian）日，即从公元前 4713 年 1 月 1 日 12 时（按 Julian 历法）以来经历的天数 JD

$$JD = 367 Year - 7[Year + (Month + 9)/12]/4 + (275 Month)/9 + Day + 1\,721\,013.5$$

$$(1 - 1)$$

其中，"/"表示整除。

2）计算自 1900 年第一天正午以来经历的世纪数 DJC

$$DJC = (JD - 2\,415\,020.0)/36\,525.0 \qquad (1 - 2)$$

3）计算 RU

$$RU = 279.690\,98 + 36\,000.768\,87 DJC + 0.000\,39 DJC^2 \qquad (1 - 3)$$

4）计算 RT

$$RT = 0.004\,178\,074\,6(3\,600 Hour + 60 Minute + Second) \qquad (1 - 4)$$

5）计算 GST

$$GST = RU + RT - 180 \qquad (1 - 5)$$

注：该模型得到的 GST 以度为单位。

（2）绝对时间获取模型

由于系统采用按累计方式计时的 Julian 日期，所有的计算都以入轨时间为相对时间的零点，以此时的 Greenwich 恒星时为 Greenwich 赤经的起始值。所以为了得到某相对时刻对应的绝对时间，系统提供了利用绝对时间基准和相对时间获取绝对时间的模型。这里不再对此模型做详细描述。

1.7.2　常用坐标系定义

（1）日心黄道坐标系（见图 1-2）

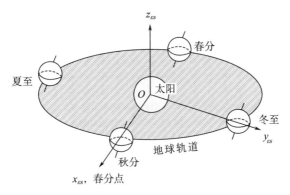

图 1-2　日心黄道坐标系

O：太阳中心；

$x_{\varepsilon s}$：指向春分点——春分时刻（3 月 21 日或 22 日）地-日连线方向；

$y_{\varepsilon s}$：在黄道平面（地球绕太阳公转的平面）内垂直于 $x_{\varepsilon s}$；

$z_{\varepsilon s}$：沿太阳自转角速度方向。

（2）地心黄道坐标系（见图 1-3）

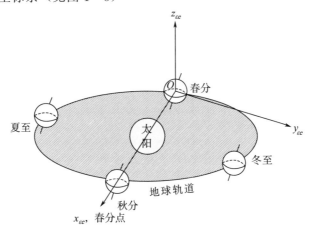

图 1-3　地心黄道坐标系

O：地球中心；

$x_{\varepsilon e}$：平行于 $x_{\varepsilon s}$；

$y_{\varepsilon e}$：平行于 $y_{\varepsilon s}$；

$z_{\varepsilon e}$：平行于 $z_{\varepsilon s}$。

（3）地心赤道惯性坐标系（见图1-4）

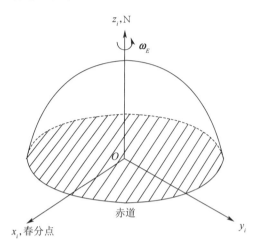

图1-4　地心赤道惯性坐标系

O：地球中心；

x_i：赤道平面内指向春分点；

y_i：赤道平面内垂直于 x_i；

z_i：沿地球自转轴指向北极。

（4）地心赤道历元惯性坐标系（见图1-5）

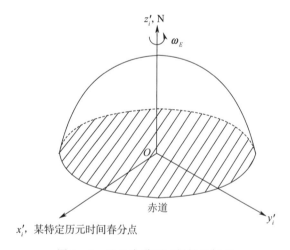

图1-5　地心赤道历元惯性坐标系

O：地球中心；

x'_i：赤道平面内指向某特定历元时间春分点，如2000年1月1日正午12时（简称J2000.0）；

y'_i：赤道平面内垂直于 x'_i；

z'_i：平行于 z_i。

（5）地心拱线坐标系（见图 1-6）

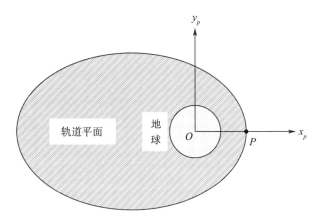

图 1-6　地心拱线坐标系

O ：地球中心；

x_p ：轨道平面内沿轨道拱线，指向近地点；

y_p ：轨道平面内垂直于 x_p ；

z_p ：垂直于轨道平面，沿动量矩矢量 $\boldsymbol{H}$ 方向。

（6）地心节点坐标系（见图 1-7）

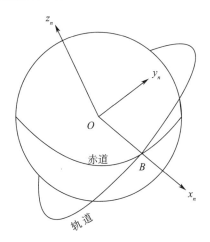

图 1-7　地心节点坐标系

O ：地球中心；

x_n ：轨道平面内指向升交点；

y_n ：轨道平面内垂直于 x_n ；

z_n ：平行于 z_p 。

（7）地心轨道坐标系（见图 1-8）

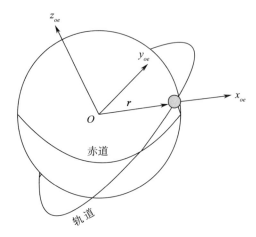

图 1-8　地心轨道坐标系

O：地球中心；

x_{oe}：沿轨道矢径，指向航天器；

y_{oe}：轨道平面内垂直于 x_{oe}；

z_{oe}：垂直于轨道平面，沿动量矩矢量 $\boldsymbol{H}$ 方向。

（8）第一轨道坐标系（见图 1-9）

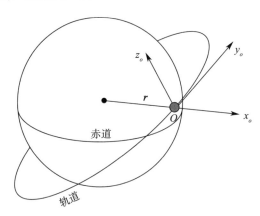

图 1-9　第一轨道坐标系

O：航天器质心；

x_o：轨道平面内，沿地心到航天器径向方向，向上；

y_o：轨道平面内，沿航天器飞行方向，向前；

z_o：垂直于轨道平面，沿动量矩矢量 $\boldsymbol{H}$ 方向。

（9）第二轨道坐标系（见图 1 - 10）

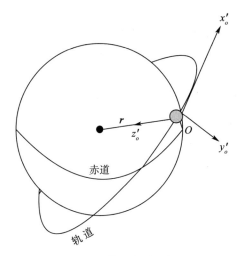

图 1 - 10　第二轨道坐标系

O：航天器质心；

z'_o：沿航天器指向地心方向，铅垂向下；

x'_o：轨道平面内，沿飞行方向，向前；

y'_o：垂直于轨道平面，沿动量矩反方向，向右。

注：本系统采用的是第二轨道坐标系。

（10）地心赤道旋转坐标系，亦称地球固连坐标系（见图 1 - 11）

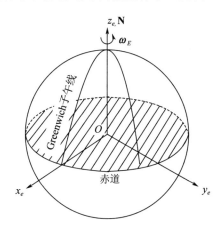

图 1 - 11　地心赤道旋转坐标系

O：地球中心；

x_e：赤道平面内，指向赤道平面与 Greenwich 子午线的交点；

y_e：赤道平面内垂直于 x_e；

z_e：沿地球自转轴，指向北极。

1.7.3 常用坐标系转换

由于系统在对飞行方案实施模拟计算时的基准坐标系是地心赤道惯性坐标系，所以该坐标系与其他坐标系之间的转换模型使用得较为频繁。以下就以此为着眼点，给出几个常用的坐标系转换模型。

应该指出：坐标系转换模型的推导方法（亦即所谓坐标转换矩阵的求解方法），常用的不外乎两种——基于 Euler 角运算和基于矢量运算。其中，基于 Euler 角运算的方法几何意义明确，但要进行大量的三角运算，因而颇为繁琐；基于矢量运算的方法则简单快捷，但要求清楚了解各个矢量之间的关系，几何意义不是很明确。一般情况下，通过一次简单 Euler 转动就能完成的坐标系转换，其转换矩阵采用基于 Euler 角运算的方法求解；由多次简单 Euler 转动才能形成的转换矩阵，则采用基于矢量运算的方法求解其转换矩阵。

这里给出的虽然只是系统中常用的几个模型，但它们涵盖了上述两种常用方法。因此，对于系统涉及的所有其他坐标系转换模型都可以按照这里的思路进行推导。

（1）第一轨道坐标系与地心赤道惯性坐标系

由图 1-12，得

$$\begin{cases} \boldsymbol{i}_o = \dfrac{\boldsymbol{r}}{r} \\[2mm] \boldsymbol{k}_o = \dfrac{\boldsymbol{r}_o \times \boldsymbol{v}}{|\boldsymbol{r}_o \times \boldsymbol{v}|} \\[2mm] \boldsymbol{j}_o = \dfrac{\boldsymbol{k}_o \times \boldsymbol{i}_o}{|\boldsymbol{k}_o \times \boldsymbol{i}_o|} \end{cases} \tag{1-6}$$

所以

$$\boldsymbol{L}_{io} = \begin{bmatrix} \boldsymbol{i}_o \\ \boldsymbol{j}_o \\ \boldsymbol{k}_o \end{bmatrix} \tag{1-7}$$

$$\boldsymbol{L}_{oi} = \boldsymbol{L}_{io}^{\mathrm{T}} \tag{1-8}$$

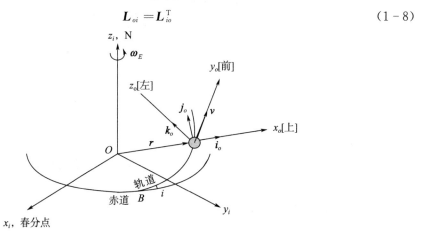

图 1-12　第一轨道坐标系与地心赤道惯性坐标系

（2）第二轨道坐标系与地心赤道惯性坐标系

由图 1 - 13，得

$$\begin{cases} \boldsymbol{k}_o' = \dfrac{\boldsymbol{r}}{r} \\[3mm] \boldsymbol{j}_o' = \dfrac{\boldsymbol{k}_o' \times \boldsymbol{v}}{|\boldsymbol{k}_o' \times \boldsymbol{v}|} \\[3mm] \boldsymbol{i}_o' = \dfrac{\boldsymbol{j}_o' \times \boldsymbol{k}_o'}{|\boldsymbol{j}_o' \times \boldsymbol{k}_o'|} \end{cases} \qquad (1-9)$$

所以

$$\boldsymbol{L}_{io'} = \begin{bmatrix} \boldsymbol{i}_o' \\ \boldsymbol{j}_o' \\ \boldsymbol{k}_o' \end{bmatrix} \qquad (1-10)$$

$$\boldsymbol{L}_{o'i} = \boldsymbol{L}_{io'}^{\mathrm{T}} \qquad (1-11)$$

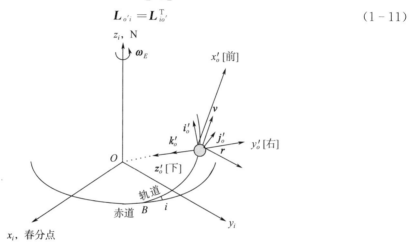

图 1 - 13　第二轨道坐标系与地心赤道惯性坐标系

（3）地心赤道旋转坐标系与地心赤道惯性坐标系

由图 1 - 14，得

$$\boldsymbol{L}_{ie} = \boldsymbol{L}_z(\alpha_G) = \begin{bmatrix} \cos\alpha_G & \sin\alpha_G & 0 \\ -\sin\alpha_G & \cos\alpha_G & 0 \\ 0 & 0 & 1 \end{bmatrix} \qquad (1-12)$$

$$\boldsymbol{L}_{ei} = \boldsymbol{L}_{ie}^{\mathrm{T}} \qquad (1-13)$$

（4）第一轨道坐标系与第二轨道坐标系

由图 1 - 15 可以看出

$$\begin{bmatrix} x_o' & y_o' & z_o' \end{bmatrix}^{\mathrm{T}} = \begin{bmatrix} y_o & -z_o & -x_o \end{bmatrix}^{\mathrm{T}} \qquad (1-14)$$

所以

$$\boldsymbol{L}_{o'o} = \begin{bmatrix} 0 & 1 & 0 \\ 0 & 0 & -1 \\ -1 & 0 & 0 \end{bmatrix} \qquad (1-15)$$

$$L_{oo'} = L_{o'o}^{\mathrm{T}} \qquad\qquad (1-16)$$

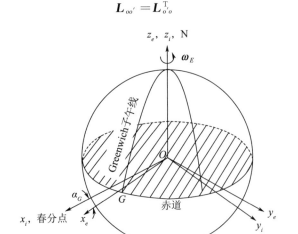

图 1-14　地心赤道旋转坐标系与地心赤道惯性坐标系

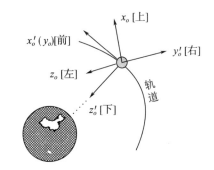

图 1-15　第一轨道坐标系与第二轨道坐标系

1.7.4　航天器轨道运动受力模型

本节主要从轨道动力学的观点考察航天器的运行环境，因此这里讨论的航天器的空间运行环境就是影响航天器轨道的运行环境，主要包括地球引力场、地球大气和太阳光压。

（1）地球引力场

航天器在轨运动的力学模型可以视为一个受到空间各种摄动因素影响的二体问题。在诸多摄动因素中，地球引力场是最重要、甚至对航天器运动起决定作用的一个因素。

地球引力场是保守力场，它所具有的位势通常被称为地球引力势。把地球视为匀质正球体时，其引力势 U 只是地心距 r 的函数：$U = U(r)$。但考虑其形状上的不规则和质量分布上的不均匀后，其引力势就是地心距 r、经度 λ、纬度 φ（严格讲为地心纬度）的函数：$U = U(r, \lambda, \varphi)$。

多年来，利用地面重力资料和空间卫星资料测定出的地球引力场模型累计有十多种。本文选用了 WGS84，JGM2，JGM3 和 GEM-T1 四种使用比较广泛的地球引力场模型，以适应多种用途的不同需要。

在这些引力场模型下，地球引力势的计算公式为

$$U = \frac{\mu}{r} \left[1 + \sum_{l=2}^{\infty} \sum_{m=0}^{l} \left(\frac{R_E}{r} \right)^l \overline{P}_{lm}(\sin\varphi)(\overline{C}_{lm}\cos(m\lambda) + \overline{S}_{lm}\sin(m\lambda)) \right] \quad (1-17)$$

式中　μ——地球引力常数；

　　　R_E——地球赤道半径；

　　　$\overline{P}_{lm}$——规范化的 Legendre 伴随函数；

　　　$\overline{C}_{lm}, \overline{S}_{lm}$——规范化的谐系数。

注：针对不同的引力场模型，μ、R_E 略有不同。

其中

$$\overline{P}_{lm}(\sin\varphi) = P_{lm}(\sin\varphi)/N_{lm} ; P_{lm}(\sin\varphi) = (1 - \sin^2\varphi)^{m/2} \frac{\mathrm{d}^m P_l(\sin\varphi)}{\mathrm{d}\sin\varphi^m} \quad (1-18)$$

$$P_l(\sin\varphi) = \frac{1}{2^l l!} \frac{\mathrm{d}^l}{\mathrm{d}\sin\varphi^l} \left[(\sin^2\varphi - 1)^l \right] ; N_{lm} = \left[\frac{(l+m)!}{(2l+1)(l-m)!} \delta \right]^{1/2} \quad (1-19)$$

$$\delta = \begin{cases} 1 & (m=0) \\ 2 & (m \neq 0) \end{cases} \quad (1-20)$$

可以把地球引力势 U 分成中心引力势 U_c 和非中心引力势（即摄动势）ΔU 两部分，即：$U = U_c + \Delta U$。其中

$$\begin{cases} U_c = \mu/r \\ \Delta U = \frac{\mu}{r} \sum_{l=2}^{\infty} \sum_{m=0}^{l} \left(\frac{R_E}{r} \right)^l \overline{P}_{lm}(\sin\varphi)(\overline{C}_{lm}\cos(m\lambda) + \overline{S}_{lm}\sin(m\lambda)) \end{cases} \quad (1-21)$$

而把地球对航天器的引力加速度分成中心引力加速度 $\boldsymbol{g}_c$ 和摄动引力加速度 $\Delta\boldsymbol{g}$ 两部分

$$\boldsymbol{g} = \boldsymbol{g}_c + \Delta\boldsymbol{g} \quad (1-22)$$

所以，有了地球引力势 U 的表达式后，就可以按照下式得到航天器的引力加速度

$$\begin{cases} \boldsymbol{g}_c = -\frac{\mu}{r^3} \boldsymbol{r} \\ \Delta\boldsymbol{g} = \mathrm{grad}\Delta U \end{cases} \quad (1-23)$$

对式（1-21）中 ΔU 的解析式做适当变换，可得

$$\Delta U = \frac{\mu}{r} \left[\sum_{l=2}^{\infty} \overline{C}_l \left(\frac{R_E}{r} \right)^l \overline{P}_l(\sin\varphi) + \sum_{l=2}^{\infty} \sum_{m=1}^{l} \left(\frac{R_E}{r} \right)^l \overline{P}_{lm}(\sin\varphi)(\overline{C}_{lm}\cos(m\lambda) + \overline{S}_{lm}\sin(m\lambda)) \right]$$

$$(1-24)$$

从式（1-24）可以看出，摄动引力势中含有以下三类谐函数：

· $\overline{P}_l(\sin\varphi)$ 描述的是引力势随纬度的变化情况，其函数值沿纬度有正负交替，为带形谐函数。

· $\overline{P}_{ll}(\sin\varphi)\cos(l\lambda)$ 和 $\overline{P}_{ll}(\sin\varphi)\sin(l\lambda)$ 描述的是引力势随纬度和经度的变化，但其函数值仅沿经度有正负交替，为扇形谐函数。

· $\overline{P}_{lm}(\sin\varphi)\cos(m\lambda)$ 和 $\overline{P}_{lm}(\sin\varphi)\sin(m\lambda), m \neq 1$，描述的是引力势随纬度和经度的变化，且其函数值沿纬度和经度都有正负交替，为田形谐函数。

所以，引力场模型所确定的地球非球形摄动综合考虑了带谐、扇谐和田谐三个摄动部分。

（2）地球大气阻力模型

在轨飞行的航天器会受其周围大气的阻力作用。虽然由于轨道高度上的大气十分稀薄因而这个阻力并不大，但它的长期作用仍然会造成航天器轨道的衰减。所以，工程实践中，大气阻力摄动也是一个不容忽视的摄动因素。

为了正确模拟航天器受到的大气阻力摄动状况，首先要建立能准确描述轨道高度处大气压力、密度、温度等参量的大气模型，亦即所谓的地球大气模型。

地球大气模型通常选用 1976 年美国国家标准大气模型（即通常所说的 SA76 大气模型/标准大气模型），并在其基础上对距地表高度超出 1 000 km 的部分做适当扩展。

SA76 大气模型把大气压力、密度、温度等视为高度的函数，而不考虑时间、经度、纬度等因素，因而便于航天器的设计、仿真和性能预估。SA76 模型适用的高度（距离地表，下同）为 0～1 000 km，并分成 0～86 km 和 86～1 000 km 两个部分。

在航天器轨道设计中，轨道高度通常不会低于 86 km（否则航天器将处于稠密大气包围中，其轨道迅速衰减而最终坠落，这样的航天器显然是没有意义的）；同时，轨道设计中最为关心的只有大气密度，所以这里只讨论86 km以上高度的大气密度计算模型。

航天器受到的大气阻力为

$$\boldsymbol{D} = -\frac{1}{2}C_D \rho S v_a \boldsymbol{v}_a \tag{1-25}$$

该阻力产生的摄动加速度为

$$\boldsymbol{f}_D = \frac{\boldsymbol{D}}{m} = -\frac{1}{2m}C_D \rho S v_a \boldsymbol{v}_a \tag{1-26}$$

式中　　C_D ——大气阻力系数；

　　　　ρ ——航天器轨道高度处的大气密度，由地球大气模型确定；

　　　　S ——航天器迎风截面积；

　　　　v_a ——航天器质心相对于当地大气的速度；

　　　　m ——航天器质量。

本系统做如下假设：大气与地球一起旋转；没有局部风。则由航天器在地心赤道惯性坐标系中的位置 r 和速度 v 可得：$v_a = v - \boldsymbol{\omega}_E \times \boldsymbol{r}$。

最后给出大气阻力摄动加速度在地心赤道惯性坐标系中的分量列阵：

1）r、v 的分量列阵

$$(\boldsymbol{r})_i = \begin{bmatrix} x_i \\ y_i \\ z_i \end{bmatrix} \tag{1-27}$$

$$(\boldsymbol{v})_i = \begin{bmatrix} v_{xi} \\ v_{yi} \\ v_{zi} \end{bmatrix} \tag{1-28}$$

2）v_a 的分量列阵

$$(\boldsymbol{v}_a)_i = \begin{bmatrix} v_{axi} \\ v_{ayi} \\ v_{azi} \end{bmatrix} = \begin{bmatrix} v_{xi} + y_i \boldsymbol{\omega}_E \\ v_{yi} - x_i \boldsymbol{\omega}_E \\ v_{zi} \end{bmatrix} \tag{1-29}$$

3）$\boldsymbol{f}_D$ 的分量列阵

$$(\boldsymbol{f}_D)_i = -\frac{1}{2m} C_D \rho S v_a (\boldsymbol{v}_a)_i \tag{1-30}$$

（3）太阳光压模型

太阳辐射压力是指太阳辐射的光子流碰撞航天器表面时所产生的作用力。

太阳辐射压力的大小 F_{sr} 取决于辐射压强 p、入射线与航天器表面的夹角 σ、被辐射的面积 S 以及航天器的表面状况系数 k：$F_{sr} = kpS\cos\sigma$；其方向与太阳 - 地球连线一致。所以 S_i 下，光压摄动加速度的计算模型为

$$(\boldsymbol{f}_{sr})_i = f_{sr} \begin{bmatrix} -\cos\Lambda \\ -\sin\Lambda\cos\varepsilon \\ -\sin\Lambda\sin\varepsilon \end{bmatrix} \tag{1-31}$$

式中　f_{sr} ——摄动加速度大小，$f_{sr} = \dfrac{F_{sr}}{m}$；

　　　　m ——航天器质量；

　　　　Λ ——太阳黄经；

　　　　ε ——黄赤交角。

系统在实现该模型时：取 $p = 4.5 \times 10^{-6} \text{N/m}^2$ 为常数；取 $\sigma = 0$ 为常数（即假设航天器太阳帆板始终垂直于日照方向）；k 由用户设定。

1.7.5　航天器轨道描述及摄动方程

（1）航天器经典轨道要素

卫星在惯性空间的运动，可以用六个经典的轨道要素描述，如图 1-16 所示。

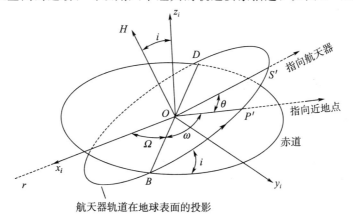

图 1-16　轨道要素定义

其中：

a ： 半长轴；

e ： 偏心率；

Ω ： 右升交点赤经；

i ： 轨道倾角；

ω ： 近地点幅角；

θ ： 真近点角。

（2）轨道摄动方程

将摄动加速度分解为径向、横向和轨道面法向三个分量，即 S，T，W，摄动运动方程形式如下

$$
\begin{cases}
\dfrac{\mathrm{d}a}{\mathrm{d}t} = \dfrac{2}{n\sqrt{1-e^2}}\left[e(S\sin f + T\cos f) + T\right] \\[2mm]
\dfrac{\mathrm{d}e}{\mathrm{d}t} = \dfrac{n\sqrt{1-e^2}}{na}\left[(S\sin f + T\cos f) + T\cos E\right] \\[2mm]
\dfrac{\mathrm{d}i}{\mathrm{d}t} = \left(\dfrac{rW}{na^2\sqrt{1-e^2}}\right)\cos(f+\omega) \\[2mm]
\dfrac{\mathrm{d}\Omega}{\mathrm{d}t} = \left(\dfrac{rW}{na^2\sqrt{1-e^2}}\right)\dfrac{\cos(f+\omega)}{\sin i} \\[2mm]
\dfrac{\mathrm{d}\omega}{\mathrm{d}t} = -\cos i\,\dfrac{\mathrm{d}\Omega}{\mathrm{d}t} + \dfrac{1}{nae}\left[\sqrt{1-e^2}(-S\cos f + T\sin f) + T\sin E\right] \\[2mm]
\dfrac{\mathrm{d}E}{\mathrm{d}t} = \dfrac{a}{r}\left[n - \sqrt{1-e^2}\left(\dfrac{\mathrm{d}\omega}{\mathrm{d}t} + \cos i\,\dfrac{\mathrm{d}\Omega}{\mathrm{d}t}\right) + \sin E\left(\dfrac{\mathrm{d}e}{\mathrm{d}t}\right)\right] - \dfrac{2}{na}S
\end{cases}
\tag{1-32}
$$

其中，$n = \sqrt{\mu a}^{-3/2}$，$r = a(1 - e\cos E)$，f 可由 E 给出，即

$$
\begin{cases}
r\sin f = a\sqrt{1-e^2}\sin E \\
r\cos f = a(\cos E - e)
\end{cases}
$$

$$
f = \arctan2(\sin f, \cos f)
$$

求解上面的六个一阶微分方程组，就可以得出轨道要素关于时间的变化规律。但此方法当轨道倾角 $i = 0$ 或偏心率 $e = 0$ 时存在奇点，不适合作为通用的仿真程序，但可以用于算法研究。

1.7.6 航天器光照条件计算模型

（1）太阳在惯性空间的坐标计算

已知当前的累计相对时间 t，开始仿真的绝对时刻

$$
t_0 = \text{Year/Month/Day} - \text{Hour:Miunte:Second}
$$

求解当前时刻太阳在 S_i 中的坐标〔即其位置在 S_i 中的分量列阵 $(\boldsymbol{r}_S)_i$〕。

步骤：

1）根据 t_0 计算从公元前 4713 年 1 月 1 日 12 时到当前时刻经历的 Julian 天数

$$JD = 367Year - 7[Year + (Month + 9)/12]/4 + (275Month)/9 + Day + 1\,721\,013.5 \tag{1-33}$$

其中，"/"表示整除。

2）根据 t 计算自 2000 年 1 月 1 日 12 时到当前时刻经历的 Julian 世纪数

$$MJC = (JD + t/86\,400.0 - 2\,451\,545.0)/36\,525.0 \tag{1-34}$$

3）由 MJC 计算太阳的平均轨道根数

a）半长轴 a

$$a = 1.000\,001\,02 \tag{1-35}$$

a 的单位为 AU。

b）偏心率 e

$$e = 0.016\,708\,62 - 0.000\,042\,04MJC - 0.000\,001\,24MJC^2 \tag{1-36}$$

c）轨道倾角（亦即黄赤交角）i

$$i = 20°26'21.488'' - 46.815''MJC - 0.000\,59''MJC^2 + 0.001\,81MJC^3 \tag{1-37}$$

d）近地点平黄经（亦即平近地点幅角）ω

$$\omega = 282°56'14.45'' + 6\,190.32''MJC + 1.655''MJC^2 + 0.012''MJC^3 \tag{1-38}$$

e）对于当天平春分点的几何平黄经（亦即平纬度幅角）u

$$u = 280°27'59.21'' + 129\,602\,771.36''MJC + 1.093''MJC^2 \tag{1-39}$$

f）平近点角 M

$$M = u - \omega \tag{1-40}$$

4）计算此刻太阳的真近点角 θ 和纬度幅角（亦即太阳黄经）Λ：

太阳轨道的偏心率很小，所以采用椭圆轨道的级数展开式求解 θ。并且，在这一过程中略去 e 的部分高阶项

$$\theta = M + e(2 - 0.25e^2)\sin M + e^2(1.25 - \frac{11}{24}e^2)\sin 2M \tag{1-41}$$

$$\Lambda = \omega + \theta \tag{1-42}$$

5）计算太阳位置在 S_i 中的分量列阵 $(\boldsymbol{r}_S)_i$：

由图 1-17，注意到太阳轨道的升交点就是春分点，可得

$$(\boldsymbol{r}_S)_i = \begin{bmatrix} \boldsymbol{r}_S\cos\Lambda \\ \boldsymbol{r}_S\sin\Lambda\cos i \\ \boldsymbol{r}_S\cos\Lambda\sin i \end{bmatrix} \tag{1-43}$$

其中

$$r_S = \frac{a(1-e^2)}{1+e\cos\theta} \tag{1-44}$$

为太阳到地心的距离。

（2）太阳黄经计算模型

已知当前的累计相对时间 t；开始仿真的绝对时刻 t_0；求解当前时刻太阳的黄经 Λ。本系统采用美国国家航空航天局（NASA）推荐的太阳黄经求解模型，该模型简单方

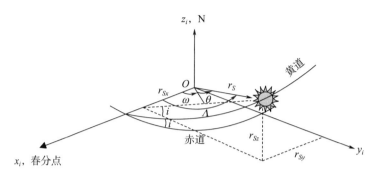

图 1-17　太阳在 S_i 中的坐标

便，并且足够精确。

1）根据 t_0 和 t 计算当前时刻对应的绝对时间

$$t_{Now} = Year/Month/Day - Hour:Minute:Second$$

2）计算 t_{Now} 中确定的年月日零时的儒略（Julian）日，即从公元前 4713 年 1 月 1 日 12 时（按照 Julian 历法）以来经历的天数

$$JD = 367Year - 7[Year + (Month + 9)/12]/4 + (275Month)/9 + Day + 1\ 721\ 013.5$$

$$(1-45)$$

其中，"/" 为整除。

3）计算自 1990 年第一天正午以来经历的天数（修正的 Julian 天数）

$$MJD = JD - 2\ 415\ 020.0 \tag{1-46}$$

4）计算平均黄经

$$L = 279.696\ 678 + 0.985\ 647\ 335\ 4MJD + 2.267 \times 10^{-13}MJD^2 \tag{1-47}$$

5）计算太阳平近点角

$$M = 358.475\ 845 + 0.985\ 600\ 267MJD - 1.12 \times 10^{-13}MJD^2 - 7.0 \times 10^{-20}MJD^3$$

$$(1-48)$$

6）计算黄经修正项

$$\delta L = 1.919\ 7\sin M + 0.020\ 1\sin 2M \tag{1-49}$$

7）计算真黄经（即太阳黄经，也就是太阳的纬度幅角）

$$\Lambda = L + \delta L \tag{1-50}$$

注：模型中的 $L,M,\delta L$ 以及最终得到的 Λ 均以度为单位。

（3）航天器光照状态判别

已知当前的累计相对时间 t；开始仿真的绝对时刻 t_0；航天器在 S_i 中的位置 $\boldsymbol{r}$。判断航天器此时能否受到日照。

步骤：

1）计算当前时刻太阳在 S_i 中的位置 $\boldsymbol{r}_S$。

2）计算太阳地心距矢量 $\boldsymbol{r}_S$ 与航天器地心距矢量 $\boldsymbol{r}$ 间的夹角 Ψ。

3）判断日照条件能否满足：由图 1-18，若 $\Psi > \pi/2$ 且 $r\sin\Psi < R$，则此刻航天器

不能受到日照；否则可以受到日照。其中，R 为地球平均半径。

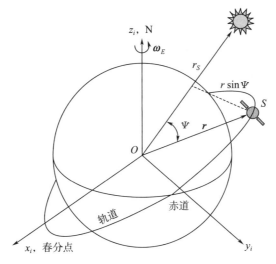

图 1-18　航天器日照与阴影判别

1.7.7　航天器测控条件计算模型

在任意 t 时刻，航天器在 S_i 中的位置和速度分量、Greenwich 赤经的位置都可以得到。所以，下面给出的计算模型就是以这些已知量为出发点的。就本系统而言，该模型回避了采用通常模型时繁琐的坐标转换，因而它的建立具有一定的实用性。

已知当前时刻 t 以及该时刻的 Greenwich 赤经 $\alpha_G(t)$；此时航天器在 S_i 中的位置 r、速度 v；某测控站的经度 λ_P、纬度 φ_P、海拔高度 H_P。求解当前时刻航天器到该测控站的距离 H；航天器相对该测控站的高低角 ε；航天器相对该测控站的方位角 Ψ；以及三者的变化率 $\dot{H}, \dot{\varepsilon}, \dot{\Psi}$。

1）计算测控站到航天器的距离矢量在 S_i 中的分量列阵。

测控站的地心纬度

$$\varphi = \varphi_P - f \sin 2\varphi_P \tag{1-51}$$

当地地球半径

$$R_P = R_E \frac{1-f}{\sqrt{1 - f(2-f)\cos^2\varphi_P}} \tag{1-52}$$

S_i 中：记测控站的地心距矢量为 r_P；测控站到航天器的距离矢量为 $\boldsymbol{\rho}$。可以推出测控站在 S_i 中的位置，亦即 r_P 在 S_i 中的分量列阵为

$$(r_P)_i = \begin{bmatrix} (R_P\cos\varphi + H_P\cos\varphi_P)\cos\lambda_A \\ (R_P\cos\varphi + H_P\cos\varphi_P)\sin\lambda_A \\ R_P\sin\varphi + H_P\sin\varphi_P \end{bmatrix} \tag{1-53}$$

其中，$\lambda_A = \lambda_P + \alpha_G(t)$。

地心到航天器、地心到测控站以及测控站到航天器距离矢量之间存在如下关系

$$\boldsymbol{\rho} = \boldsymbol{r} - \boldsymbol{r}_P \tag{1-54}$$

所以，$\boldsymbol{\rho}$ 在 S_i 中的分量列阵为

$$(\boldsymbol{\rho})_i = (\boldsymbol{r})_i - (\boldsymbol{r}_P)_i \tag{1-55}$$

2）计算 S_i 到观测坐标系 S_P 的坐标转换阵。

建立如图 1-19 所示的观测坐标系，记为 S_P。

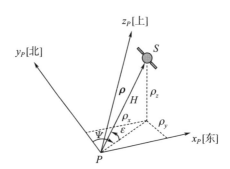

图 1-19　测控站观测坐标系

可以推出 S_i 到 S_P 的坐标转换阵为

$$\boldsymbol{L}_{Pi} = \begin{bmatrix} -\sin\lambda_A & \cos\lambda_A & 0 \\ -\sin\varphi_P\cos\lambda_A & -\sin\varphi_P\sin\lambda_A & \cos\varphi_P \\ \cos\varphi_P\cos\lambda_A & \cos\varphi_P\sin\lambda_A & \sin\varphi_P \end{bmatrix} \tag{1-56}$$

3）计算测控站到航天器的距离矢量在 S_P 中的分量列阵。

$$(\boldsymbol{\rho})_P = [\rho_x \quad \rho_y \quad \rho_z]^\mathrm{T} = L_{Pi}(\boldsymbol{\rho})_i \tag{1-57}$$

这是整个模型的关键：有了该分量列阵就可以计算所有的项目了。

4）计算航天器到测控站的距离、相对该测控站的高低角、方位角。

由图 1-19 可知

$$\begin{cases} H = |\boldsymbol{\rho}| = (\rho_x^2 + \rho_y^2 + \rho_z^2)^{0.5} \\ \varepsilon = \arcsin(\dfrac{\rho_z}{H}) \\ \boldsymbol{\Psi} = a\tan2(\rho_x, \rho_y) \end{cases} \tag{1-58}$$

其中，$a\tan2()$ 是 C++ 提供的反正切函数，可以自动匹配象限。

5）计算航天器到测控站的距离、高低角、方位角的变化率。

从 H，ε，$\boldsymbol{\Psi}$ 的表达式易知：只要求得了 $\dfrac{\mathrm{d}(\boldsymbol{\rho})_P}{\mathrm{d}t}$，就可以得到三者的变化率。下面就

推导此解析式。由

$$(\boldsymbol{\rho})_P = \boldsymbol{L}_{Pi}(\boldsymbol{\rho})_i = \boldsymbol{L}_{Pi}(\boldsymbol{r})_i - \boldsymbol{L}_{Pi}(\boldsymbol{r}_P)_i \tag{1-59}$$

并考虑到 $(\boldsymbol{r}_P)_i$、φ_P 随时间 t 的不变性，可得

$$\frac{\mathrm{d}(\boldsymbol{\rho})_P}{\mathrm{d}t} = [\dot{\rho}_x \quad \dot{\rho}_y \quad \dot{\rho}_z]^\mathrm{T} = \frac{\mathrm{d}\boldsymbol{L}_{Pi}}{\mathrm{d}t}(\boldsymbol{r})_i + \boldsymbol{L}_{Pi}(\boldsymbol{v})_i \tag{1-60}$$

其中

$$\frac{\mathrm{d}\boldsymbol{L}_{Pi}}{\mathrm{d}t} = \begin{bmatrix} -\cos\lambda_A & -\sin\lambda_A & 0 \\ \sin\varphi_P\sin\lambda_A & -\sin\varphi_P\cos\lambda_A & 0 \\ -\cos\varphi_P\sin\lambda_A & \cos\varphi_P\cos\lambda_A & 0 \end{bmatrix}\omega_E \tag{1-61}$$

ω_E 为地球自转角速度。

最后由

$$H = (\rho_x^2 + \rho_y^2 + \rho_z^2)^{0.5} \tag{1-62}$$

$$\sin\varepsilon = \frac{\rho_z}{H} \tag{1-63}$$

$$\tan\Psi = \frac{\rho_x}{\rho_y} \tag{1-64}$$

可得

$$\begin{cases} \dot{H} = \dfrac{\rho_x\dot{\rho}_x + \rho_y\dot{\rho}_y + \rho_z\dot{\rho}_z}{H} \\[3mm] \dot{\varepsilon} = \dfrac{H\dot{\rho}_z - \dot{H}\rho_z}{H\sqrt{\rho_x^2 + \rho_y^2}} \\[3mm] \dot{\Psi} = \dfrac{\dot{\rho}_x\rho_y + \rho_x\dot{\rho}_y}{\rho_x^2 + \rho_y^2} \end{cases} \tag{1-65}$$

1.7.8　发射准备时间计算模型

定义有关的一些特征时刻，并规定符号如下：

航天器目标轨道定轨时刻 t_{od}：年、月、日、时、分、秒；航天器发射时刻 t_{lch0}，航天器入轨时刻 t_{inj}，航天器受命变轨时刻 t_{cmd}，相位调整开始时刻 t_{adj0}，远程交会开始时刻 $t_{rdv.0}$，远程交会结束时刻 $t_{rdv.f}$。

与特征时刻相对应，阶段划分如下：

1）待发射（或发射前）阶段 $[t_{od}, \ t_{lch0}]$，时间 $T_{pr.lch} = t_{lch0} - t_{od}$。

此阶段时间由发射窗口决定，且必须大于最短准备时间；发射窗口的确定是应解决的问题。

2）发射飞行阶段 $[t_{lch0}, \ t_{inj}]$，时间 $T_{lch} = t_{inj} - t_{lch0}$。

此阶段时间由运载火箭弹道给定，作为输入量。

3）停泊阶段 $[t_{inj}, \ t_{cmd}]$，时间 $T_{sb} = t_{cmd} - t_{inj}$。

此阶段的时间（或圈数）根据任务给定，作为输入量。

已知输入条件如下：在时刻 t_{od}，航天器目标轨道参数：a_{od}、e_{od}、i_{od}、Ω_{od}、ω_{od}、M_{od}，发射场的地理经度 λ 和纬度 φ，发射弹道弧段的中心角 ξ_{LJ}，发射时间 T_{lch}，停泊待命段时间 T_{sb}、机动准备时间 T_{prep}。

对于变轨指令时刻，航天器目标轨道升交点赤经

$$\Omega_{adj0} = \Omega_{od} + W_\Omega(T_{pr.lch} + T_{lch} + T_{sb} + T_{prep}) \tag{1-66}$$

式中　W_Ω——航天器目标轨道升交点进动速率。

令

$$X = \Omega_{\text{od}} + W_\Omega (T_{\text{lch}} + T_{\text{sb}} + T_{\text{prep}}) \qquad (1-67)$$

对于入轨时刻，航天器初始轨道赤经

$$\Omega_{\text{inj}} = \alpha_{\text{G.od}} + \omega_E (T_{\text{pr.lch}} + T_{\text{lch}}) + \lambda_{\text{ascn}} \qquad (1-68)$$

对于变轨指令时刻，航天器初始轨道赤经

$$\Omega'_{\text{adj0}} = \Omega_{\text{inj}} + W'_\Omega (T_{\text{sb}} + T_{\text{prep}}) \qquad (1-69)$$

令

$$Y = \alpha_{\text{G.od}} + \omega_E T_{\text{lch}} + \lambda_{\text{ascn}} + W'_\Omega (T_{\text{sb}} + T_{\text{prep}}) \qquad (1-70)$$

式中　W'_Ω——航天器初始轨道升交点进动速率；

　　　ω_E——地球自转角速度。

令 $\Omega_{\text{adj0}} = \Omega'_{\text{adj0}}$，得到此线性方程组的解

$$T_{\text{pr.lch}} = \frac{X - Y}{\omega_E - W'_\Omega} \qquad (1-71)$$

根据选定的运载火箭，按相应的公式由已知量计算 $\alpha_{\text{G.od}}$、λ_{ascn}、W_Ω 和 W'_Ω，计算 X、Y，然后计算 $T_{\text{pr.lch}}$；并且求余，使得

$$0 \leqslant T_{\text{pr.lch}} \leqslant 24 [\text{hour}] \qquad (1-72)$$

1.8　本章小结

随着我国经济和国防建设对空间技术的需求迅猛增长，航天器的复杂程度和高新技术含量不断提高，传统航天器设计方法和手段已经不能适应好、快、省地完成航天器的研制要求，借助信息与网络技术产生了数字化航天器设计方法。

数字化航天器设计作为基于模型化、参数化和网络化的先进的航天器设计手段，借助系统工程技术与信息网络技术，采用协同设计、并行工程和递进开发的产品研发理念，可支持航天器总体和分系统设计人员快速完成能够满足用户需求、性能优良的航天器系统设计。

数字化航天器设计的实现需要解决协同设计、建模与验模、柔性仿真等关键技术，数字化航天器设计平台具有网络化、系统性、通用性、灵活性和可扩展性等技术特点，对提高我国航天器总体设计水平，缩短航天器设计周期、降低航天器研制成本、全面提升空间技术集成创新能力发挥了积极作用。

本章简要介绍了数字化航天器设计所涉及的基本要求、背景与内涵、关键技术和基础知识等，这是开展数字化航天器设计软件研发和设计实践的基础。

第2章　数字化航天器设计环境

如前所述，研制数字化航天器设计与仿真平台，开展数学化航天器设计，其前提基础是要构造数字化航天器设计环境。为了确保数字化航天器设计具有较高的起点，在分析借鉴国际上同类系统所采用的先进设计理念和技术的基础上，结合我国航天器设计的实际需要，建立了数字化航天器设计环境。它具有以下技术特点：

1）先进性和前瞻性：采用协同设计和柔性仿真技术，不仅推动航天器总体设计水平，同时也能适应未来发展。

2）可扩展性和伸缩性：采用开放的分布式体系架构，可以根据需要构成不同规模的应用系统，并能在使用过程中不断积累、完善和升级。

3）正确性和实用性：制定了模型校核、验证和确认规范，对所建立的设计和仿真模型进行了验证；软件系统通过了权威机构评测；经过实际型号应用考核。

4）规范性和统一性：设计流程制定、设计与仿真模型建立和验证、模型和数据转换、系统软件、硬件接口均符合相关的业界标准和规范。

5）易操作和易管理：用户操作界面满足潮流趋势，具有完备的在线帮助信息。系统参数的维护与管理通过操作界面实现；专业工具软件与平台之间的接口采用松散耦合方式，以方便维护。

2.1　数字化航天器设计环境功能描述

数字化航天器设计环境通过集成航天器产品数字化模型和设计、分析、仿真与优化的工具，为总体设计和系统研发提供了支持多学科设计团队协同设计和仿真验证工作的环境，其功能框图如图 2-1 所示。

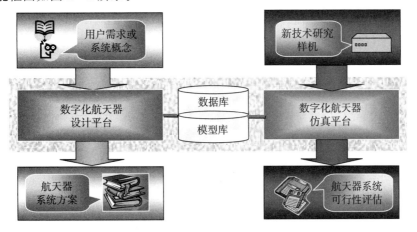

图 2-1　数字化航天器设计环境功能框图

数字化航天器设计环境具有以下五个基本要素：

1）描述已在型号工程中得到成功应用的产品或经过研发产生的样机的数字化模型数据库；

2）由计算机网络连接的支持航天器设计、分析、仿真与优化的软件工具集；

3）规范化的航天器总体方案论证和总体方案设计协同工作流程；

4）面向富有经验的从事航天器总体设计和系统研发的多学科技术人员的在线协同工作环境；

5）将上述模型、数据、软件、硬件进行集成与仿真验证的试验环境。

数字化航天器设计环境包括数字化航天器设计平台和数字化航天器仿真平台两个部分。数字化航天器设计平台支持数字化航天器模型建立与应用，为航天器总体设计团队提供协同设计环境；数字化航天器仿真平台支持进行实时或非实时仿真，为航天器总体设计团队提供总体方案、硬件设备样机评估与验证环境。

航天器数字化设计作为一种便捷高效的航天器设计手段，支持航天器的需求分析与方案论证、方案设计等工作，通过采用分布交互式网络结构，充分体现分布协同和并行工程的设计理念。设计平台由数字化设计服务器、总体设计节点和各分系统设计节点组成，各节点通过网络连接，通过共用的数据库（包括模型库、参数库和算法库）实现各节点之间的信息互通、模型共享和数据一致，通过协同设计管理软件保证设计流程的正常进行，支持航天器总体设计团队进行协同设计与并行工作。数字化航天器设计平台各节点根据要求集成了相关专业的设计、分析、仿真、优化等软件工具，通过网络共享数据库中的模型与参数。

利用仿真实验具有较好的可控性、安全性、无破坏性、不受环境条件限制并可多次重复进行等特点，数字化航天器仿真广泛应用于航天器新系统的研发。在航天器的概念研究和方案论证阶段，利用数字化仿真手段，对新概念进行演示，对方案可行性给予验证，对关键技术攻关成果进行技术集成和演示验证试验，以直观的方式与用户及上级主管部门进行沟通，促进工程立项。在航天器方案设计阶段，用仿真模型产生快速系统原型（Fasting system prototype），对方案给出总体上的综合评价，验证所选择的方案能否达到航天器主要总体性能指标要求以及达到指标的程度。对于采用继承技术的分系统或产品，沿用以往型号工程所建立的模型，通过适应性修改，形成满足当前新型航天器研发所要求的实时仿真模拟器；对新技术或新产品，建立其数学模型和仿真模型，形成实时仿真模拟器或利用关键技术攻关成果的原理样机；由飞行任务仿真提供时空基准，将仿真模拟器和原理样机通过实时仿真支撑系统进行集成，构成数字化的虚拟航天器，通过控制、监视和测量系统的工作状态，实时、连续地记录工作过程和测试数据，对飞行软件和硬件设备在各种工况下的功能和性能、工作的正确性和协调性、相互之间的接口关系的匹配性进行综合测试，对航天器总体性能给予综合评价；通过虚拟现实等手段与数字化航天器进行交互，可以检验和验证航天器装配方案，解决装配过程中出现的问题，进一步可以仿真模拟航天器在轨维修过程，支持可扩展航天器设计与在轨维护等新技术研究，提供仿真验证平台。由于在数字化航天器上进行仿真实验可重复进行，因此，数字化航天器设计环境支持新型航天器渐进开发方法，无需研制大量成熟部件的物理样机，在研发阶段即可进行全系统的功能联试，为新技术集成测试提供硬件在回路中（HIL）仿真验证环境，以促进新技术和新产品与成熟技术的融合；为星载软件的设计、开发、调试及测试提供处理器在回路中（PIL）仿真验证环境，有效地缩短新技术和新系统工程化周期。另外，由于在真实系统上做故障模拟试验费用大、周期长，并有可能使系统遭到破坏而无法复原，而简单的地面试验又难以反映系统运行的真实情景，因此，通过数字化航天器仿真平台在模型上反复地对可能发生的故障进行复现，并开展故障对策研究是十分有效的手段。尤其是对高可靠和长寿命要求的航天器，预期发生的故障必须在仿真系统的支持下，模拟应急模式下航天器运行环境和工作状态，制定航天器在轨故障对策并给予验证，以保证高可靠性运行。

综上所述，数字化航天器设计环境有如下功能：

1）快速完成新型航天器的概念研究、方案论证和方案设计，形成满足用户需求的方案报告；

2）对航天器设计方案进行全面仿真验证，得出评估结果，并可通过可视化的方式对方案进行演示；

3）为新产品和新系统研究形成的样机、星载软件提供虚拟测试环境，进行功能与性能测试。

2.2　数字化航天器设计环境组成

数字化航天器设计环境在物理上包含三个层次，如图 2-2 所示。顶层是数字化航天器设计环境的应用层，以数字化航天器的具体实例形式表现出来，具体包括数字化航天器的总体设计模型及其分系统设计模型，总体及各分系统的仿真模型。

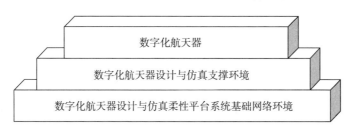

图 2-2　数字化航天器设计环境的层次结构

中间层是数字化航天器设计环境的支撑层，包括数字化航天器协同设计支持系统、柔性仿真支撑系统和数据库系统等。设计与仿真支撑环境为数字化航天器的设计提供了适合航天器各个专业特点的协同设计、分析和仿真环境。

底层是数字化航天器设计环境的网络层，包括了高性能局域网和实时仿真网络，以及网络数据交换协议、实时仿真数据交换协议、各种设计与仿真建模的基本开发工具等。基础网络环境为数字化航天器设计环境提供了基础软硬件平台，网络上各节点之间的数据交换能力，以及设计与仿真软件开发工具。

数字化航天器设计环境的基础网络环境结构组成如图 2-3 所示。系统采用异构网络，包括 IP 网和实时网，同时采用客户机/服务器结构。

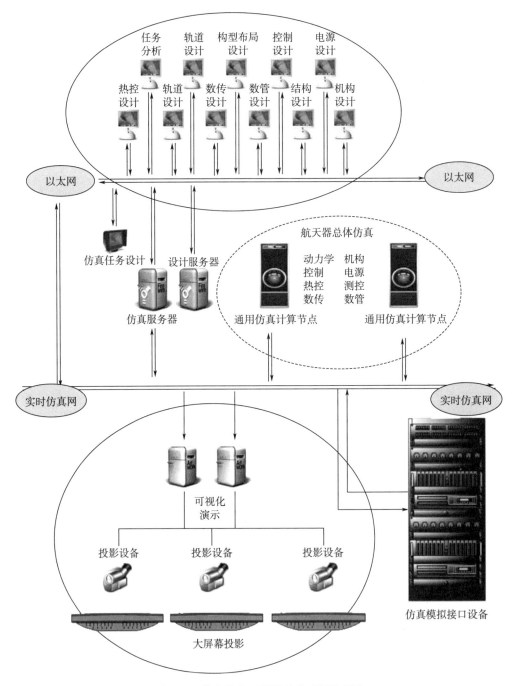

图 2-3　数字化航天器设计基础网络环境

模型和数据存储在服务器上的数据库中，协同设计支持系统负责对数字化设计环境进行管理，仿真调度管理系统负责对数字化仿真环境进行管理。仿真服务器同时接在 IP 网和实时网上。仿真节点或实时仿真模拟接口通过实时网进行仿真指令与数据交换，通过 IP 网接收模型和下载参数。真实设备或样机通过电性接口与实时仿真模拟接口设备相连。仿真过程与结果通过可视化节点进行可视化演示。

数字化航天器设计支撑环境如图 2-4 所示，核心是数据库系统，包括数字化设计数据库和仿真数据库系统，分布在数字化设计服务器和仿真服务器中。数字化设计数据库包括设计资源库和设计方案库。其中，设计资源库存储并管理航天产品（航天器部组件）的设计模型、参数及接口数据；设计方案库存储并管理航天器方案设计信息、航天器总体和分系统的模型、参数及接口数据；数字化仿真数据库包括仿真实验库、仿真模型库和仿真数据库。其中，仿真实验库存储并管理仿真实验信息、参与仿真模型、参数及接口数据；仿真模型库存储并管理航天产品（航天器部组件）及其运行环境的仿真模型；仿真数据库存储并管理仿真过程和结果数据。

数字化航天器协同设计支持系统为各学科设计与分析工具软件存取航天器数字化设计数据库提供接口，为数字化设计提供协同机制和用户操作界面。仿真调度管理系统为建模与仿真工具软件存取仿真数据库提供接口，为仿真过程提供调度控制机制，为仿真想定编辑和仿真过程监控提供用户操作界面。

数字化航天器设计环境的这种体系结构能够满足系统所要求的设计与仿真一体化和数字化航天器仿真柔性化特点，可以灵活配置，方便进一步的功能扩展。在使用方面，充分考虑到现有的工作习惯，用户界面方便易用。在实时性方面，由于基础环境采用了实时仿真网络和实时操作系统，因此实时性指标能够很好地得到满足。

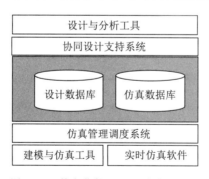

图 2-4　数字化航天器设计支撑环境

数字化航天器设计平台由专业设计节点、协同设计支持环境、设计结果评估和设计数据库四个部分组成，如图 2-5 所示。设计平台与仿真系统的接口通过数据库来实现数据交换。

根据航天器分系统划分原则，综合考虑航天器总体设计的工作流和信息流，将数字化航天器设计平台的设计节点划分为以下 12 个部分：1 个设计服务器和总体设计、飞行方案设计、构型布局设计、电源系统设计、控制系统设计、测控系统设计、数据管理系统设计、热控系统设计、数传系统设计、结构系统设计、机构系统设计 11 个专业设计节点。

设计服务器和各专业设计节点通过以太网构成 B/S 结构，服务器运行协同设计支持软件的服务器端软件和数据库系统，各节点由协同设计支持软件的用户端软件集成本专业的设计、分析、仿真和优化工具软件。

通过共用的数据库（包括设计资源数据库和设计方案数据库）实现各节点之间的信息交互、模型共享和数据一致，通过协同设计支持软件保证设计流程的正常执行和数据自动交换，支持航天器总体设计团队进行协同设计与并行工作。

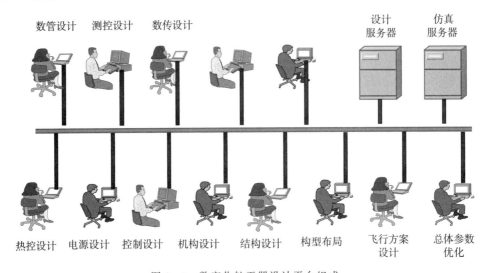

数管设计　　测控设计　　数传设计　　　　　　　　　　　　设计服务器　　仿真服务器

热控设计　电源设计　控制设计　机构设计　结构设计　构型布局　飞行方案设计　总体参数优化

图 2-5　数字化航天器设计平台组成

数字化航天器仿真平台由仿真服务器、仿真支撑环境、仿真数据库等部分组成，如图 2-6 所示。

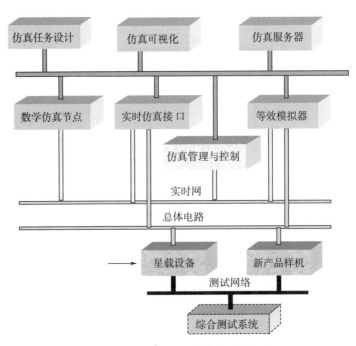

仿真任务设计　　仿真可视化　　仿真服务器

数学仿真节点　　实时仿真接口　　等效模拟器

仿真管理与控制

实时网

总体电路

星载设备　　新产品样机

测试网络

综合测试系统

图 2-6　数字化航天器仿真平台组成

数字化航天器仿真环境可以根据任务需要，灵活进行非实时和实时仿真，开展设计方案评估、硬件在回路（HIL）和处理器在回路（PIL）仿真。在数字化航天器仿真平台中，仿真模型处于核心地位，具有三种形态：数学仿真节点、实时仿真模拟接口和等效仿真模拟器。

将仿真模型按网络并行计算要求进行封装和配置，下载到通用仿真计算机上运行，构成了数学仿真节点；将数学仿真模型按实时嵌入式网络系统要求进行封装和配置，下载到带电性接口的实时仿真计算机中运行，构成了实时仿真模拟接口；用物理特性等效技术对真实设备或环境进行动态模拟，或根据要求用通用元器件研制的实物产品，构成了等效仿真模拟器。

数字化航天器仿真模型主要包括以下 8 个部分：飞行动力学仿真模型、机构系统仿真模型、电源系统仿真模型、控制系统仿真模型、测控系统仿真模型、数据管理系统仿真模型、热控系统仿真模型和数传系统仿真模型。

数字化航天器仿真模型在不同的阶段和对不同的应用有不同的表现形式。在设计方案验证应用中，由数据库中的设计参数和模型组合构成数字化航天器仿真实例，描述航天器的组成、性能指标、对内和对外接口关系，支持设计优化中的航天器功能与性能分析评估；在对新技术研究和关键技术攻关所产生的样机进行系统集成与演示验证试验应用中，由实时仿真模拟器与样机进行集成构成数字化航天器仿真实例，描述航天器运行的动态特性及对内与对外接口关系，支持技术集成、功能验证、软件测试、遥操作试验、故障诊断等仿真应用。

2.3　数字化航天器协同设计支持系统

数字化航天器的协同设计支持系统在网络上通过设计流程定义、管理与控制，统一协调设计资源数据库及各专业设计节点的工作，实现数字化航天器设计工作的协同性与一致性。

协同设计支持系统软件分布在设计服务器和设计节点（客户端）上，服务器端主要包括设计团队管理功能模块、设计流程定义、管理与控制功能模块、数据库管理功能模块等；客户端软件也称节点软件，为设计人员和设计应用工具软件提供操作界面以及程序执行和数据交换接口。

2.3.1　设计团队管理模块

数字化航天器协同设计环境中将设计团队分为不同的类别，每个类别的人员具有不同的权限与职责，系统提供相应功能，如图 2 - 7 所示。

系统管理员：系统管理员主要负责维护数字化协同设计环境，系统中该角色用户主要具备如下功能：特权用户管理，包括添加和删除项目经理，设定初始密码，定义工作权限；设计团队管理，对参与设计人员分组管理；定义数字化协同设计流程工作模板；维护协同设计日志；维护设计数据库；具备其他用户所有的功能。

项目经理：负责航天器数字化协同设计项目的管理工作，系统中该角色用户主要具备如下功能：设计团队人员管理，添加、删除设计人员，设定初始密码，定义人员的工作权限；定义本项目数字化协同设计流程；维护本项目协同设计日志；维护本项目相关的数据库；具备本团队中其他人员所具备功能。

总体设计人员：负责航天器数字化协同设计项目总体设计工作，根据项目经理定义，总体设计人员的角色可进一步划分为，航天器总体设计人员、任务分析人员、飞行方案设计人员及构型布局设计人员等，分别完成相应的工作；其职责是定义总体设计结果，设定本项目总体设计过程中的对航天器工程其他系统指标的满足情况；定义总体对分系统提出的功能与性能指标和设计要求；维护本项目总体设计相关的数字化模型。

分系统设计人员：负责航天器数字化协同设计项目分系统设计工作，根据项目经理定义，分系统设计人员的角色可进一步划分为结构与机构分系统设计人员、热控分系统设计人员、控制分系统设计人员，测控与数传分系统设计人员、数据管理分系统设计人员、电源分系统设计人员等，分别完成相应的工作；其职责是维护本项目分系统设计相关的数字化模型。

总体仿真人员：负责航天器数字化协同设计项目仿真工作，系统中该角色用户主要具备如下功能：根据数字化设计中对仿真的要求，完成仿真输入数据收集整理工作，为仿真平台开展仿真创造条件；将仿真平台所得的仿真结果反馈给相关设计节点。

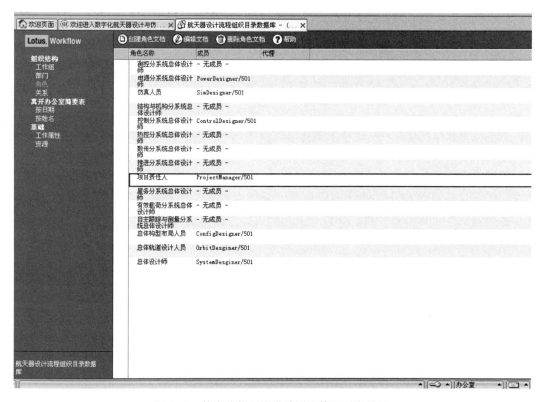

图 2-7　数字化航天器设计团队管理用户界面

2.3.2　设计项目管理模块

设计项目管理软件具有任务管理、组织管理、资源库管理、工作流程管理和服务器管理功能。其中，任务管理用于创建设计项目、启动设计流程和更新过程数据等；组织管理用于定义组织模型，即定义团队中人的组织形式的模型，主要包含有关部门、工作组和角色等信息；资源库管理将对航天器设计需要的大量继承的技术成果，以资源的形式进行管理，以备设计人员在设计过程中引用和参考。工作流程管理包括定义、配置和管理图形化工作流程。服务器管理包括用户注册、个人及群组管理、服务器配置等。

2.3.3　设计流程管理与控制模块

数字化航天器设计流程的定义、管理与控制软件是整个设计平台的控制核心，为适应不同类型航天器设计与航天器设计不同阶段的要求，必须提供设计流程的可配置性，保证与资源数据库、协同设计支持软件系统的协调性。其主要功能为：

1）流程定制：根据数字化航天器设计的实际要求，在标准流程的基础上进行裁剪，修改相关的设计工作包，定制新的流程；

2）状态监视：为设计流程的运行状态提供监视作用，为消息机制提供信息来源；

3）运行控制：根据定制的流程进行自动运行控制；

4）异常处理：对流程执行过程出现的异常情况进行处理，保证控制流程的正常运行。

一般地，流程设计软件采用具有人机交互界面的独立应用软件，必须保证与协同设计支持软件之间实现无缝结合，如图 2-8 所示。

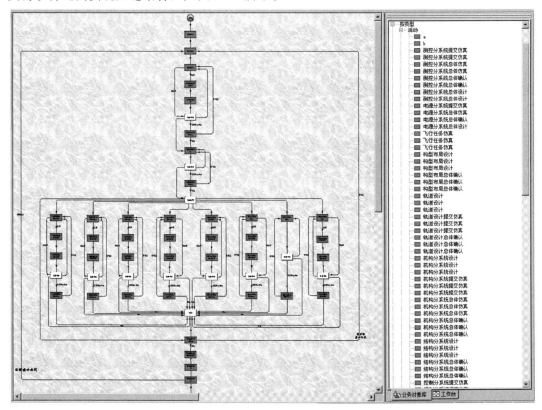

图 2-8　Workflow 环境下的流程设计用户界面

协同设计流程定义主要包括：工作包定义、人员定义和过程定义。在协同设计流程中工作包表现为流程节点，有三种类型：活动、自动活动、决策点。在协同设计流程中，人员有两种：个人、工作组，并指定角色。在协同设计流程中过程为一个由节点与连接弧所组成的有向图（允许自环的出现），通过路由关系属性定义，确定节点之间路由逻辑关系。

在具体设计过程中，由项目管理的技术流程界面，按照项目经理的意图，进行设计流程的配制。

流程控制软件根据定制的流程进行自动运行控制，并进行异常处理和状态改变通知。流程管理功能实现对通过流程设计软件定义的流程，进行存储和维护修改，并对生成可直接应用于标准控制流程定义的标准模块集进行管理。

2.3.4 设计资源库管理模块

数字化设计资源数据库主要存储和管理航天器的子系统、设备或部组件的模型数据、性能参数等，为航天器数字化设计提供所需的基础数据。设计资源数据库内容形式多样，面向所有专业设计人员，设计团队要使用相同的资源数据。所以将其设计为集中式数据库，通过设计服务器来统一管理所有资源，按 C/S 机制提供服务。

设计资源数据库中存储和管理的成熟的航天器产品信息，基本单元是设备模型，数据包括功能描述和机、电、热等接口数据，以及性能指标参数，功能与性能的分析计算模型等，参照航天器产品接口数据单（IDS 表）的结构进行组织。这种数据结构，能够满足系统所要求的设计与仿真一体化及数字化航天器柔性化的要求，方便进一步的功能扩展。设计资源数据库中包含的数据表如表 2-1 所示。

表 2-1 设计资源数据库数据表

功能描述表	对设备功能进行描述
性能参数表	设备性能名称、数值描述
电路接口表	设备内部电路和对外接口的电原理图，设备内部各相关功能块之间的关系及本设备与其他设备间的电信号接口关系
电源接口表	电源工作方式、单次工作电压、电流及电源特性、功耗等
接点分配表	信号功能、电压、电流、极性等
遥测参数表	参数描述、输出特性
指令表	指令信息
电连接器表	描述低频电连接器或高频电连接器
电接口特性表	信号类型、用途、特性等
表面热处理状态表	描述设备表面热处理状态
有限元模型表	有限元模型描述
性能分析表	指明设备性能分析计算软件及参数文件

设计资源数据库采用关系型数据库，通过管理软件完成对数据的浏览、编辑、添加、删除、保存、刷新等功能，如图 2-9 所示。

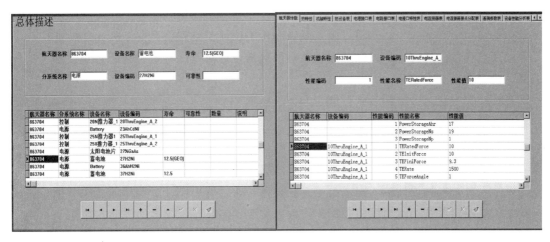

图 2 - 9　设计资源数据库管理用户界面

2.3.5　设计方案库管理模块

　　数字化航天器设计数据库包含已设计完成的数字化航天器的总体和分系统级方案。其中的方案模型是面向对象设计的，可继承、可重用。针对不同的设计人员，数据库中的模型具有不同的视图。设计人员可以根据设计阶段的具体设计要求，直接引入不同层次的模型，在此基础上开展设计。数据库是数字化模型的参数化实现，航天器的设计过程就是数字化航天器模型实例化过程。

　　数字化航天器设计方案库采用非关系型文档数据库系统来实现，具体以表单形式进行定义。数字化设计模型包括三级表单，如表 2 - 2 所示。

表 2 - 2　数字化航天器设计方案库三级表单

主表单	一层表单	二层表单
设计工作包及其相互关系	表征设计任务和系统架构	设计结果和功能与性能指标

　　三级表单呈树状结构，逐级细化构成数字化航天器总体或分系统方案，由 B/S 系统软件分布在局域网上的服务器和客户机中。数字化设计节点软件的接口数据，包括从用户输入界面采集的数据和应用软件输入输出的数据，都是数字化航天器模型数据库（表单）的数据。设计者根据设计任务的要求，调用相关子表单，通过设计节点软件对表单中的参数进行相应的设置、修改、导入、存储等操作，完成数字化航天器设计模型的参数化。

2.4　数字化航天器协同设计节点软件

　　协同设计支持系统的节点端软件，提供用户操作界面、应用软件数据接口和执行控制、设计数据库接口、设计流程控制接口等。根据设计分工，节点设计软件具体包括：总体设计节点软件、飞行方案设计节点软件、构型与布局设计节点软件、电源设计节点软件、控制设计节点软件、测控设计节点软件、数据管理设计节点软件、热控设计节点软件、数传设计节点软件、结构设计节点软件和机构设计节点软件。

根据航天器设计过程，设计节点软件一般包括设计输入、任务分析、系统设计、指标分析、设计输出五个部分。

设计输入：从其他设计节点接收，一般包括项目信息、工作要求、限制条件等部分，以文字、参数、接口数据等形式存在。

任务分析：针对工作要求及设计限制条件，对本次设计需要完成的工作内容、设计原则及主要的结果进行描述，一般以文字的形式存在。

系统设计：根据设计输入完成系统方案设计，通过调用设计资源库的相关数据，完成系统配置，确定系统功能与性能指标，一般以文字、参数、接口数据等形式存在。

指标分析：通过调用通用的和专用的工具软件，对指标参数进行分析计算，一般以参数变化形式存在。

设计输出：对系统组成、功能与性能指标及接口数据进行提取，形成设计结论，并生成设计报告。

2.4.1　总体设计节点

总体设计节点软件既是设计过程的起点也是终点，控制并主导整个设计过程的进行。

总体设计分析主要完成航天器总体构架设计和总体功能与性能指标分解，并为平台其他设计节点提供设计输入，如图2-10所示。

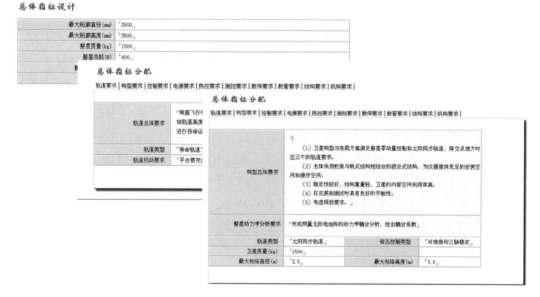

图2-10　数字化航天器总体设计分析用户界面

总体设计综合主要是对其他设计节点输出的设计结果审核、确认，并进行设计综合，形成完整的设计方案，如图2-11所示。

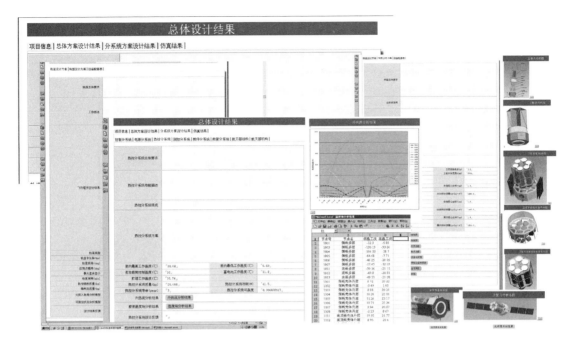

图 2 - 11　数字化航天器总体设计综合用户界面

在完成总体设计综合之后，对形成的数字化航天器设计方案（如图 2 - 12 所示）开展系统仿真验证工作。仿真任务由总体设计节点提出，提取需要的仿真参数传递给仿真平台，由于不同阶段对仿真要求不同，所包含的仿真参数也有所区别；仿真平台据此进行仿真实验，并将仿真结果反馈给总体设计节点，如图 2 - 13 所示。

在总体设计方案仿真验证完成之后，根据设计结果与仿真评估结果，对整个设计方案、实现指标情况等进行全面审核，判定设计方案完整性与合理性，签署审核意见。签署"不满意"，重新进入设计流程，进行设计修改与完善。签署"同意"，则将设计方案存入数据库，结束设计流程。根据需要自动生成设计报告，如图 2 - 14 所示。

2.4.2　飞行方案设计节点

飞行方案设计节点软件包括轨道设计和飞行过程规划两部分功能，如图 2 - 15 所示。轨道设计功能是根据项目背景和总体设计要求，综合考虑各种约束条件，完成航天器的轨道类型选择、光照条件分析、测控条件分析等工作。

飞行过程规划的功能主要是根据指定的目标轨道参数、约束条件及优化目标，完成航天器全寿命周期飞行过程总体策划，以及发射方案、轨道转移控制策略、轨道捕获或修正控制策略、轨道保持控制策略等的设计及优化，完成速度增量及推进剂消耗量计算。

飞行方案设计节点应用软件包括：轨道光照条件分析软件、轨道测控条件分析软件、飞行过程规划软件、航天器飞行仿真工具包 STK 等。

轨道设计方案 | 构型设计方案 | 设备配套表

控制设备 | 电源设备 | 测控设备 | 数管设备 | 数传设备 | 机构设备 | 结构设备 | 热控设备

序号	名称	代号	备注
1	动量轮_1	FlyWheel_A_1	
2	红外地球敏感器_2	InfraEarSen_A_1	
3	星敏感器	StarSen_A_1	
4	红外地球敏感器_1	InfraEarSen_A_1	
5	模拟太阳敏感器_1	SimSunSen_A_1	
6	模拟太阳敏感器_2	SimSunSen_A_1	
7	陀螺	Gyro_A_1	
8	GPS	GPS_A_1	

轨道设计方案 | 构型设计方案 | 设备配套表

控制设备 | 电源设备 | 测控设备 | 数管设备 | 数传设备 | 机构设备 | 结构设备 | 热控设备

序号	名称	类型	备注
1	太阳电池阵	GaAs	这个设备由电源系统计算
2	蓄电池组	H2Ni	这个设备由电源系统计算
3	电源控制器	300W	这个设备由电源系统计算

轨道设计方案 | 构型设计方案 | 设备配套表

控制设备 | 电源设备 | 测控设备 | 数管设备 | 数传设备 | 机构设备 | 结构设备 | 热控设备

序号	名称	代号	备注
1	测控S应答机	TransSBand_A_1	
2	测控天线	TTCAntennaSBand_A_1	
3	测控天线	TTCAntennaSBand_A_1	
4	测控混合接头	TTCMixConnector_A_1	
5	测控S应答机	TransSBand_A_1	

轨道设计方案 | 构型设计方案 | 设备配套表

控制设备 | 电源设备 | 测控设备 | 数管设备 | 数传设备 | 机构设备 | 结构设备 | 热控设备

序号	名称	代号	备注
1	数管遥测单元	DMS_TMU_1	
2	数管遥控单元	DMS_TCU_1	
3	数管远置单元	DMS_RTU_1	
4	数管中心计算机	DMS_CTU_1	
5	数管远置单元	DMS_RTU_1	
6	数管数据总线	DMS_SD_2	
7	数管遥测单元	DMS_TMU_2	
8	数管数据总线	DMS_SD_1	

控制设备 | 电源设备 | 测控设备 | 数管设备 | 数传设备 | 机构设备 | 结构设备 | 热控设备

序号	名称	代号	备注
1	S频段数传发射机	DataTransSBand_A_1	
2	S频段数传发射机	DataTransSBand_A_1	
3	数传终端	DTTerminal_A_1	
4	数传微波开关	DTSSwitch_A_1	
5	数传发射天线	DTAntennaSBand_A_1	
6	固态存储器	DTStorage	

轨道设计方案 | 构型设计方案 | 设备配套表

控制设备 | 电源设备 | 测控设备 | 数管设备 | 数传设备 | 机构设备 | 结构设备 | 热控设备

序号	名称	代号	备注
1	连接分离机构	LinkSepsLock_A_1	
2	舱门机构	CapsuleDoor_A_1	
3	太阳翼机构	SolarCellArray_A_1	

轨道设计方案 | 构型设计方案 | 设备配套表

控制设备 | 电源设备 | 测控设备 | 数管设备 | 数传设备 | 机构设备 | 结构设备 | 热控设备

编号	结构件名称	外形尺寸	材料	备注
1	载荷舱外框架	高1700mm,俯视投影为外接12根M40碳纤维杆件,截面26	杆间接头材料为铝合	
2	载荷舱隔板组件	850mm×1758mm,厚21mm	对铝面板的蜂窝夹层板,面板厚	传递载荷和热门机构
3	载荷舱底板	直径1800mm,厚26mm	M40碳纤维蜂窝夹层板,面板厚	
4	过渡锥	下端直径2000mm,上端直径M40碳纤维,铺层 (0/0/+45/		
5	平台舱顶板	直径2000mm,高26mm	碳纤维面板的蜂窝夹层板,铺	
6	贮箱舱	外接圆直径1200mm的正8面M40碳纤维面板组件		安装4个贮箱
7	平台舱主承力桁架	外接圆直径1210mm的正8面的28根M40碳纤维杆件组成,杆也是贮箱的主承力结		
8	平台舱+Z侧板	760mm×800mm,厚21mm	铝面板蜂窝夹层板,面板厚0.	
9	平台舱+Z+Y侧板	同上	同上	
10	平台舱+Y侧板	760mm×800mm,厚25.6mm	铝面板蜂窝夹层板,面板厚0.	

轨道设计方案 | 构型设计方案 | 设备配套表

控制设备 | 电源设备 | 测控设备 | 数管设备 | 数传设备 | 机构设备 | 结构设备 | 热控设备

序号	名称	代号	备注
1	热敏电阻	互换型热敏电阻	
2	热管	方形双孔型	
3	热控涂层	石英玻璃镀铝二次表面镜	
4	百叶窗	记忆合金弹簧驱动型	
5	电加热器	聚酰亚胺薄膜型JRP-150	
6	多层隔热	多层隔热组件	

图 2-12　数字化航天器设计方案综合显示界面

图 2-13　数字化航天器总体仿真分析评估界面

图 2-14　数字化航天器设计报告自动生成界面

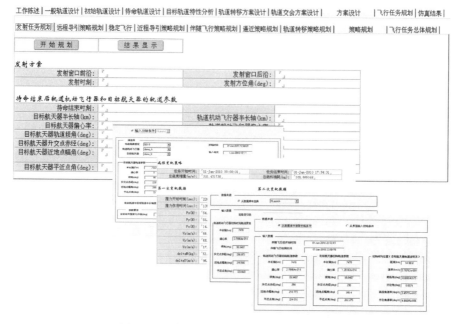

图 2-15　数字化航天器飞行方案设计界面

2.4.3　构型与布局设计节点

　　构型与布局设计节点软件主要功能包括航天器的三维模型建立和虚拟装配，具体包括主承力结构构型选择、结构构型设计、太阳翼和大型天线等附件构型设计、总体布局设计等，在总体布局设计中完成装配干涉分析、设备视场分析、质量特性分析、整星有限元分析、整星动力学分析和布局优化设计等，如图 2-16 所示。

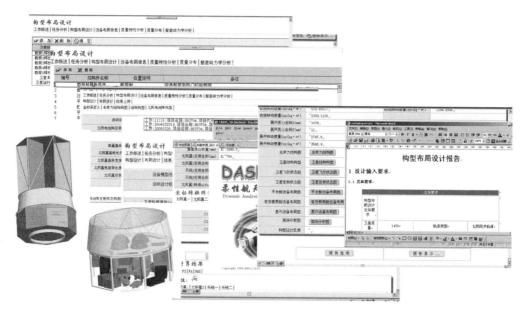

图 2-16　数字化航天器总体构型与布局设计界面

构型与布局设计应用软件包括三维设计软件 Pro/E、有限元分析软件 PATRAN/NASTRAN、布局优化软件、柔性动力学软件等。

2.4.4　电源系统设计节点

电源系统设计节点软件功能包括负载功率需求分析、电源系统构架设计、太阳能电池阵设计、蓄电池组设计和电源控制器设计等，如图 2 - 17 所示。

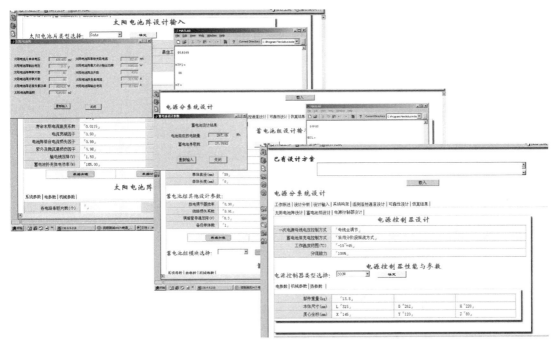

图 2 - 17　电源系统设计界面

电源系统设计应用软件包括太阳能电池阵设计软件、蓄电池组设计软件。太阳能电池阵设计软件完成太阳能电池阵相关参数的计算，主要包括太阳能电池片串并联数量和太阳能电池阵面积等；蓄电池组设计软件完成蓄电池相关参数的计算，主要包括蓄电池组长期负载供电能量、蓄电池组短期负载补充供电能量、单体蓄电池串联数量、蓄电池组并联数量、放电深度等。

2.4.5　结构系统设计节点

结构系统设计节点软件的功能是根据总体构型设计所建立的三维模型和有限元模型，进行传力设计，确定结构件的材料、尺寸等，进行结构的强度、刚度分析及可靠性分析；完成结构连接设计，如图 2 - 18 所示。

结构系统设计应用软件包括三维设计软件 Pro/E、有限元分析软件 PATRAN/NASTRAN 等。

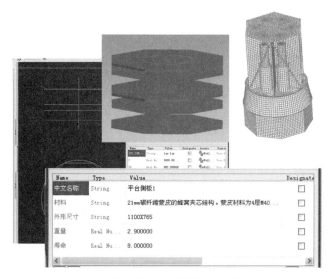

图 2-18　数字化航天器结构系统设计界面

2.4.6　机构系统设计节点

机构系统设计节点软件的功能是根据总体构型设计所建立的太阳翼、可展开天线、舱门等机构系统的三维模型和有限元模型，选择机构部组件通过装配形成机构系统方案，设置主要参数，进行机构运动学和动力学分析以及可靠性分析，如图 2-19 所示。

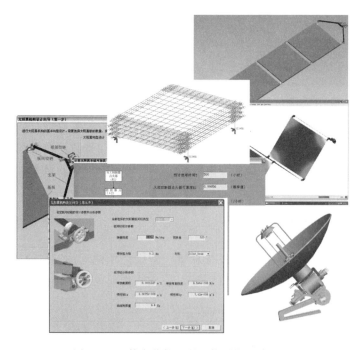

图 2-19　数字化航天器机构系统设计界面

机构系统设计应用软件主要是航天器机构设计分析软件包，软件包由设计向导模块、结构动力学分析模块、多体动力学分析模块、设计与分析数据管理模块以及可靠性预测计算模块组成。各模块采用外挂式结构，采用内部数据库进行数据交换，通过主控程序集成与控制。

2.4.7　控制系统设计节点

控制系统设计节点软件的功能是根据总体要求完成航天器姿态与轨道控制任务分析，控制模式设置、系统配置，姿态确定算法和控制律设计，完成各控制模式下的姿态确定精度、控制指向精度、稳定度等指标分析计算，如图 2 - 20 所示。

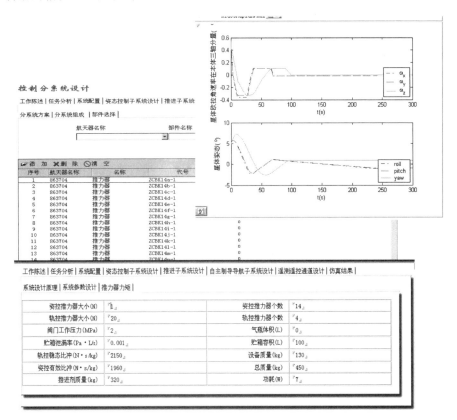

图 2 - 20　数字化航天器控制系统设计界面

控制系统设计应用软件用于数字化航天器在各种控制模式下姿态确定分析设计、控制律的分析设计等。航天器姿态控制设计分析应用软件主要包括 3 个功能模块：运动学与动力学模块、姿态确定模块和姿态控制模块。

2.4.8　测控系统设计节点

测控系统设计节点软件的功能是根据总体要求完成航天器测控任务分析、工作模式设置、系统配置、测控链路分析计算等，如图 2 - 21 所示。

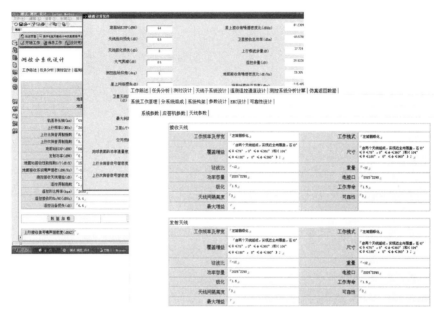

图 2-21 数字化航天器测控系统设计界面

测控系统设计应用软件主要用于测控信道分析计算，其功能是根据设计的测控系统指标进行信道链路余量的分析，根据计算结果对设计进行调整。

2.4.9 热控系统设计节点

热控系统设计节点软件功能包括根据总体构型与布局以及其他分系统热控要求，进行外热流分析、散热面选择、热管的安装布局和主被动热控设计、整星温度场分析等，如图 2-22 所示。

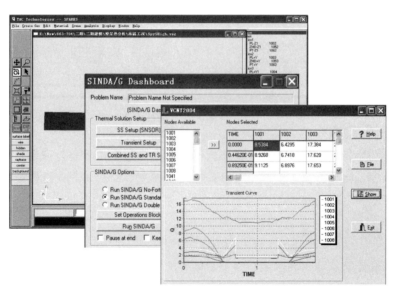

图 2-22 数字化航天器热控系统设计界面

热控系统设计应用软件包括专业热分析软件 NEVADA 和 SINDA 软件。NEVADA 软件完成外热流和相关辐射角系数的分析计算，外热流计算结果作为散热面设计的依据；辐射角系数的计算结果则作为 SINDA 软件的部分输入值。SINDA 软件完成整星温度场的计算。

2.5　数字化航天器柔性仿真管理软件

如前所述，数字化航天器仿真平台是一个基于异构网络环境的分布式系统。数字化航天器柔性仿真管理软件主要包括仿真想定编辑模块、仿真模型库管理模块、仿真想定库管理模块、仿真实验库管理模块、仿真节点管理模块、仿真过程回放模块和仿真结果分析评估模块。

2.5.1　仿真想定编辑模块

仿真想定编辑（任务设计）以仿真模型库为基础完成仿真想定设计，包括仿真模型配置、仿真节点配置和仿真实验配置三部分工作内容。

仿真实验配置：创建新仿真实验、修改已有仿真实验、复制并修改仿真实验。根据数据记录和在线监视要求进行数据采集设置和监视信号选择。

仿真节点配置：在选定的仿真实验中添加、删除节点，对节点信息进行修改。

仿真模型配置：在仿真平台中，可以在一个仿真节点中运行多个模型，将在同一个节点运行的仿真模型统称为仿真节点模型。对节点模型中参数和接口进行设置，自动分配地址，并对节点模型之间输入输出进行关联设置，还可以进行模型自检。

2.5.2　仿真模型库管理模块

为增强仿真模型可重用性，积累仿真模型，提高仿真应用的效率，数字化航天器仿真平台采用仿真模型库的方式实现仿真模型的管理。仿真模型库主要由仿真模型的相关数据表组成，如图 2 - 23 所示，对仿真模型的功能和外部特性进行描述。

仿真模型库包括：
1）模型类表：记录某个模型类的有关信息；
2）模型类参数表：记录指定模型类的各项参数信息；
3）模型类输入表：记录指定模型类的各项输入信息；
4）模型类输出表：记录指定模型类的各项输出信息；
5）模型表：记录指定模型类的不同模型的信息。

设计人员可通过仿真模型库管理系统添加仿真模型，并定义仿真模型的各种属性，例如仿真模型类名称和编号、模型名称和编号、输入输出和参数个数，定义仿真步长的缺省值、模型参数缺省值、输入/输出数据类型等。可以添加、删除、更改和按照不同类别查询仿真模型，如图 2 - 24 所示。

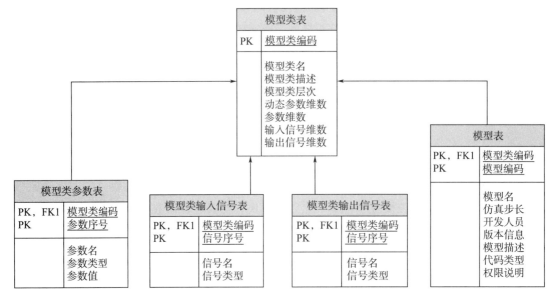

图 2-23　数字化航天器仿真模型库数据表

图 2-24　数字化航天器仿真模型库管理界面

2.5.3　仿真想定库管理模块

为提高仿真任务设计效率，数字化航天器仿真平台采用仿真想定库的方式实现仿真实验的定义、配置和管理。仿真想定库主要由仿真实验的相关数据表组成，对仿真想定的配置、接口和参数等方面进行定义。通过仿真模型库和仿真想定库这种方式，仿真可以从仿真模型及其应用这两个角度来共同表征仿真模型的功能性和应用性特征，从而将功能和应用区分开来，达到模型统一管理和模型复用的目的。

数字化航天器仿真想定库数据表包括：

1）项目表：记录指定设计项目的信息；

2）设计方案表：记录指定设计项目下各种设计方案的信息；

3）想定组成表：记录指定想定的模型组成信息；

4）想定参数表：记录指定想定中各模型的参数信息；

5）IO 编码表：记录指定想定中各模型的输入/输出信息。

仿真想定库管理软件可对具体的仿真应用实验进行管理，如图 2-25 所示。航天器仿真实验是按照航天器设计项目和设计方案分别定义的。仿真想定库中可以存放多个航天器设计项目，并且每一航天器设计项目可以对应于多种设计方案，针对每一设计方案，再定义各种不同的仿真实验。

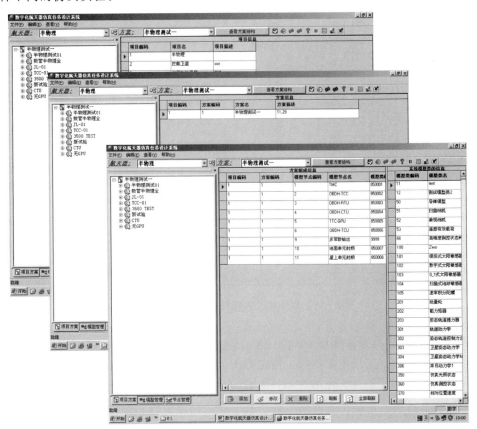

图 2-25　数字化航天器仿真想定库管理界面

2.5.4 仿真实验库管理模块

每一仿真实验由多个仿真模型组合而成，各仿真模型的参数包含在航天器设计方案库表单中，也允许设计人员在仿真实验中进行修改，以满足通过设计参数的调整反复实验进行设计优化的需要。各仿真模型之间的数据接口关系以及模型在仿真节点的分布也在仿真实验管理软件中进行定义。为方便设计人员的使用，仿真实验管理软件还提供了仿真实验复制、仿真实验接口测试、可视化数据配置等多项辅助功能，以提高仿真实验的配置效率，如图 2 - 26 所示。

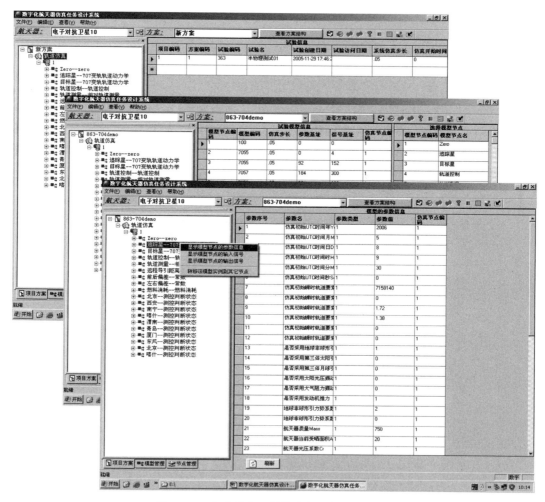

图 2 - 26 数字化航天器仿真实验库管理界面

数字化航天器仿真实验库包括：

1) 仿真实验表：记录指定项目、指定方案下仿真实验信息；

2) 实验节点表：记录某项仿真实验用到的各仿真节点编号及其名称；

3) 仿真节点表：记录仿真网络中各仿真节点的网络地址和硬件配置信息；

4) 实验模型表：记录指定仿真实验中的各模型信息；

5) 实验参数表：记录指定仿真实验的各模型的参数信息；

6) 实验 IO 表：记录指定仿真实验的各模型的输入输出关联信息；

7) 监视信号表：记录指定仿真实验需要在线监视的信号信息；

8) 实验记录表：记录仿真实验数据记录的有关信息；

9) 实验结果表：记录仿真实验分析评估结果的内容。

2.5.5　仿真节点管理模块

仿真服务器要对仿真异构网络上的所有节点的 ID 进行登记和管理。仿真节点 ID 信息包括节点编号、节点名称、IP 地址、CPU 类型和内存容量等。仿真节点管理软件对仿真平台中所有的仿真节点进行管理，包含对仿真节点的增加、删除、修改、查询功能，如图 2 - 27 所示。

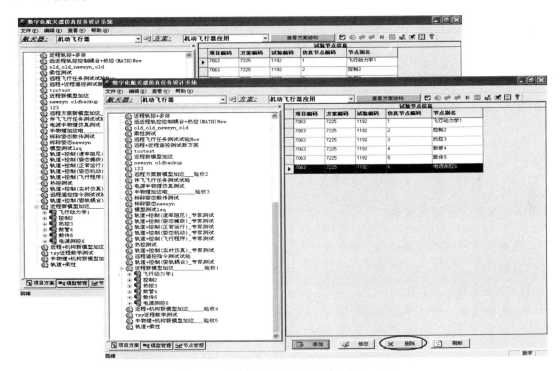

图 2 - 27　数字化航天器仿真节点管理界面

将每个节点上运行的仿真模型封装为一个模型，作为一个整体接受仿真过程控制与调度。每个模型具体封装为三个函数：初始化、仿真计算、后处理。输入参数地址由主控函数分配和释放，pSimParam 为系统参数，包含仿真时间、帧计数等系统信息。pPar、pInput、pOutput 分别为参数、输入、输出数组；pUser 用于模型内部交换数据。模型从 pPar、pInput 数组中读取数据，将结果输出到 pOutput 数组中。初始参数、初始输入、参数、输入、输出的排列顺序和个数要和数据库中的记录相匹配。每个模型分配一个模型编码，并在 modelRegister 函数中进行注册，注册编码和数据库中的模型编码必须匹配。数

56 ·　　　　　　　　数字化航天器系统工程设计

字化航天器仿真实验配置界面如图 2 - 28 所示。

实时仿真模拟接口服务程序也参照模型框架进行实现，纳入仿真模型统一管理。

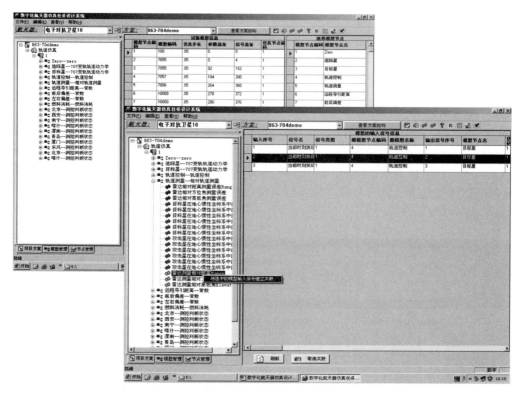

图 2 - 28　数字化航天器仿真实验配置界面

2.5.6　仿真过程回放模块

仿真过程回放模块主要用于对仿真过程及有关信息的回放与显示。其主要功能包括如下三方面：

（1）仿真回放初始化

为提高效率，数字化航天器仿真平台支持仿真过程回放。回放参数包括回放速度系数、起始时间和终止时间，其中回放速度系数×原仿真步长＝仿真回放步长，如图 2 - 29 所示。

（2）仿真回放执行控制

仿真回放过程即按要求从仿真数据库中读取数据进行显示过程，在回放过程中可根据需要进行暂停、恢复和终止等控制操作。

（3）回放过程中数据显示

与仿真过程相同，在回放过程中同样可以显示当前回放原仿真过程指定监视数据及其显示方式，并可动态修改。

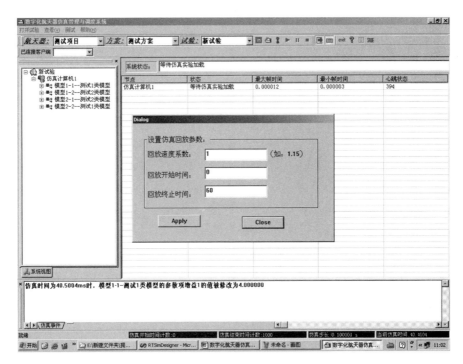

图 2-29　数字化航天器仿真回放参数设定界面

2.5.7　仿真结果分析评估模块

仿真结果分析评估模块主要用于在仿真结束后对仿真实验数据进行进一步的分析和整理。通过指定的评估算法，对仿真数据进行分析，以数据和曲线的形式提供给设计人员参考。它主要包括：

（1）仿真评估算法库

仿真评估算法库中提供多种类型的评估算法，并可根据需要进行扩充。算法库中包括飞行动力学、机构、电源、控制、推进、测控等分系统性能指标评估算法。

（2）评估算法配置

根据具体的评估任务要求，确定需要评估的指标，配置评估算法，定制仿真数据，指定评估结果显示方式。

（3）仿真评估数据配置

根据评估任务需要从仿真实验数据库中选择输出数据进行配置。

（4）仿真数据分析评估

根据评估要求，调用评估算法，对仿真数据进行分析，得出评估结果。

（5）分析评估结果处理

接收仿真评估的分析结果，并按照指定的形式显示，同时可以将评估结果数据保存，如图 2-30 所示。

图 2 - 30　数字化航天器仿真评估结果显示界面

2.6　数字化航天器仿真执行控制软件

　　仿真执行控制软件主要用于调用数据库中的仿真实验任务配置信息，控制各个仿真节点的运行和数据交换，保证仿真过程的时间同步控制、仿真过程监控、节点动态管理、数据处理和共享、指令和故障注入等。数字化航天器仿真执行控制软件包括主控端、仿真节点端和同步控制节点端三部分。数字化航天器仿真主控界面如图 2 - 31 所示。

图 2 - 31　数字化航天器仿真主控界面

2.6.1　仿真模式设定模块

针对不同的仿真任务要求，仿真执行控制提供数学仿真模式、实时仿真模式和仿真回放模式。数学仿真模式采用 "As Fast As Possible" 的管理机制，主要保证各个仿真节点之间的同步；而实时仿真模式采用定时时钟控制机制，必须在指定的时间内，完成仿真计算、数据交换和指令分发等多项任务；仿真回放模式则是在各仿真节点不参加运行的情况下，调用仿真数据库保存的实验数据，进行回放显示和分析。仿真运行模式选择中，可设定运行次数（单次、多次）。

2.6.2　仿真实验加载模块

选择仿真实验项目，按数据库中的"实验节点表"、"实验模型表"给仿真实验下的仿真节点和仿真节点下的节点模型赋初值，调用编译工具软件加载指定模板进行编译，得到执行代码，加载到指定的仿真节点计算机上。

2.6.3　仿真实验初始化模块

按照数据库中"仿真实验表"、"实验节点表"、"实验模型表"、"实验参数表"、"实验输入输出关联表"等信息，加载到共享内存的控制区，并向相关仿真节点和同步控制节点发送初始化指令。

仿真节点软件在收到初始化模型参数消息时，软件将读取仿真网络共享内存中该节点的初始化数据区，从中获取节点中模型的参数地址、输出地址、输入地址表等信息。软件随后根据这些信息从仿真网络参数区（地址见仿真网络内存分配表）获取仿真模型参数的初值，调用当前节点所有仿真模型的初始化（init）函数，将这些参数值传入模型，设置本节点的当前状态为初始化完成状态（该标志位位于仿真网络内存消息控制区，具体见网络内存分配表）。

同步控制节点在收到初始化模型参数消息时，节点软件读取网络共享内存中该节点的初始化数据区，从中获取仿真步长，设置仿真时钟卡，在每帧仿真完成时产生时钟中断。

2.6.4　仿真运行控制模块

仿真运行控制包括节点挂起/解除挂起、仿真启动、暂停、继续、停止、复位、加速等控制功能。仿真实验初始化完毕后，软件可识别出用户操作指令。软件通过仿真网络消息通知同步控制节点，同步控制节点再根据消息内容将其转发至各仿真节点。控制流程如图 2 - 32 所示。

时间同步节点的程序流程实际上是等待主控端软件发送来的消息，根据消息进行帧时钟设置、转发开始/暂停/停止消息到各仿真计算节点。同时，也可根据仿真时钟产生的帧时刻，通知所有使用该步长的仿真节点。所有仿真控制均采用消息中断方式，即先将消息内容放入接收节点的消息队列（位于仿真网络内共享内存的消息控制区），将消息写指针

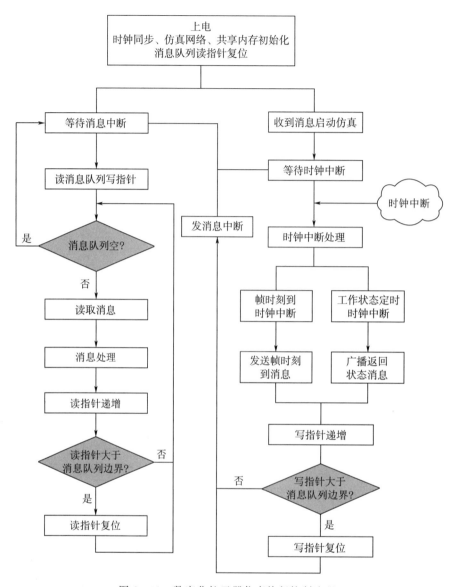

图 2-32　数字化航天器仿真执行控制流程

递增（如果超越消息队列边界则复位），之后触发该仿真节点的中断，如图 2-33 所示。

仿真节点端控制软件的程序流程实际上就是等待时间同步控制节点的消息，根据消息内容进行相应处理。获取消息内容的方式为设置一消息队列读指针（全局变量，初始值为0），每次都从该指针处读取消息，每次读取后递增该指针，但如果该指针递增后大于消息队列的边界，则将该指针复位。如果递增后该指针与消息队列的写指针（该指针位于仿真网络共享内存消息控制区，由时间同步节点在发送消息后将该指针值更新）相等，则说明消息队列中所有消息均已读取完毕，则退出消息处理，继续等待新消息的到来。仿真控制流程如图 2-34 所示。

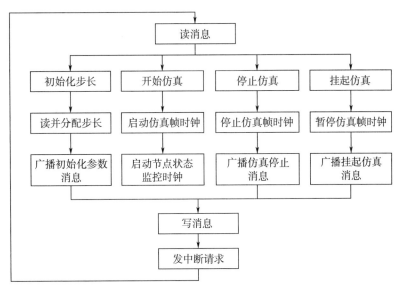

图 2-33 数字化航天器仿真时间同步控制流程

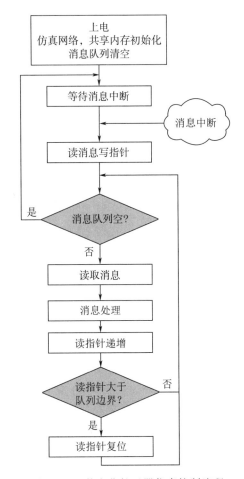

图 2-34 数字化航天器仿真控制流程

　　在收到运行消息时，软件根据消息内容判断需运行的模型序号，根据这些模型的输入地址表从仿真网络的输入区获取仿真模型输入值，调用该仿真模型的执行（run）函数，将这些输入值传入模型。记录模型的输出数据，之后根据模型输出地址将这些值写入网络共享内存的输出区。之后设置本节点的当前状态为运行状态。

　　在收到挂起消息时，设置本节点的当前状态为挂起状态，不再响应新的消息。在收到解除挂起消息时，设置本节点的当前状态为运行状态，允许响应新的消息。

　　在收到停止消息时，软件调用所有节点模型的结束（end）函数，设置本节点的当前状态为停止运行状态。

　　在收到返回当前状态消息时，软件将当前工作状态重新写入仿真网络共享内存中本节点当前工作状态的位置。

　　上述消息处理流程如图 2 - 35 所示。

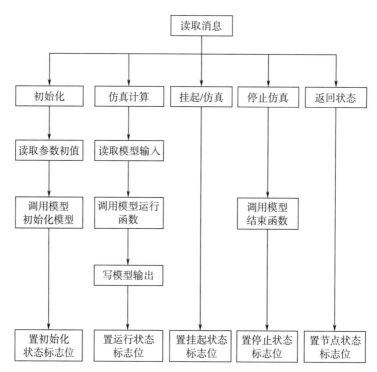

图 2 - 35　数字化航天器仿真消息处理流程

2.6.5　仿真数据交换模块

　　数字化航天器仿真环境的主干网络是通过交换机配置星形拓扑结构共享内存网络。写入本地节点网络内存（NETRAM）的数据通过交换机同步传送到所有节点网络内存，如图 2 - 36 所示。

　　共享内存可以设置写中断。写中断与数据一同传输到网络内存中，同时具备低延迟和同步传输的特点，并可以通过使能（enable）和复位（disable）对接收中断的节点进行设置，控制其是否响应中断。

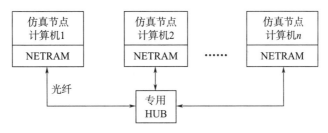

图 2 - 36　数字化航天器仿真数据交换示意图

网络内存作为节点的基本单元，含有网络中所有用户可同享的数据和信息，由当前时刻当前节点和网络中其他节点不断地刷新。同时所有节点网络内存的相对地址是相同的，当各客户向服务器注册时由服务器分配。

网络内存由于采用广播形式通信，必须具备统一的数据结构，每一个数据结构都必须映射明确的起始地址。

网络内存数据结构如图 2 - 37 所示。

1）中断标志区：在内存的始端，用于各仿真节点查询中断请求。

2）消息控制区：包含时间同步节点发送给各仿真节点的控制消息。各仿真节点读取该区的信息控制本节点的运行状态和数据输出。其中前 1 KB 用于存放消息队列（每条消

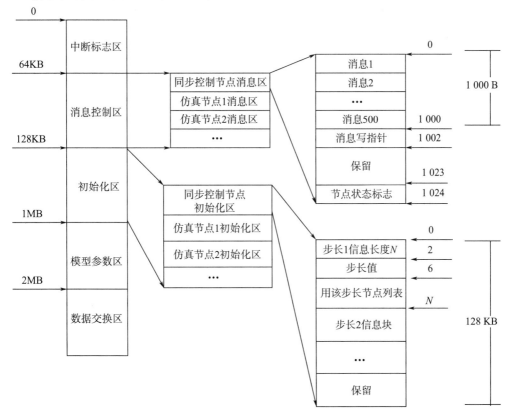

图 2 - 37　数字化航天器仿真数据交换地址分配示意图

息占 2 字节），队列尾部为消息队列的指针和该节点状态标志。

3）初始化区：分为两部分。一部分用于时间同步节点的初始化区域，包含所有节点仿真步长信息（步长种类最多不能超过 5 种），由主控软件设置，时间同步节点读取。另一部分是仿真节点的初始化部分，它包含仿真输入/输出的存储地址、仿真参数的存储地址，由主控软件设置，仿真节点读取。

4）模型参数区：由主控软件设置各节点的模型参数，空间大小和设置参数内容从模型数据库中读取；

5）数据交换区：由各节点将模型输入和输出存入，地址和数据内容由模型数据库中指定。

2.6.6　仿真数据采集模块

在仿真实验设置中，选择数据记录方式，包括完全记录和采样记录两种模式，并指定数据采集周期和数据存储地址。如果选择采样记录，在仿真模型输出中指定记录信号。在仿真运行期间，仿真数据采集程序周期扫描共享内存数据交换区，提取相关数据存入仿真数据库。

2.6.7　仿真过程监视模块

在仿真过程中对仿真输入/输出在线显示，提供数字和时间曲线显示两种模式。根据数据监视要求，在仿真模型输出中指定监视信号。仿真监视程序周期扫描共享内存数据交换区，提取相关数据在主控端界面监视区进行曲线或数据显示，如图 2-38 所示。

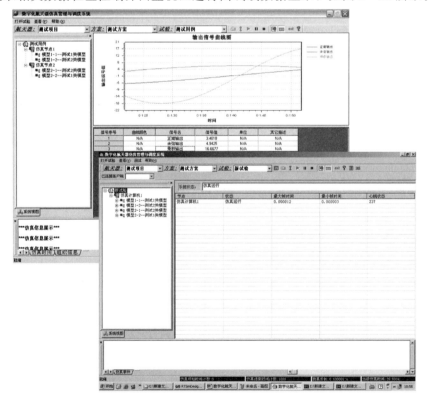

图 2-38　数字化航天器仿真过程监视界面

2.7　数字化航天器仿真可视化软件

仿真可视化的目的是给设计人员提供一个除了凭借经验和抽象的数据显示以外的发现问题的途径，这样就能够缩短发现问题、解决问题的时间，提高工作效率。

数字化航天器仿真平台的可视化软件由数个单独运行的功能软件组成，分别是三维和二维的飞行状态可视化软件、航天器工作状态可视化软件和航天器任务效果演示软件。可根据需要同时运行于多个可视化节点计算机。

仿真可视化软件不能单独运行，必须通过仿真数据来驱动各个显示单元和显示组件执行仿真可视化。

2.7.1　数字化航天器仿真可视化配置软件

在仿真主控软件中可以进行仿真可视化数据配置，即通过图形界面在仿真模型输出中指定可视化数据及可视化方式，包括飞行状态和工作状态可视化数据配制，如图 2 - 39 所示。

图 2 - 39　数字化航天器仿真飞行状态可视化数据配置操作界面

2.7.2　数字化航天器飞行状态可视化软件

　　航天器飞行状态二维仿真可视化软件主要在投影地图上表现航天器星下点及星下点轨迹,同时表现地球表面光照区和阴影区、航天器测控情况、星地星间链路以及有效载荷开关机情况等,如图 2 - 40 所示。

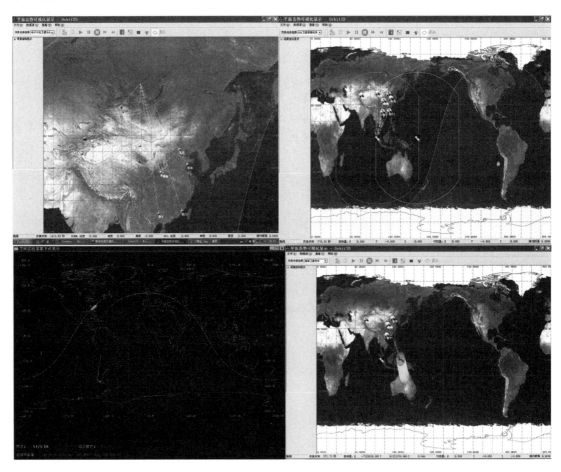

图 2 - 40　数字化航天器飞行仿真二维可视化显示界面

　　航天器飞行状态二维可视化软件包括主控模块、初始化模块、网络数据接收与管理模块、文本处理模块、航天器图标处理模块、地图处理模块等。可视化中可通过外部接口对以下显示单元进行配置:位图地图、航天器图标、地面设备图标、光照区图标、可见区图标、可达区图标等。

　　航天器飞行状态三维仿真可视化软件主要表现航天器飞行空间轨道和姿态。根据需要,可以选取合适的观察者、观察角度和观察距离进行显示。具体包括航天器的姿态运动、运动轨迹、有效载荷开关机状态以及星地星间链路等显示,如图 2 - 41 所示。

　　航天器飞行状态三维可视化软件包括主控管理模块、网络数据接收与处理模块、航天器实体处理模块、星空背景处理模块、波束及覆盖处理模块、特殊效果处理模块等。可视化中可通过外部接口对以下显示单元进行配置：天体实体库、航天器实体、地面设备实体、特殊效果库、波束、覆盖库等。

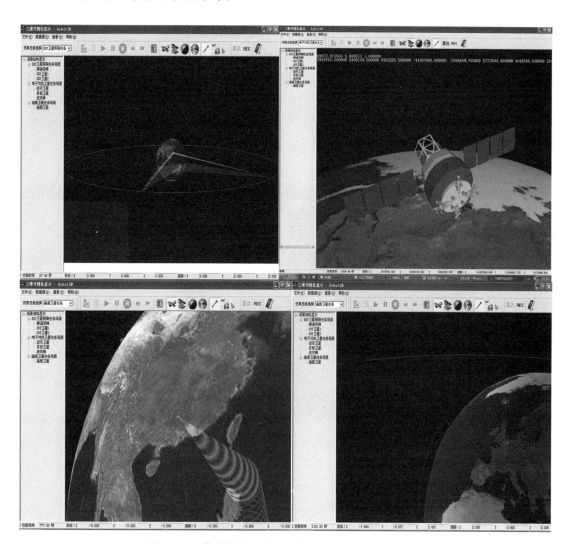

图 2 - 41　数字化航天器飞行仿真三维可视化显示界面

2.7.3　数字化航天器工作状态可视化软件

航天器工作状态仿真可视化软件主要通过数据、曲线、状态灯、云图等多种形式显示当前仿真实验中航天器各分系统工作状态数据，包括控制、电源、机构、热控、推进、测控、数据管理等分系统的工作状态可视化，如图 2 - 42 所示。

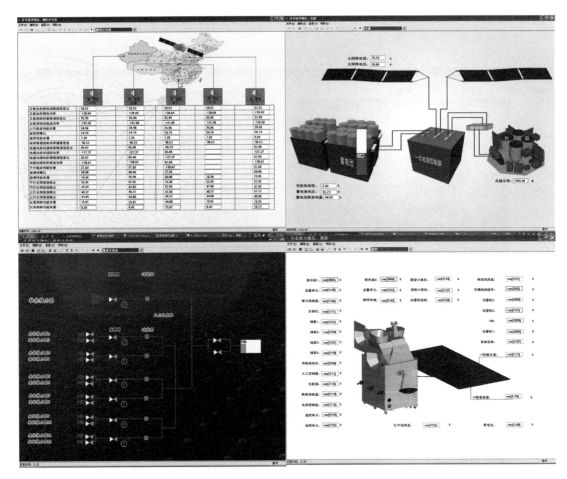

图 2-42　数字化航天器工作状态仿真可视化显示界面

2.8　本章小结

数字化航天器设计环境具有网络化、系统性、通用性、灵活性和可扩展性等技术特点。在数字化航天器设计环境中，集成了用于航天器总体和分系统设计、分析、仿真、优化的软件工具和层次化多学科的数字化模型。采用灵活配置的设计流程和基于资源数据库的并发协调控制机制，保证了在设计过程中模型和数据的一致性，加快了信息流动，实现了对设计更改的快速响应。设计报告自动生成功能，提高了工作效率，减少了人为差错。

在数字化航天器设计环境中，仿真作为数字化设计重要组成部分，在设计迭代过程中提供分析评估。以共享内存光纤网为主干网，结合高速以太网构建了开放的分布式仿真体系架构。针对航天器的特点和设计各阶段对仿真的不同要求，基于面向对象方法建立了航天器变复杂度的仿真模型库，支持仿真模型灵活组合配置。通过数据共享和消息中断机制实现多帧速仿真同步控制，以及动态可配置的仿真数据采集、分发和记录。提供面向应用的在线仿真可视化和离线仿真分析评估功能。

　　本章所阐述的数字化航天器设计环境功能齐全，工作运行稳定，通过了系统评测，并经过实际工程应用考核。受篇幅所限，只是简要介绍了数字化航天器设计环境建造的基本思路、设计流程和功能构成。真正开展数字化航天器设计与仿真，关键还在于运行于环境中的航天器功能模块的设计模型。

第3章 数字化航天器总体设计模型

航天器作为典型的大系统，是由相互联系、相互作用和相互依存的各组成部分（要素）有机结合而成的、具有特定功能的整体，本身又是更大的系统（即航天工程系统）的组成部分。如同其他系统一样，航天器系统具有：整体性，航天器总体性能不同于组成各分系统性能的叠加；相关性，组成航天器各分系统相互联系、相互作用、相互依存，其相关性总和表征航天器总体的结构；层次性，组成航天器系统的各分系统可分为不同的层次；目的性，任何航天器系统都有其特定的功能；动态性，航天器系统都有产生、发展、故障，直至终结过程；适应性，航天器系统通过适应其生命周期内各种外部环境并与环境相容而存在。航天器系统的三个要素分别是：组分（要素）为按功能或学科划分的各分系统，确定了航天器系统的构成，同时也确定了系统的边界；属性（特征）则是用于描述航天器总体和各分系统特征的性能参数；为了实现任务目标，在外部作用下内部各分系统之间相互作用，通过航天器活动（行为）来体现，活动描述了航天器系统变化过程。

对系统内部和外部因素相互制约、相互作用关系的描述，称之为系统的模型。航天器模型是进行航天器数字化设计、分析、仿真和优化的基础。所建立模型的颗粒度、表达方式及其逼真度，将直接影响到设计优化和仿真分析的正确性和准确性。因此，航天器数字化建模技术是数字化航天器设计的关键技术。

3.1 数字化航天器总体设计模型特征

航天器设计是一个复杂的系统工程，航天器设计由总体、分系统、子系统和部组件逐层递进，航天器设计需要多方面的专业知识，包括机械、电子、热学、控制、光学、力学等多学科专业，可以从不同的专业视角、层次、阶段和方法等对航天器进行建模描述。因此，航天器数字化模型是多学科、多层次、多视图的模型。

（1）数字化航天器模型的层次化特性

航天器本身是一个层次化的系统，航天器数字化模型也是一个层次化的模型，是所有各层次模型的集合。航天器数字化模型按照层次体系可分为航天器总体级、分系统级、子系统级、组件级、部件级和元器件级等。

（2）数字化航天器模型的多学科特性

数字化航天器设计模型又可按学科专业分为总体设计模型、轨道设计模型、构型布局设计模型、控制系统设计模型、电源系统设计模型、结构系统设计模型、机构系统设计模型、热控系统设计模型、测控系统设计模型、通信系统设计模型、星务系统设计模型、有效载荷系统设计模型及其他新型分系统设计模型。这些模型通过算法描述、参数描述、几何描述等各种不同描述方式综合表现出来，以一定的相互关系进行关联，就构成了完整的数字化航天器设计模型。

（3）数字化航天器模型的多视图特性

从横向来看，任何一个航天器的性能都可以分为机、电、热、控、光等不同方面，数字化航天器模型按照性能划分，可分为机械剖面、热剖面、电剖面、控制剖面、光剖面等。

模型的多视图特征如图 3-1 所示。

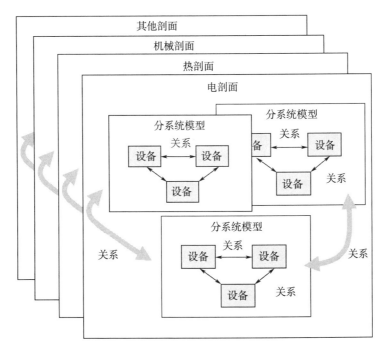

图 3-1 数字化航天器模型的多视图特征

（4）数字化航天器模型系统工程特征

按照航天器的系统工程结构，数字化航天器模型可分为本体模型和环境模型。

航天器本体模型包括：任务模型、方案模型、分析模型等。

任务模型是对航天器所要达到的功能目标的描述，通常是根据要达到的任务目标和现实约束条件所得到的任务要求（如飞行任务要求、航天器总体要求、总体对分系统的要求等），实际的表现形式可以是各级任务书。

方案模型是对实现任务目标的各种方案的描述。建立方案模型的过程大致为：根据任务目标完成航天器飞行剖面设计、系统构架设计、功能结构设计、性能指标设计、构型布局设计等，从中识别可变要素或单元，枚举可变要素或单元变化对应的备选方案，建立可选方案的综合分析评估指标体系和分析模型，进行综合评估分析，确定方案。设计方案模型是针对某一任务所做的方案设计结果。

分析模型是针对某一设计方案模型进行分析计算所建立的模型。

环境模型包括：引力场环境模型、空间热环境模型、空间粒子环境模型、太阳活动模型、大气环境模型、微流星和空间碎片模型以及空间磁场环境模型等。

（5）数字化航天器静态模型和动态模型

常见的模型都可通过数学和物理的方式去表达。静态物理模型包括用作评估的全尺寸三维实体模型，用于演示、形象化展示或构型与布局评估的模型；动态物理模型包括评估工作原理用的功能模型和模拟模型。对大多数分析都采用数学模型，静态数学模型利用代数方程组去展示系统处于平衡状态时各特征参量之间的关系，对单纯的状态变化可以解析地求解，凡需要对参数进行优化时必须用数值法求解；在动态数学模型中可把要导出的特征参量的变化视为时间的函数，通常由于各种系统问题的复杂性，需要进行计算机数字仿真才能充分地表达其状况。在做控制系统的仿真时，有时要用到模拟和数字混合仿真，以便保证实时性要求。

数字化航天器设计模型的划分遵循以下几项原则：

1）共用性，模块需具有完整的功能，可以独立出来被多个模块调用；

2）现实性，模块通过软件的形式可以实现；

3）系统性，各功能模块有机连接可以形成系统模型。

3.2　数字化航天器总体设计模型结构

数字化航天器总体设计模型结构由设计服务器、总体设计模型和专业设计模型组成，设计与仿真的接口通过数据库来实现数据交换，如图 3-2 所示。

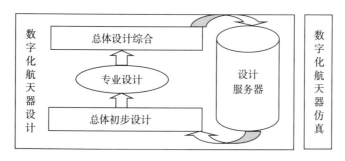

图 3-2　数字化航天器设计模型组成

（1）设计服务器

数字化设计服务器是整个平台系统的数据库存储单元与控制中心，主要实现如下功能：

1）**数据库存储与共享**：将数据库中的各种及各阶段的几何模型、参数模型和算法模型分门别类地进行存储，以便其他节点查询、调用、刷新，实现模型共用。

2）**设计过程控制**：在服务器中可设定现有专业设计节点的数量、各节点权限、各节点工作内容、节点间的关联关系等多种控制信息，保证数字化航天器设计过程按照既定的技术流程进行。

3）设计项目管理：在服务器中启动一个设计项目，并对项目名称、项目代号、责任人、项目背景、用户要求、技术队伍等项目信息进行管理，供各设计节点共享。

4）设计过程监视：服务器实时监视每一项目的进展情况、设计结果及历史设计信息，保证了设计可追溯的要求，对设计内容均可浏览。

5）仿真信息交互：各设计节点通过服务器将仿真任务要求提交给仿真服务器，并接收仿真结果信息，实现设计与仿真之间的模型共享与过程互动。

（2）总体设计

总体设计是数字化航天器设计的起始点，也是其终止点，其主要功能如下：

1）任务分析：通过查阅项目背景及用户要求，了解项目概况，完成航天器使用要求的分析和航天器工程系统接口分析，并将结果按照要求录入数据库。

2）总体初步设计：根据航天器使用要求和工程系统限制条件，完成系统功能定义和系统工作模式分析；完成总体指标的分配工作，提出轨道设计、构型设计、控制分系统总体设计、电源分系统总体设计等分系统总体设计的任务要求和参数要求，完成后将相关信息录入数据库，并启动其他设计节点的设计工作。

3）分系统总体设计结果的审查确认：分系统总体设计节点完成设计并提交总体节点后，总体节点调出设计结果，进行审查，如果满足要求，设计过程进入下一个进程；如不满足要求，则给出修改意见，进行修改设计。

4）综合仿真任务提出与仿真结果分析：在完成一轮设计任务后，如果认为设计基本合理，可提出综合仿真任务要求，并提供仿真所需的参数，启动综合仿真任务。仿真完成后，接收仿真结果，并进行分析。

5）总体设计结果综合：各设计节点均完成设计，并且仿真平台完成综合仿真后，所有设计及仿真结果返回到总体节点，总体节点对结果进行综合分析，如果认为满足任务要求，设计过程进入下一个进程；如不满足要求，需对部分要求进行修改，提出设计平台各节点设计修改要求，启动新一轮的设计工作，上一轮设计结果存入数据库。

输入：

1）航天器主要任务要求；

2）航天器研制周期要求；

3）航天器研制经费要求；

4）其他要求。

输出：

1）航天器使用要求：任务、寿命、可靠性、任务轨道、研制周期、研制经费等；

2）航天器工程系统约束条件：温度环境限制、辐照环境限制、力学环境限制、轨道限制、测控体制及测控条件限制、质量极限值、尺寸极限值、基频限制、应用条件限制等；

3）空间环境影响：辐照剂量、能谱损伤通量、太阳电池片损伤通量、单粒子效应等；

4）航天器总体功能及技术指标：功能、质量、功耗、轮廓尺寸、测控体制、姿态测量及控制精度要求、轨道控制及机动要求等；

5）航天器分系统构成：分系统组成、分系统与总体关系、分系统间的相互关系；

6）飞行程序：飞行阶段划分、各飞行阶段分系统工作过程；

7）各分系统功能及指标：功能、组成、工作模式、质量要求、功耗要求、可靠性指标要求、重要性能指标等。

（3）多学科设计

多学科设计又称为专业设计，包括有效载荷、轨道、构型布局、结构、机构、控制、热控、测控和数据管理等，通过按学科专业设置的分系统进行总体设计。

多学科设计任务：

1）确定专业分系统功能、组成、工作模式及技术指标；

2）提出专业分系统对航天器总体和其他分系统接口要求。

输入：

1）航天器任务及总体技术指标要求；

2）工程大系统约束条件；

3）总体对分系统的质量、功耗、可靠性寿命等指标要求。

输出：

1）分系统功能；

2）分系统工作模式；

3）分系统工作条件；

4）分系统组成；

5）分系统技术指标和各子系统技术指标；

6）分系统设备配套表；

7）分系统接口数据单。

一般地，多学科设计由三个子模块组成，分别为任务分析子模块、学科专业设计子模块和学科设计验证子模块。

①任务分析子模块

功能：

1）确定专业分系统功能；

2）确定专业工作模式；

3）确定专业工作条件；

4）确定专业分系统技术指标和各子系统技术指标。

输入：

1）航天器任务及总体技术指标要求；

2）工程大系统约束条件；

　　3）总体对专业分系统质量、功耗、可靠性、寿命等指标要求。

输出：

1）分系统功能；

2）分系统工作模式；

3）分系统工作条件；

4）分系统技术指标和各子系统技术指标分配。

②学科专业设计子模块

功能：

1）确定分系统组成；

2）确定分系统设备配套表；

3）确定分系统接口数据单。

输入：

1）分系统功能；

2）分系统工作模式；

3）分系统工作条件；

4）分系统技术指标和各组成部分技术指标分配。

输出：

1）分系统组成；

2）分系统设备配套表；

3）分系统接口数据单。

③学科设计验证子模快

功能：从专业的角度进行整星特性分析，为总体专业设计进行验证与优化。

输入：

1）与专业有关的总体模型及参数；

2）相关专业模型及参数。

输出：支撑总体的专业特性分析结果。

（4）模型控制流程

　　数字化航天器设计包括四种控制流程，分别为设计任务分发控制流程、设计评审控制流程、设计更改协调控制流程和仿真任务控制流程，整个设计过程的数据流通过这四种基本的控制流程组合进行组织。其中，设计任务分发控制流程对前向数据流进行控制，对多学科并行设计进行组织协调；设计评审控制流程对设计结果的判断信息进行控制；设计更改协调控制流程对反向数据流进行控制，对设计过程中普遍存在的迭代过程进行组织协调；仿真任务控制流程对设计结果仿真验证数据流进行组织协调。

　　①设计任务分发控制流程

　　如图 3-3 所示，设计任务分发控制流程由上层设计人员提出，采用任务数据包的形式，提交给相关设计人员进行协同设计。此处设计任务数据包是一个具有多层次的概念，既包括总体给各学科专业下达的设计任务，也包括总体与各学科专业就某项指标、接口的协调结果。设计任务数据包的基本形式如表3-1所示。

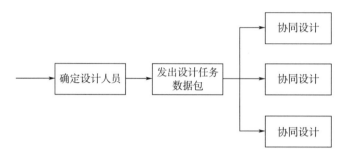

图3-3　设计任务分发控制流程

表3-1　设计任务数据包的基本形式

项目	说明
设计人员	参与的设计人员
设计要求	设计指标要求或协调的接口形式等
设计提出人员	提出设计任务书的人员

②设计评审控制流程

如图3-4所示，设计评审控制流程对总体设计人员或学科专业设计人员完成设计后需要项目负责人或相关人员对设计结果确认过程进行组织协调。设计评审数据包的基本形式如表3-2所示。

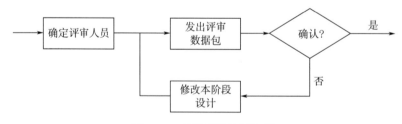

图3-4　设计评审控制流程

表3-2　设计评审数据包的基本形式

项目	说明
设计人员	参与的设计人员
设计要求	设计指标要求
设计结果	

③设计更改协调控制流程

如图3-5所示，设计更改协调控制流程对总体设计人员或学科专业设计人员提交的设计结果不满足设计要求时提交设计更改单过程进行组织协调。

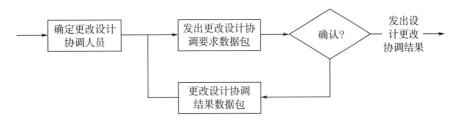

图 3-5　设计更改协调控制流程

本流程主要包括两个数据包：更改设计协调要求数据包和更改设计协调结果数据包。其中更改设计协调要求数据包是项目负责人发出给相关设计人员用来确定是否需要更改设计要求的数据包，基本形式如表 3-3 所示；更改设计协调结果数据包是项目负责人发出的更改设计输入数据包，基本形式如表 3-4 所示。

表 3-3　更改设计协调要求数据包

项目	说明
确认人员	参与确认的设计人员
修改输入要求	所需要修改的技术指标和设计输入
反馈对象	选择需要将此修改结果反馈给哪一设计阶段

表 3-4　更改设计协调结果数据包

项目	说明
反馈对象	选择需要将此修改结果反馈给哪一设计阶段
修改输入要求	所需要修改的技术指标和设计输入
设计更改提出者	

④仿真任务控制流程

如图 3-6 所示，仿真任务控制流程是对总体设计人员或学科专业设计人员完成设计后需开展的仿真验证过程。仿真任务控制流程包含于设计确认流程中，项目负责人可根据具体情况发起对设计结果进行仿真验证的流程。

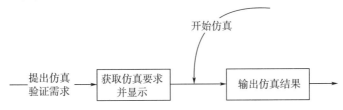

图 3-6　仿真任务控制流程

在仿真确认过程中包括两个数据包，分别为仿真要求数据包和仿真验证结果数据包。其基本形式如表 3-5 和表 3-6 所示。

表 3-5　仿真要求数据包

项目	内容
仿真所需输入条件	仿真对象及其参数
确认指标	需仿真的指标特性等

表 3-6　仿真验证结果数据包

项目	内容
仿真要求	需仿真的指标及内容
仿真验证结果	

3.3　航天器总体设计优化模型

3.3.1　航天器总体设计变量

描述系统基本的行为和特征的量称之为系统的状态和参数。其中，系统的行为由状态随时间变化的历程进行表征。

描述系统基本特征，一般在一段时间内不发生变化的量称之为参数；描述航天器系统动态行为，随时间变化的量称之为状态或状态变量。状态和参数一经确定，系统也就确定。航天器总体设计就是从航天器任务目标出发，对表征航天器功能和性能的总体和分系统参数进行分析和选择，给出航天器可选方案。

航天器总体参数包括航天器任务目标参数、有效载荷参数、飞行轨道参数和支撑航天器实现任务目标的分系统有关参数。航天器可设计的变量就是决定航天器方案的参数。鉴于航天器任务的多样性，本书的重点是航天器平台的数字化设计，有效载荷设计此处不再阐述，重点讨论平台设计。

（1）系统级设计变量

系统级设计变量也称全局设计变量或共享设计变量，通常是在航天器设计过程中至少对两个或者两个以上的分系统产生影响，当其取值发生改变时，所涉及到的分系统将随之产生相应设计变化，因此系统级设计变量，对于系统整体影响较大，涉及范围广。

卫星的设计寿命 L_t 直接影响到各分系统部件的设计，是各分系统设计时的重要参考目标。卫星设计寿命改变，其分系统设计将随之改变。

运行轨道参数 $[a, e, i, \omega, \Omega, t_p]$，由卫星任务决定，作为系统级设计参数，其中 a 表示长半轴，e 表示偏心率，i 表示倾角，ω 表示近地点幅角，Ω 表示升交点赤经，t_p 表示经过近地点的时刻，常作为轨道的基准时刻。

（2）控制系统设计变量

控制系统设计变量包括飞轮角动量容量 H_{wheel}，姿控发动机推力 F_{ADCS}、数量 $N_{F \cdot ADCS}$，轨控发动机推力 F_{orbit}、数量 $N_{F \cdot orbit}$。

动量轮规模决定卫星的控制能力，直接影响着控制系统的质量，从而影响着航天器的总重。姿控和轨控推力器大小直接影响着卫星的机动能力。

（3）电源系统设计变量

电源系统设计变量包括单翼太阳能帆板长度 L_{sa}，单翼太阳能帆板宽度 h_{sa}，太阳阵电池类型 Ty_{solar}；蓄电池个数 $N_{battery}$，蓄电池类型 $Ty_{battery}$。

太阳电池类型和单翼太阳帆板尺寸大小确定卫星的供电，影响太阳帆板质量及面积取值，进而影响整星质量。同时，太阳帆板尺寸大小还影响着整星的质量惯量特性以及卫星的整星频率特性。蓄电池类型确定电源系统中蓄电池的设计参数，影响蓄电池质量取值，进而影响整星质量。

（4）结构系统设计变量

结构系统设计变量包括卫星本体高度 h_m，卫星本体宽度 b，承力结构尺寸 D_{cell}，结构材料类型 $Ty_{material}$。

结构材料类型和结构外形尺寸确定结构系统设计参数，影响着卫星结构质量以及整星的频率特性。

（5）测控系统设计变量

测控系统设计变量包括：测控频段，体制，数据率 R_{data}，天线类型 $T_{antenna}$，天线尺寸 $D_{antenna}$。

（6）耦合设计变量

由于航天器各分系统的相互高度耦合性，各参数之间也密切联系。如对于电源、姿控、结构、轨道及有效载荷之间，存在各种参数之间的联系，当航天器的任务确定后，这些参数可分为全局设计变量或系统级设计变量、分系统独立变量、分系统间传输变量（耦合变量），各种变量（参数）与分系统之间的关系如图 3 - 7 所示。

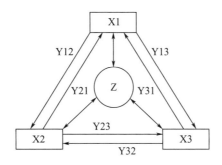

图 3 - 7 设计变量流向及作用域关系图

耦合设计变量一般不是独立变量，其作用是将分属不同分系统的变化耦合起来，即建立各分系统间、分系统与总体间的变量的相互影响，即输入输出关系。有的是两个分系统互有输入输出变量，有的则仅有输入或仅有输出。例如结构系统需获取控制系统的质量，同时控制系统分析需获取结构的物理参数，这些物理参数又会影响着控制系统的质量。耦合变量与分系统的关系如图 3 - 8 表示。

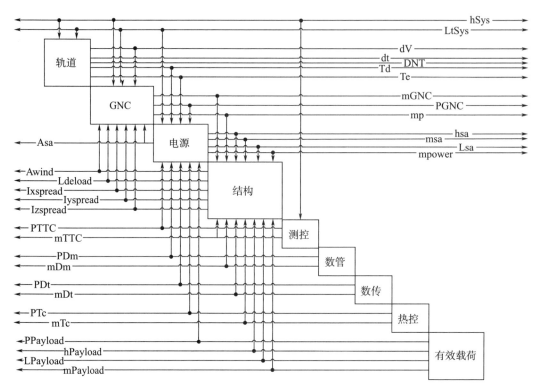

图 3-8　航天器各功能模块耦合关系图

耦合设计变量包括变轨总速度增量 ΔV_{orbit}，机动变轨时间 $\Delta t_{\text{manuver}}$，携带推进剂质量 m_{p}；控制系统质量 m_{GNC}，控制系统功耗 P_{GNC}，本体迎风面积 A_{wind}，姿控推力器卸载力臂 L_{deload}，太阳电池帆板展开时卫星绕本体轴的转动惯量 $I_{x\text{spread}}$、$I_{y\text{spread}}$、$I_{z\text{spread}}$；电源系统质量 m_{power}，电源系统功耗 P_{power}；测控系统质量 $m_{\text{TT\&C}}$，测控系统功耗 $P_{\text{TT\&C}}$；结构系统质量 $m_{\text{structure}}$；热控系统质量 m_{Tc}，热控系统功耗 P_{Tc}；数管系统质量 m_{Dm}，数管系统功耗 P_{Dm}，有效载荷包括直径 L_{Payload}，有效载荷最大高度 h_{Payload}，有效载荷质量 m_{Payload}，有效载荷功耗 P_{Payload} 等。

3.3.2　总体设计优化目标

（1）系统级优化目标

评价整个航天器平台的指标包括两个方面：成本和性能。以某航天器为例，根据总体要求：一是机动到各个任务窗口，为载荷提供合适的任务窗口，希望更佳的机动性能，即机动过程所需的速度增量越小，机动的时间越短；二是为了减小发射成本，航天器的总质量越小越好，这就希望在轨道机动过程中总的速度增量预算最小。综合以上两个方面，确定该航天器平台的系统级优化目标为

$$\text{Min}F(X) = J_{\text{maneuver}} + J_{\text{mass}}$$

其中，J_{maneuver} 表示机动性能，J_{mass} 表示航天器总质量在设计目标中的比重。

（2）机动性能表征

机动性能是在进行轨道机动设计时，用来评价其优劣的指标，通常我们既希望卫星能够尽量快地完成交会，又希望这个过程需要的速度增量小，所以将速度增量和消耗时间的加权作为机动性能。

$$J_{\text{maneuver}} = A_1 \left(\frac{\Delta v_{\text{maneuver}}}{\Delta v_{\text{maneuver0}}} \right) + A_2 \left(\frac{\Delta t_{\text{maneuver}}}{\Delta t_{\text{maneuver0}}} \right)$$

其中，$\Delta v_{\text{maneuver}}$ 和 $\Delta t_{\text{maneuver}}$ 分别表示轨道机动所需的总速度增量和时间，通过最优机动轨道设计得到。

$\Delta v_{\text{maneuver0}}$ 和 $\Delta t_{\text{maneuver0}}$ 分别表示轨道机动全过程所需的总速度增量和时间的参考值，如果潜伏轨道和任务窗口所在窗口都是圆轨道，可以用霍曼变轨所需的速度增量和时间；如果不是，则可以选用合适的值消除两者之间量级上的差别。另一种方法是 $\Delta v_{\text{maneuver0}}$ 取目前为止工程上可达到的上限值 3 000 m/s，$\Delta t_{\text{maneuver0}}$ 取从接受任务时刻到任务窗口的时间。

机动性能的具体分析过程可以参见轨道分析模型。

（3）航天器总质量在设计目标中的比重

$$J_{\text{mass}} = B_1 \left(\frac{m_{\text{total}}}{m_{\text{total0}}} \right)$$

其中，m_{total} 表示航天器的总质量；m_{total0} 是总质量的基准值；B_1 是加权系数。

航天器的总质量包括干重及推进剂质量两部分，其计算公式为

$$m_{\text{dry}} = m_{\text{GNC}} + m_{\text{Power}} + m_{\text{structure}} + m_{\text{TT\&C}} + m_{\text{Dm}} + m_{\text{Tc}} + m_{\text{Dt}} + m_{\text{Payload}}$$

$$m_{\text{p}} = m_{\text{dry}} \left[\exp^{\Delta v_\Sigma / I_{\text{sp}}} - 1 \right]$$

$$m_{\text{total}} = m_{\text{p}} + m_{\text{dry}}$$

其中，m_{dry} 为航天器的干重；m_{Payload} 为有效载荷的质量；m_{GNC} 为控制系统的质量；m_{Power} 为电源系统的质量；$m_{\text{TT\&C}}$ 为测控系统的质量；m_{Tc} 为热控系统的质量；$m_{\text{structure}}$ 为结构系统的质量；m_{p} 为推进剂的质量；Δv_Σ 表示整个寿命中总的速度预算，I_{sp} 为发动机推进剂比冲。

上述各种质量需通过分系统分析求得，在系统级优化时，可设初始质量为卫星的干重和推进剂的质量，它们可经过总系统和分系统的迭代最后稳定。

综上所述，系统级优化目标还可以表示为

$$\text{Min} F(X) = A \cdot \left(\frac{\Delta v}{\Delta v_0} \right) + B \cdot \left(\frac{\Delta t}{\Delta t_0} \right) + C \cdot \left(\frac{m_{\text{total}}}{m_{\text{total0}}} \right)$$

其中，A、B、C 为权重系数。

3.3.3　航天器优化设计约束

航天器设计优化有以下系统级约束条件：

（1）轨道约束

初始轨道约束包括日照时间 $T_d \geqslant T_{d\min}$ 和地影时间 $T_e \leqslant T_{e\max}$。单次轨道机动速度增量 $\Delta v_i \leqslant \Delta v_{i\_\max}$，变轨时刻卫星观测仰角 $\gamma_i \geqslant \gamma_{i\_\min}$。

（2）运载约束

航天器总质量 $m_{\text{total}} \leqslant m_{\text{total\_max}}$ ，整星尺寸包络 $d_m \leqslant d_{m\_\max}$ $h_m \leqslant h_{m\_\max}$ ，其中 d_m 为星体包络直径，h_m 为星体高度。轴向频率 $f_{\text{axial}} \geqslant f_{\text{axial\_min}}$ ，横向频率 $f_{\text{lateral}} \geqslant f_{\text{lateral\_min}}$ 。

（3）其他约束

发动机工作瞬间加速度 $a \geqslant a_{\min}$ ，总轨道机动速度增量 ΔV_{orbit} ，航天器在轨寿命 Lt 等。

在上述要求中，除直接对设计变量的约束外，其他约束需要通过系统分析或耦合变量传递到分系统分析确定。上述的约束不一定就是实际的约束，有的约束可以转变成设计变量的上下限约束，如果采用多级多学科设计优化方法，约束不一定在系统级考虑，约束可以分配到各分系统中考虑。如果采用的是协同优化方法，则大部分的约束和设计变量都分配到相应的分系统中分析。

3.3.4 航天器优化设计模型

以在轨故障检测飞行器为例。

（1）轨道设计优化模型

设计变量中初始轨道取值：

$x_{\text{orbit}(1)} = h_{\text{orbit}}$

$x_{\text{orbit}(2)} = i_{\text{orbit}}$

$x_{\text{orbit}(3)} = \Omega_{\text{orbit}}$

$x_{\text{orbit}(4)} = f_{\text{orbit}}$

$x_{\text{orbit}(7)} = e_{\text{orbit}}$

$x_{\text{orbit}(8)} = \omega_{\text{orbit}}$

设计变量中变轨机动初始时刻和变轨机动中止时刻取值：

$x_{\text{orbit}(5)} = t_{1\text{orbit}}$

$x_{\text{orbit}(6)} = t_{2\text{orbit}}$

输入耦合变量：卫星设计寿命 Lt ；发射系统能发射的初始轨道。

输出耦合变量：整个变轨过程需要的速度增量 ΔV_{orbit} ，机动变轨需要的时间 $\Delta t_{\text{manuver}}$ ，平均日照时间 T_d ，平均地影时间 T_e 。

优化目标：使轨道本级优化后输出的耦合状态变量（推进系统设计的变轨过程需要的速度增量）和系统级变量（ ΔV_{orbit} ，Δt_{orbit} ，h_{orbit} ）与系统级给定的优化指标（ ΔV^s 、Δt^s 和 h^s ）的差别最小，从而使耦合状态变量满足一致性约束条件。

约束条件：转移轨道每次速度增量小于推进系统能力，各机动时刻地面观测角满足测控约束角，机动时间小于要求的时间约束。

轨道优化模型的数学表达式为

$$\text{find:} X_{\text{orbit}} = \{h_{\text{orbit}}, i_{\text{orbit}}, \Omega_{\text{orbit}}, f_{\text{orbit}}, t_{1\text{orbit}}, t_{2\text{orbit}}, e_{\text{orbit}}, \omega_{\text{orbit}}\}^{\text{T}}$$

$$\min: J_{\text{orbit}} = (1 - h_{\text{orbit}}/h^s)^2 + (1 - \Delta t_{\text{orbit}}/\Delta t^s)^2 + (1 - \Delta V_{\text{orbit}}/\Delta V^s)^2$$

s. t：$e = 0$

$$t_{\text{task}} \leqslant t_{1\text{orbit}} \leqslant t_{2\text{orbit}} \leqslant t_{\text{task}} + T$$

$$\Delta V_i \leqslant \Delta V_{i\_\max} \quad (i = 1, 2)$$

$$\alpha(t_i^s) < \alpha_m \quad (i = 1, 2)$$

（2）控制系统优化模型

航天器控制系统的任务主要包括姿态稳定、轨道维持和轨道机动。其中姿态控制的主要目的是保证有效载荷正常工作，满足有效载荷指向要求，实现定向等，在姿态稳定方式中，选择三轴稳定方式进行分析研究。推进系统主要是进行轨道机动和轨道维持，主要目的是保持航天器在空间的既定运动轨迹。

设计变量中轨道高度、在轨寿命、飞轮角动量容量、姿控发动机推力、轨控发动机推力、姿控发动机数量和轨控发动机数量取值：

$$x_{\text{GNC}(1)} = h_{\text{GNC}}$$

$$x_{\text{GNC}(2)} = Lt_{\text{GNC}}$$

$$x_{\text{GNC}(3)} = H_{\text{wheel}}$$

$$x_{\text{GNC}(4)} = F_{\text{ADCS}}$$

$$x_{\text{GNC}(5)} = F_{\text{orbit}}$$

$$x_{\text{GNC}(6)} = N_{F \cdot \text{ADCS}}$$

$$x_{\text{GNC}(7)} = N_{F \cdot \text{orbit}}$$

输入耦合变量：太阳帆板面积 A_{sa}，本体迎风面积 A_{wind}，姿态卸载力臂 L_{deload}、本体转动惯量 $I_{x\text{spread}}$、$I_{y\text{spread}}$、$I_{z\text{spread}}$，机动变轨所需速度增量 ΔV_{orbit}，航天器总质量 m_{total}。

输出耦合变量：控制系统质量 m_{GNC}，功耗 P_{GNC}，携带推进剂质量 m_{p}。

优化目标：使控制本级优化后输出给其他学科的耦合状态变量（系统功耗 P_{GNC}、推进剂质量 m_{p} 和系统质量 m_{GNC}）和系统级设计变量（h_{GNC}，Lt_{GNC}）与系统级给定的优化指标（P_{ADCS}^s、$m_{p\text{ADCS}}^s$、m_{ADCS}^s、h_{ADCS}^s 和 Lt_{GNC}^s）的差别最小，从而使各学科间的耦合状态变量满足一致性约束条件。

约束条件：使飞轮的姿态控制力矩 $T_c \geqslant nT_D$（TD 为卫星外界环境干扰力矩；n 为约束裕度系数，可根据实际需要进行设定）。

控制系统优化模型的数学表达式

find：$X_{\text{GNC}} = \{H_{\text{wheel}}, h_{\text{GNC}}, Lt_{\text{GNC}}, F_{\text{ADCS}}, F_{\text{orbit}}, N_{F \cdot \text{ADCS}}, N_{F \cdot \text{orbit}}\}^{\text{T}}$

min：$J_{GNC} = (1 - h_{\text{GNC}}/h^s)^2 + (1 - Lt_{\text{GNC}}/Lt^s)^2 + (1 - P_{\text{GNC}}/P_{\text{GNC}}^s)^2$
　　　　　$+ (1 - m_{\text{GNC}}/m_{\text{GNC}}^s)^2 + (1 - m_{\text{p}}/m_{\text{p}}^s)^2$

s. t：$g_{\text{GNC}(1)} = T_c \geqslant 5T_D$

　　　$g_{\text{GNC}(2)} = a_{oc} \geqslant 0.1 \quad \text{m/s}$

　　　$g_{\text{GNC}(3)} = F_{\text{ADCS}} \geqslant F_{\text{ADCS} \cdot \text{Need}}$

（3）电源系统优化模型

电源提供航天器工作时各星上用电设备所需电能。电源主要包括太阳阵和蓄电池 2 个部分，要获得太阳阵的规模首先要获知星上用电设备的总功耗 P 以及日照期及阴影期的功耗要求，由此可转化为太阳阵和蓄电池组的规模。

设计变量中单翼太阳能帆板宽度、单翼太阳能帆板长度、蓄电池个数、太阳阵电池类型、蓄电池类型、在轨寿命取值：

$$x_{power(1)} = h_{sa}$$

$$x_{power(2)} = L_{sa}$$

$$x_{power(3)} = N_{battery}$$

$$x_{power(4)} = Ty_{solar}$$

$$x_{power(5)} = Ty_{battery}$$

$$x_{power(6)} = Lt_{power}$$

输入耦合变量：日照时间 T_d ，地影时间 T_e ，航天器干重 m_{dry} ，控制系统功耗 P_{ADCS} ，热控系统功耗 P_{Tc} ，测控系统功耗 $P_{TT\&C}$ ，数管系统功耗 P_{Dm} ，有效载荷功耗 $P_{Payload}$ ，数传分系统功耗 P_{Dt} 。

输出耦合变量：电源系统质量 m_{power} ，太阳帆板质量 m_{sa} ，太阳帆板面积 A_{sa} 。

优化目标：使电源本级优化后输出的耦合状态变量和系统级设计变量与系统级给定的优化指标的差别最小，从而使各学科间的耦合状态变量满足一致性约束条件。

约束条件：太阳能电池阵发电功率 $P_{sa} \geqslant (1+u\%)$ 倍整星功耗 P ，其中 u 为设计裕度；蓄电池容量 $N_{battery} \cdot C_{r \cdot single} \geqslant (1+v\%)$ 倍所需的蓄电池容量 C_r ，其中 v 为设计裕度；单翼太阳能帆板的长度与宽度满足航天器构型约束，还可以根据现有太阳帆板产品的规格，根据发电功率确定标准太阳帆板的数量，此时的约束变成数量的约束；蓄电池个数 $N_{battery} \geqslant 2$ 。

电源系统优化模型的数学表达式为

$$\text{find：} X_{power} = \{Lt_{power}, h_{sa}, L_{sa}, N_{battery}, T_{solar}, T_{battery}\}^T$$

$$\text{min：} J_{power} = (1 - Lt_{power}/Lt^s_{power})^2 + (1 - A_{sa}/A^s_{sa})^2 + (1 - L_{sa}/L^s_{sa})^2$$
$$+ (1 - m_{sa}/m^s_{sa})^2 + (1 - m_{power}/m^s_{power})^2$$

$$\text{s.t：} g_{power(1)} = P_{sa} \geqslant 1.05 \cdot P$$

$$g_{power(2)} = N_{battery} \cdot C_{r \cdot single} \geqslant 1.10 \cdot C_r$$

$$2 \leqslant g_{power(3)} = L_{sa}/h_{sa} \leqslant 5$$

$$g_{power(4)} = N_{battery} \geqslant 2$$

（4）结构系统优化模型

航天器结构主要是为了维持星体外形，承受发射、飞行过程中的载荷，并为仪器设备等提供安装空间。选择周围板材加中心承力筒的结构形式进行分析研究。

设计变量中卫星本体高度、卫星本体宽度、中心承力筒直径和结构材料类型取值：

$$x_{structures(1)} = h_m = L$$

$$x_{structures(2)} = b$$

$$x_{structures(3)} = D_{cell}$$

$$x_{\text{structures}(4)} = T y_{\text{material}}$$

输入耦合变量：有效载荷包络高度 h_{Payload}，有效载荷包络长度 L_{Payload}，单翼太阳帆板高度 h_{sa}，单翼太阳帆板宽度 L_{sa}，太阳帆板质量 m_{sa}，有效载荷质量 m_{Payload}，控制系统质量 m_{GNC}，电源系统质量 m_{power}，数传系统质量 m_{Dt}，热控系统质量 m_{Tc}，测控系统质量 $m_{\text{TT\&C}}$，数据管理系统质量 m_{Dm}，航天器总质量 m_{total}，携带推进剂质量 m_{p}。

输出耦合状态变量：卫星本体迎风面积 A_{wind}，姿控发动机力臂 L_{deload}，航天器展开状态转动惯量 $I_{x\text{spread}}$、$I_{y\text{spread}}$、$I_{z\text{spread}}$，结构系统质量 $m_{\text{structure}}$。

优化目标：使结构本级优化后输出的耦合状态变量与系统级给定的优化指标的差别最小，从而使各学科间的耦合状态变量满足一致性约束条件。

约束条件：航天器包络直径 d_m 和本体高度＋有效载荷高度不大于运载火箭整流罩内包络约束，中心承力筒直径 D_{cell} 可以根据该构型约束条件选取现有的中心承力筒规格。整星轴向基频 ω_{axial} 和整星横向基频 ω_{lateral} 满足运载力学条件约束。

结构系统优化模型的数学表达式为：

$$\text{find：} X_{\text{structures}} = \{ h_m，b，D_{\text{cell}}，T y_{\text{material}} \}^{\text{T}}$$

$$\text{min：} J_{\text{structures}} = (1 - A_{\text{wind}}/A_{\text{wind}}^s)^2 + (1 - L_{\text{deload}}/L_{\text{deload}}^s)^2 + (1 - I_{y\text{spread}}/I_{y\text{spread}}^s)^2$$
$$+ (1 - I_{z\text{spread}}/I_{z\text{spread}}^s)^2 + (1 - I_{x\text{spread}}/I_{x\text{spread}}^s)^2 + (1 - m_{\text{structure}}/m_{\text{structure}}^s)^2$$

$$\text{s. t：} g_{\text{structures}(1)} = b \geqslant b_{\text{Payload}}$$
$$1.5 L_{\text{Payload}} \leqslant g_{\text{structures}(2)} = h_m \leqslant 5\text{m}$$
$$b/5 \leqslant g_{\text{structures}(3)} = D_{\text{cell}} \leqslant b/3$$
$$g_{\text{structures}(4)} = d \leqslant 3.5\text{m}$$
$$g_{\text{structures}(5)} = \omega_{\text{axial}} \geqslant 25\text{Hz}$$
$$g_{\text{structures}(6)} = \omega_{\text{lateral}} \geqslant 24\text{Hz}$$
$$g_{\text{structures}(7)} = m_{\text{structure}} \leqslant 500\text{kg}$$

（5）测控分系统优化模型

测控系统主要用于对航天器跟踪测量，向地面站或中继卫星发送遥测数据，接收地面站或中继卫星发送的遥控指令，对航天器进行监控和维护。

设计变量中轨道高度、数据率、天线类型、天线直径和天线高度取值：

$$x_{\text{TT\&C}(1)} = h_{\text{TT\&C}}$$

$$x_{\text{TT\&C}(2)} = R_{\text{data}}$$

$$x_{\text{TT\&C}(3)} = T_{\text{antenna}}$$

$$x_{\text{TT\&C}(4)} = D_{\text{antenna}}$$

$$x_{\text{TT\&C}(5)} = L_{\text{antenna}}$$

输出耦合状态变量：测控系统质量 $m_{\text{TT\&C}}$，功耗 $P_{\text{TT\&C}}$。

优化目标：使测控本级优化后输出的耦合状态变量与系统级给定的优化指标的差别最小，从而使各学科间的耦合状态变量满足一致性约束条件。

测控系统优化模型的数学表达式为

find：$X_{\text{TT\&C}} = \{h_{\text{TT\&C}},\ R_{\text{data}},\ T_{\text{antenna}},\ D_{\text{antenna}},\ L_{\text{antenna}}\}^{\text{T}}$

min：$J_{\text{TT\&C}} = (1 - h_{\text{TT\&C}}/h_{\text{TT\&C}}^{s})^2 + (1 - m_{\text{TT\&C}}/m_{\text{TT\&C}}^{s})^2 + (1 - P_{\text{TT\&C}}/P_{\text{TT\&C}}^{s})^2$

（6）系统总体优化模型

有效载荷主要是针对具体的卫星任务设定，在本书中不包括有效载荷的详细分析，只考虑有效载荷的质量和功耗及外形尺寸，不做优化设计。

设计变量中轨道高度、在轨寿命取值：

$x_{\text{system}(1)} = h$

$x_{\text{system}(2)} = Lt$

耦合变量：轨道机动总速度增量、机动变轨时间、控制系统质量、控制系统功耗、推进剂质量、太阳能帆板面积、太阳能帆板质量、电源系统质量、太阳能电池阵宽度、单翼太阳能电池阵长度、数传系统质量、数传系统功耗、本体迎风面积、姿控推力器力臂、太阳电池帆板展开航天器转动惯量、结构系统质量、测控系统质量、测控系统功耗、热控系统质量、热控系统功耗、数管系统质量、数管系统功耗、有效载荷包络直径、有效载荷包络高度、有效载荷质量、有效载荷功耗分别取值：

$x_{\text{system}(3)} = \Delta V_{\text{orbit}}$

$x_{\text{system}(4)} = \Delta t_{\text{manuver}}$

$x_{\text{system}(5)} = m_{\text{GNC}}$

$x_{\text{system}(6)} = P_{\text{GNC}}$

$x_{\text{system}(7)} = m_{\text{p}}$

$x_{\text{system}(8)} = A_{\text{sa}}$

$x_{\text{system}(9)} = m_{\text{sa}}$

$x_{\text{system}(10)} = m_{\text{power}}$

$x_{\text{system}(11)} = h_{\text{sa}}$

$x_{\text{system}(12)} = L_{\text{sa}}$

$x_{\text{system}(13)} = m_{\text{Dt}}$

$x_{\text{system}(14)} = P_{\text{Dt}}$

$x_{\text{system}(15)} = A_{\text{wind}}$

$x_{\text{system}(16)} = L_{\text{deload}}$

$x_{\text{system}(17)} = I_{x\,\text{spread}}$

$x_{\text{system}(18)} = I_{y\,\text{spread}}$

$x_{\text{system}(19)} = I_{z\,\text{spread}}$

$x_{\text{system}(20)} = m_{\text{structure}}$

$x_{\text{system}(21)} = m_{\text{TT\&C}}$

$x_{\text{system}(22)} = P_{\text{TT\&C}}$

$x_{\text{system}(23)} = m_{\text{Tc}}$

$x_{\text{system}(24)} = P_{\text{Tc}}$

$$x_{\text{system}(25)} = m_{\text{Dm}}$$

$$x_{\text{system}(26)} = P_{\text{Dm}}$$

$$x_{\text{system}(27)} = L_{\text{Payload}}$$

$$x_{\text{system}(28)} = h_{\text{Payload}}$$

$$x_{\text{system}(29)} = m_{\text{Payload}}$$

$$x_{\text{system}(30)} = P_{\text{Payload}}$$

优化目标：使系统级优化后的卫星系统设计目标能够在保证一致性约束前提下达到最小值。即使下式为最小

$$F(x) = 0.5 \times \left(\frac{m_{\text{total}}}{m_{\text{total0}}}\right) + 0.4 \times \left(\frac{\Delta V_{\text{orbit}}}{\Delta V_{\text{orbit0}}}\right) + 0.1 \times \left(\frac{\Delta t_{\text{maneuver}}}{\Delta t_{\text{maneuver0}}}\right)$$

约束条件：各分系统一致性约束 $\leqslant 10^{-6}$ ；轨道高度的取值为根据任务规定一范围；设计寿命根据轨道不同给定；总质量受运载火箭约束；机动变轨速度增量一般不大于3 km/s。

系统级优化模型的数学表达式为

find：$\quad x_{\text{sys}} = \{Lt^s, \ h^s, \ \Delta V_{\text{orbit}}^s, \ \Delta t_{\text{manuver}}^s, \ m_{\text{GNC}}^s, \ P_{\text{GNC}}^s, \ m_{\text{p}}^s, \ L_{\text{sa}}^s,$

$\qquad\qquad A_{\text{sa}}^s, \ m_{\text{sa}}^s, \ m_{\text{power}}^s, \ A_{\text{wind}}^s, \ L_{\text{deload}}^s, \ I_{x\text{spread}}^s, \ I_{y\text{spread}}^s, \ I_{z\text{spread}}^s,$

$\qquad\qquad m_{\text{structure}}^s, \ m_{\text{TT\&C}}^s, \ P_{\text{TT\&C}}^s\}^{\text{T}}$

min：$\quad F(x) = 0.5 \times \left(\frac{m_{\text{total}}}{m_{\text{total0}}}\right) + 0.4 \times \left(\frac{\Delta V_{\text{orbit}}}{\Delta V_{\text{orbit0}}}\right) + 0.1 \times \left(\frac{\Delta t_{\text{maneuver}}}{\Delta t_{\text{maneuver0}}}\right)$

s.t：$\quad 1\,500\text{ km} \leqslant h^s \leqslant 3\,000\text{ km}, \ 3\text{years} \leqslant Lt^s \leqslant 5\text{years}, \ m_{\text{total}} < 3\,000\text{ kg}$

$\qquad\quad \Delta V_{\text{orbit}} \leqslant 3\,000 \quad \text{m/s}$

$\qquad\quad J_{\text{orbit}} \leqslant 10^{-4}, \ J_{\text{GNC}} \leqslant 10^{-4}, \ J_{\text{power}} \leqslant 10^{-4}, \ J_{\text{structure}} \leqslant 10^{-4}$

$\qquad\quad J_{\text{p}} \leqslant 10^{-4}, \ J_{\text{TT\&C}} \leqslant 10^{-4}$

其中，m_{total0}，ΔV_{orbit0}，$\Delta t_{\text{maneuver0}}$ 为对应的参考值。

3.3.5　航天器优化设计软件

（1）开发环境

以美国 Engineious 公司的商业软件 iSIGHT 作为航天器总体设计优化的基础平台，在该软件上搭建起基于协同优化的多学科设计优化框架，通过参数修改可以实现不同航天器的总体优化设计。iSIGHT 软件具有开放式构架，其通用的文件解析机制能够集成现有大部分工程软件和用户开放程序，是目前使用较广泛的多学科多目标优化基础软件。iSIGHT 软件集成了现有主流的优化算法，但对于航天器多学科设计优化计算来说，没有现成的优化模块可用，需要用户自行建立针对某专业的优化模型及分析模型。结合航天器设计的特点，在 iSIGHT 中建立基于协同优化的多学科设计优化框架，通过用户界面与iSIGHT 的人机交互，便于用户直接在界面程序中设定与航天器设计相关的参数、优化算法和分析仿真所用的软件参数等。

（2）需求分析

根据需求分析，软件的基本功能定位和开发目标如下：

1）面向航天器总体设计师使用。不要求使用者对 iSIGHT 软件熟练掌握，只需对协同优化算法包括常规的优化算法有一定了解和熟悉卫星总体设计即可。软件承担工程应用和科学研究双重使命：一方面力求解决航天器总体设计的多学科设计优化问题及关键技术，另一方面旨在探索多学科设计优化在解决工程实际问题上的途径。

2）实现优化过程自动化。作为工程实用性的重要标志之一，本软件系统要尽量减少用户的操作过程。

3）一定的通用性和扩展性。本着通用性和扩展性的设计思路，在解决典型航天器多学科设计优化问题的基础上，还应兼顾工程中可能出现的新情况，保留扩展的空间和余地。

iSIGHT 的代码文件是使用 MDOL 语言编写文本文件，在该文件中包含了所有的参数、实验设计、计算流程、与其他软件的集成过程等信息，其文件还不是一个最终的执行文件，而只是一个编译文件。所以用户可以通过修改文件中参数信息来间接地设定优化参数，以直接控制参数信息。

在 iSIGHT 中建立一个航天器优化的模板文件，再将该文件中需要用户在优化之前设定的参数以适当的形式表现在界面上，然后将这些变量的值替换进模板文件形成新的优化模型描述文件，提交给 iSIGHT 进行优化计算，最后读取 iSIGHT 的优化数据并输出到用户界面，供用户监视。

航天器系统包括总体、结构、电源、控制、热控、测控、数传和数管等主要分系统，各系统之间耦合变量及各分系统的局部变量特别多。采用协同优化的解耦方法——将耦合状态变量变成辅助设计变量，虽然这种解耦方式使学科级优化模型大大简化，但增加了优化问题的设计变量维数，尤其是系统级的设计变量急剧增加，带来了参数管理上的不便。

鉴于数据库在数据管理上有其独特的优势，能够保证数据的可靠性、安全性、稳定性。软件系统采用数据库来进行数据的管理，一方面便于对数据的归类、管理和查询，另一方面便于软件系统的进一步扩展。

界面设计主要考虑到以 .NET 为开发平台，其软件系统的移植性较好，便于做进一步的开发。在界面设计中，力求表现航天器总体设计流程，以切合工程部门的设计思路。

（3）软件系统框架

软件系统主要包含以下几个功能模块：

1）界面交互模块，该模块即为用户界面，功能是将数据以适当的形式显示到界面上，提供给用户更改和设定。要求完全正确地、严密地显示数据。

2）界面数据更新模块，该模块将运行监视模块获得的迭代结果显示到界面上，并在图表中画出迭代曲线。

3）数据库管理模块，该模块提供数据库与界面之间，以及与 iSIGHT 代码文件操作模块之间的数据传递。

4）iSIGHT 代码文件操作模块，该模块是在用户在界面上设定完参数后，运行 iSIGHT 之前，将数据库中的参数替换到 iSIGHT 代码文件中。

5）iSIGHT 运行监视模块，该模块在 iSIGHT 运行时，将 iSIGHT 记录的每次迭代的结果返回给界面和结果记录模块。

6）结果记录模块，该模块将 iSIGHT 运行监视模块的数据结果写到记录文件中。

系统架构如图 3 - 9 所示。

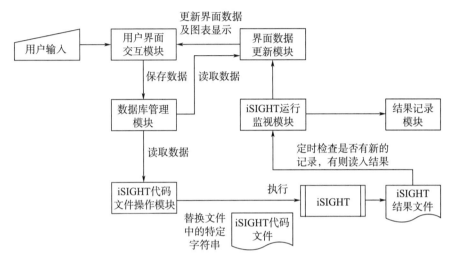

图 3 - 9　航天器总体优化软件框架结构

（4）数据处理流程

本系统的数据流程图如图 3 - 10 所示，本系统包含一个模板数据库和模板 iSIGHT 代码文件，模板数据库中包含变量的初始化值，可作为默认方案；模板 iSIGHT 代码文件是将一个在 iSIGHT 中建立的通用的优化文件中的变量值用特定字符串替换后得到的文件。

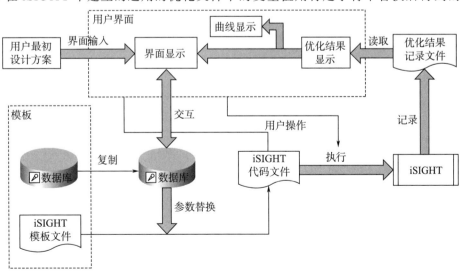

图 3 - 10　航天器总体优化软件数据流程图

新建一个优化文件时，会将模板数据库复制到工作目录，然后从数据库中读取参数显示到界面上，作为默认的方案，用户修改方案后又将所有数据保存到数据库，执行 iSIGHT 之前，将数据库中的数据取出，替换掉模板文件中的特定字符串，生成一个新的 iSIGHT 代码文件，提交 iSIGHT 优化计算。

（5）软件使用说明

对于一般的优化问题，其工作流程如图 3-11 所示。

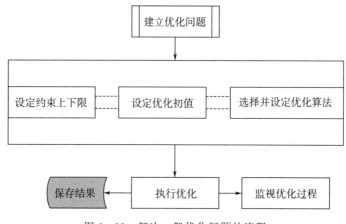

图 3-11　解决一般优化问题的流程

作为多学科设计优化用户软件系统，其本质是优化操作。即：选择优化目标，建立初始优化问题，设定优化参数（包括设计变量、约束、优化算法等），最后执行优化过程并进行数据监视。所以对软件系统的操作，在本质上就是建立优化问题，设定优化参数，监视优化过程，保存优化结果等操作流程。

软件系统的基本操作流程可以用图 3-12 描述，图中的流程流向代表了软件使用的各个操作过程和操作界面。用户可以通过一步一步的操作最终建立优化分析问题。

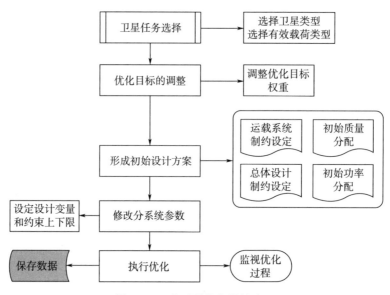

图 3-12　航天器优化设计流程

①优化设计初始化

进入航天器总体设计优化系统，显示整个优化系统的设定环境。

先设置航天器的初始轨道、停泊轨道和任务轨道（目标轨道），其中，初始轨道中需要给定近地点高度和远地点高度，停泊轨道中只要给定轨道高度，如图 3 - 13 所示。

图 3 - 13　航天器优化设计轨道参数设置

再进行初始质量分配和功耗分配，包括结构、电源、控制、测控、数传、数管、热控、有效载荷和推进剂的质量和功耗分配。初始质量分配界面如图 3 - 14 所示。

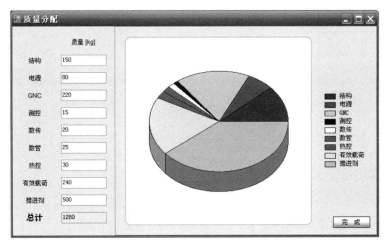

图 3 - 14　航天器优化设计初始质量分配

同时，需要给定运载火箭系统的约束参数，运载火箭系统对卫星的基频、总质量、包络直径和高度都有约束，如图 3 - 15 所示。

②目标函数确定

需要设定目标函数中优化目标参数（如航天器总质量、机动变轨速度增量等）的权重，一般地，要求权重的总和为 1。根据协同优化和模型的特点，还需要给定与各学科或分系统有关的一些中间变量的初值。界面显示了优化过程中系统变量、耦合变量和目标函数的迭代曲线，并随迭代次数实时更新。

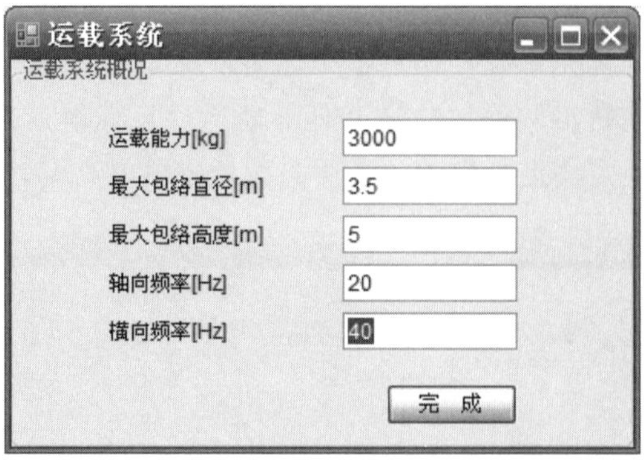

图 3 - 15　航天器优化设计运载火箭约束设置

由于优化采用外点罚函数法，目标函数为

$$\min p(x, M) = F(x) + M * \sum (\max\{g(x) - 10^{-4}, 0\})$$

式中，$F(x)$ 为原有约束优化问题的目标函数，$M > 0$ 为罚函数因子，$g(x)$ 为一致性约束函数，10^{-4} 为一致性约束阈值。M 随系统迭代更新，更新表达式为

$$M_{k+1} = \gamma * M_k \qquad\qquad \gamma > 1$$

这两个参数取值过大会过早收敛，得到的结果可能不是最优解；反之，则收敛速度减慢。

相关设定界面如图 3 - 16 所示，右侧显示一致性约束和罚函数值迭代曲线。

图 3 - 16　航天器优化设计优化参数设定界面

③优化过程监控

在相关参数设定完成后，开始优化，执行优化的过程中，每个迭代曲线图将会随迭代次数更新。优化过程监控界面如图 3-17 所示。

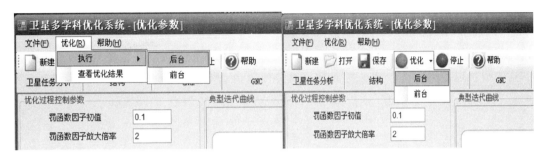

图 3-17 执行航天器优化过程监控界面

④优化设计结果分析评估

每进行一次迭代，将优化结果记录到文件中。可以通过操作界面调出记录文件，看优化结果，如图 3-18 所示。根据优化迭代情况和对优化结果满意程度，决定是否终止优化，或调整设定参数重新开始优化。

图 3-18 查看优化结果记录文件

3.4 航天器飞行规划模型

航天器飞行规划所要解决的问题是根据航天器的任务、约束条件及优化目标，设计飞行过程、确定发射方案和变轨机动控制策略，生成轨道控制计划。为了描述航天器的飞行情况，首先需要建立与之相关参考基准，一般涉及时间系统、坐标系转换，之后建立轨道计算模型，包括空间飞行环境、航天器轨道动力学和运动学模型、航天器与地面的关系等。

3.4.1 轨道转移变轨策略模型

在航天器飞行规划时，轨道转移变轨策略模型有多种选择，但较为常用的有下列两种。

（1）基于 Hohmann 方法轨道转移变轨

基于 Hohmann 变轨方法如图 3-19 所示，是燃料最省变轨方法。航天器初始在半径为 r_1 的圆轨道上运行，在 P 点施加第一次速度脉冲 ΔV_1，使远地点提升为 r_2，当运行到远地点 A 时施加第二次速度脉冲 ΔV_2，运行轨道变为半径为 r_2 的圆轨道。

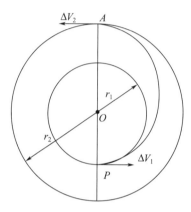

图 3-19　同平面 Hohmann 转移

基于 Hohmann 方法变轨由四次点火完成，如图 3-20 所示。当航天器在停泊轨道上等待到合适的相位后，首先从 A 点施加速度增量 ΔV_1 将航天器送入转移轨道，转移轨道远地点为目标轨道近地点的投影。在转移轨道上经过测轨确认，在远地点点火提供 ΔV_2 将航天器送入调相轨道，在调相轨道上经过测轨确认，在 B 点点火提供 ΔV_3 将航天器送入消异面和捕获轨道，在消异面和捕获轨道上经过测轨确认，在 C 点用 ΔV_4 消除异面角，航天器将进入目标轨道，完成变轨机动过程。

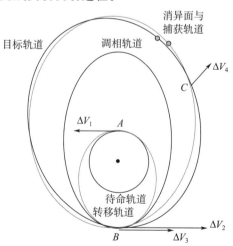

图 3-20　基于 Hohmann 方法的变轨策略示意图

（2）基于 Lambert 方法轨道转移变轨策略

Lambert 交会问题是 Gauss 问题在航天器交会领域的具体化，其转移变轨策略如图 3 - 21 所示。这可以从 Gauss 问题的描述中看出：给定空间中的两个位置矢量 r_1，r_2、从 $r_1 \rightarrow r_2$ 的飞行时间 t 以及航天器的飞行方向，确定航天器在 r_1、r_2 处的速度 v_1、v_2。显然，求解了 Gauss 问题，Lambert 交会问题也就会迎刃而解（$\Delta v_1 = v_1 -$ 追踪航天器在 r_1 处的初始速度；$\Delta v_2 =$ 目标航天器在 r_2 处的速度 $- v_2$）。

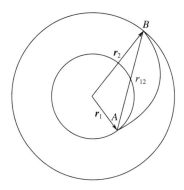

图 3 - 21　Lambert 转移示意图

对于 Gauss 问题，显然存在着无数条经过 r_1 和 r_2 的轨道，以它们为过渡轨道都可以实现航天器从 $r_1 \rightarrow r_2$ 的转移。但是，在众多的过渡轨道中，只有两条满足所要求的飞行时间，即只有两条能够在 t 时间内将航天器从 r_1 转移到 r_2。这两条轨道分别被称为"短程轨道"和"长程轨道"，如图 3 - 22 所示。

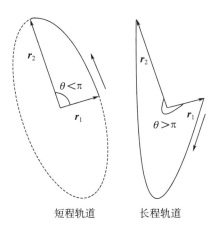

图 3 - 22　短程轨道和长程轨道

在 Lambert 交会中，由于追踪航天器的飞行方向总是确定的，所以符合要求的 Lambert 过渡轨道有且仅有一条。

3.4.2　轨道交会近程导引策略

近程导引段是指通过对空间目标自主跟踪与测量，对航天器进行自主导航与控制，使其接近到目标给定的一定距离范围内。

（1）C－W 近程导引策略

航天器与目标的近距离相对运动可采用二体问题相对运动的线性化方程，即 Hill 方程来描述。Hill 方程基于两个主要的假设：目标位于圆（近圆）轨道上，即角速度 ω 为常数；相对距离远小于其轨道高度。Hill 的坐标系定义如下：x 轴指向飞行方向，y 轴背向地心，z 轴垂直于轨道平面，与 x、y 构成右手系。

Hill 方程具有以下形式

$$\begin{cases} \ddot{x} - 2\omega\dot{y} = F_x/m = a_x \\ \ddot{y} + 2\omega\dot{x} - 3\omega^2 y = F_y/m = a_y \\ \ddot{z} + \omega^2 z = F_z/m = a_z \end{cases}$$

一般情况下，Hill 方程无解析解，但在无干扰的情况下（$F=0$），有如下解析解

$$\begin{cases} x = (4\dot{x}_0/\omega - 6z_0)\sin(\omega t) - 2\dot{z}_0/\omega\cos(\omega t) + x_0 + 2\dot{z}_0/\omega - (3\dot{x}_0 - 6\omega z_0)t \\ y = y_0\cos(\omega t) + \dot{y}_0/\omega\sin(\omega t) \\ z = (2\dot{x}_0/\omega - 3z_0)\cos(\omega t) + (\dot{z}/\omega_0)\sin(\omega t) + 4z_0 - 2\dot{x}_0/\omega \end{cases}$$

$$\begin{cases} \dot{x} = (4\dot{x}_0 - 6\omega z_0)\cos(\omega t) + (2\dot{z}_0)\sin(\omega t) - (3\dot{x}_0 - 6\omega z_0) \\ \dot{y} = -\omega y_0\sin(\omega t) + \dot{y}_0\cos(\omega t) \\ \dot{z} = -(2\dot{x}_0 - 3\omega z_0)\sin(\omega t) - (\dot{z}_0)\cos\omega t \end{cases}$$

式中，$(x_0, y_0, z_0, \dot{x}_0, \dot{y}_0, \dot{z}_0)$ 为初始条件，可以视为两个相对测量值。利用上述解析解，可以规划最优的制导律。1960 年，Clohessy 和 Wilshire 给出一种终端制导方案，后人将方案中的制导律称为 C－W 制导律。

最优 C－W 制导优化指标取为

$$J(t_1, t_2) = \min_{t_1}\left[\min_{t_2>t_1}(\Delta V_1 + \Delta V_2)\right]$$

设 t_1 时刻追踪航天器相对目标航天器的位置和速度分别为 $[x, y, z]$ 和 $[v_x, v_y, v_z]$，给定的预定逼近终端位置为 $[x_f, 0, 0]$，相对速度为零。给定飞行时间 t_f，两脉冲制导算法如下

$$\dot{x}_0 = \omega_m \frac{(x-x_f)\sin(\omega_m t_f) + z[6\omega_m t_f\sin(\omega_m t_f) - 14(1-\cos\omega_m t_f)]}{3\omega_m t_f\sin(\omega_m t_f) - 8[1-\cos(\omega_m t_f)]}$$

$$\dot{z}_0 = \omega_m \frac{2(x-x_f)[1-\cos(\omega_m t_f)] + z[4\sin(\omega_m t_f) - 3\omega_m t_f\cos(\omega_m t_f)]}{3\omega_m t_f\sin(\omega_m t_f) - 8(1-\cos\omega_m t_f)}$$

上述式子给出了经过制导时间 t_f 使追踪航天器到达预定伴飞位置为 $[x_f, 0, 0]$ 的点上的速度需求。此速度与实际速度的差就是所需要的第一次速度增量，即

$$\Delta V_1 = \begin{bmatrix} \dot{x}_0 \\ 0 \\ \dot{z}_0 \end{bmatrix} - \begin{bmatrix} v_x \\ 0 \\ v_z \end{bmatrix}$$

在第一次速度增量作用下，追踪航天器到达预定伴飞位置时，剩余速度为

$$\dot{x}_f = (4\dot{x}_0 - 6z\omega_m)\cos(\omega_m t_f) + 2\dot{z}_0\sin(\omega_m t_f) - 3\dot{x}_0 + 6\omega_m z$$

$$\dot{z}_f = (3\omega_m z - 2\dot{x}_0)\sin(\omega_m t_f) + \dot{z}_0\cos(\omega_m t_f)$$

消除剩余速度需要的速度增量为

$$\Delta V_2 = -\begin{bmatrix} \dot{x}_f \\ 0 \\ \dot{z}_f \end{bmatrix}$$

总的速度增量为

$$\Delta V = \sqrt{\Delta V_1 \Delta V_1 + \Delta V_2 \Delta V_2}$$

可以看出，首先 ΔV 为 t_f 的函数，通过求极值可以得到最优的 t_f 和 $\Delta V_{\min}(t_1)$，随着两个航天器状态的变化，比较每一时刻的 ΔV，记录最小 ΔV 的两时刻 t_1 和 t_f。则第一脉冲在 t_1 时刻施加，第二脉冲在 $t_1 + t_f$ 施加，从而完成 C-W 导引决策。

（2）准平行视线近程导引策略

由于绝大部分相对测量敏感器直接输出的是视线的方位角和仰角以及视线的长度（间距）及其变化率（速率），因此视线制导是较常见的相对运动制导方法。平行制导是视线制导的一种特例，即在保持视线不转动条件下（视线转率 $\dot{q} = 0$），控制两个航天器之间的距离。视线制导一般是闭环系统，较费推进剂，但是精度高，极适合近程停靠阶段的要求。

记初始时刻相对视线坐标系的旋转矩阵为 $\boldsymbol{\Gamma}_0$，初始质量为 m_0，作变换

$$\begin{cases} \widetilde{X} = M_0 \boldsymbol{\Gamma}_0 (\boldsymbol{x} - \boldsymbol{x}_f) \\ \widehat{V} = m_0 \boldsymbol{\Gamma}_0 \boldsymbol{v} \end{cases}$$

其中，$\boldsymbol{x}_f$ 为预定保持点坐标。$\boldsymbol{x}$、$\boldsymbol{v}$ 为相对目标的位置和速度矢量。

$$\boldsymbol{\Gamma}_0 = \begin{bmatrix} \cos\theta & 0 & -\sin\theta \\ 0 & 1 & 0 \\ \sin\theta & 0 & \cos\theta \end{bmatrix}$$

$$\sin\theta = -\frac{z}{|\boldsymbol{x} - \boldsymbol{x}_f|}, \quad \cos\theta = -\frac{x_f - x}{|\boldsymbol{x} - \boldsymbol{x}_f|}$$

其中，x_f 为 x 轴上预定位置坐标。

由摄动双积分系统的理论，设计如下的时间-燃料次优反馈控制律。

x 方向的控制律为

$$\delta_x(t) = \begin{cases} -F_x \, \text{sgn}\{\text{sgn}[h_x] + \text{sgn}[h_{1x}]\} & H_x > 0 \\ 0 & H_x < 0 \end{cases}$$

$$H_x = h_x \cdot h_{1x}$$

$$h_x = \widetilde{x} + \frac{1}{2(1-\varepsilon_x)}\widetilde{v}_x \, |\widetilde{v}_x|$$

$$h_{1x} = \widetilde{x} + \frac{1}{2\eta_x}\widetilde{v}_x \, |\widetilde{v}_x|$$

其中，$0 < \varepsilon < 1$，$0 < \eta_x < 1 - \varepsilon_x$ 为鲁棒系数。

z 方向的控制律为

$$\delta_z(t) = \begin{cases} -F_z \operatorname{sgn}\{\operatorname{sgn}[h_z] + \operatorname{sgn}[h_{1z}]\} & H_z > 0 \\ 0 & H_z < 0 \end{cases}$$

$$H_z = h_z \cdot h_{1z}$$

$$h_z = \tilde{z} + \frac{1}{2(1-\varepsilon_z)}\tilde{v}_z \mid \tilde{v}_z \mid$$

$$h_{1z} = \tilde{z} + \frac{1}{2\eta_z}\tilde{v}_z \mid \tilde{v}_z \mid$$

其中，$0 < \varepsilon < 1$，$0 < \eta_z < 1 - \varepsilon_z$ 为鲁棒系数。

（3）相对轨道要素位置保持策略

传统的轨道描述方法为轨道要素，定义参考轨道要素描述航天器本体的运动轨迹，称为参考轨道（基准轨道），相对基准轨道运动的相对运动特性由所谓的相对轨道要素描述，具体定义如下：

表 3 - 7　相对轨道要素定义

D	相对基准航天器平均角速度的差，称为相对漂移率
$(\Delta i_x，\Delta i_y)$	目标轨道平面倾角矢量差在基准轨道节点坐标系中投影，相对倾角矢量
$(\Delta e_x，\Delta e_y)$	轨道偏心率矢量差在基准轨道节点坐标系中的投影，相对偏心率矢量
$\Delta M'$	存在升交点赤经差的相对基准轨道平近地点角差，称为相对振荡中心

表 3 - 7 相对轨道要素定义中（Δi_x，Δi_y）和（Δe_x，Δe_y）的定义如图 3 - 23 所示，其中 S_0 为基准轨道，S_1 为目标轨道，坐标系 $OX_0Y_0Z_0$ 对应基准航天器轨道的节点坐标系。

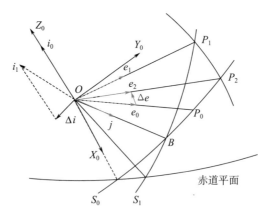

图 3 - 23　相对轨道要素（Δi_x，Δi_y）和（Δe_x，Δe_y）的定义

相对轨道要素 D、（Δi_x，Δi_y）、（Δe_x，Δe_y）、$\Delta M'$ 确定了相对运动的特征，通过调整和控制 D、（Δi_x，Δi_y）、（Δe_x，Δe_y）、$\Delta M'$ 的量值可以实现交会接近过程相对运动的控制。

根据基准轨道要素 a_0，e_0，i_0，ω_0，Ω_0，M_0，利用相对位置和相对速度测量值可以计算相对轨道要素：

$$
\begin{bmatrix}
D \\
\Delta e_x \\
\Delta e_y \\
\Delta i_x \\
\Delta i_y \\
\Delta M'
\end{bmatrix}
=
\begin{bmatrix}
a_0\tau & 2a_0\sin u_0 & 2a_0\cos u_0 & 0 & 0 & a_0 \\
0 & 0 & 0 & a_0\cos u_0 & a_0\sin u_0 & 0 \\
2a_0/3n_0 & -2a_0\cos u_0 & 2a_0\sin u_0 & 0 & 0 & 0 \\
a_0 & 2a_0n_0\cos u_0 & 2a_0n_0\sin u_0 & 0 & 0 & 0 \\
0 & 0 & 0 & -a_0n_0\sin u_0 & a_0n_0\cos u_0 & 0 \\
0 & -a_0n_0\sin u_0 & a_0n_0\cos u_0 & 0 & 0 & 0
\end{bmatrix}^{-1}
\begin{bmatrix}
\Delta x \\
\Delta y \\
\Delta z \\
\Delta v_x \\
\Delta v_y \\
\Delta v_z
\end{bmatrix}
$$

其中，$n_0^2 = \mu/a_0^3$，$u_0 = \omega_0 + \theta_0\ (\tau)$，$\tau = t - t_0$。

基于相对轨道要素的控制方程为

$$
\begin{cases}
\Delta v_x = a_0 dD + 2a_0 n_0 (d\Delta e_x \cos u_1 + d\Delta e_y \sin u_1) \\
\Delta v_y = a_0 n_0 (d\Delta i_y \cos u_1 - d\Delta i_x \sin u_1) \\
\Delta v_z = a_0 n_0 (-d\Delta e_x \sin u_1 + d\Delta e_y \cos u_1)
\end{cases}
$$

3.4.3　轨道位置保持策略

轨道位置保持包括绝对轨道位置保持和相对轨道位置保持，只需将导引控制目标定为相对位置和相对速度为零，相对轨道要素导引策略和 C‐W 导引策略均可用于轨道位置保持策略，不再赘述。

3.4.4　飞行任务规划软件

飞行任务规划软件由一个主程序模块和数个子程序模块组成，如图 3‐24 所示。其中，主程序模块主要实现输入/输出连接和子程序模块的调用，完成飞行程序总体设计，对飞行过程进行总体优化；子程序模块完成各飞行阶段的优化，根据系统的功能需求，子程序模块包括：

1) 发射方案选择；
2) 轨道转移变轨策略规划；
3) 轨道交会近程导引策略规划；
4) 轨道位置保持策略规划。

飞行任务规划软件接口关系如图 3‐25 所示。

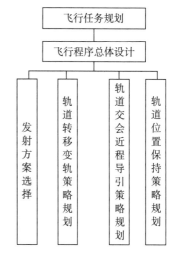

图 3‐24　飞行任务规划软件结构图

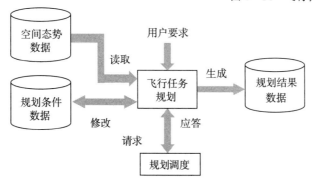

图 3‐25　飞行任务规划软件接口关系图

飞行任务规划流程如图 3 - 26 所示。

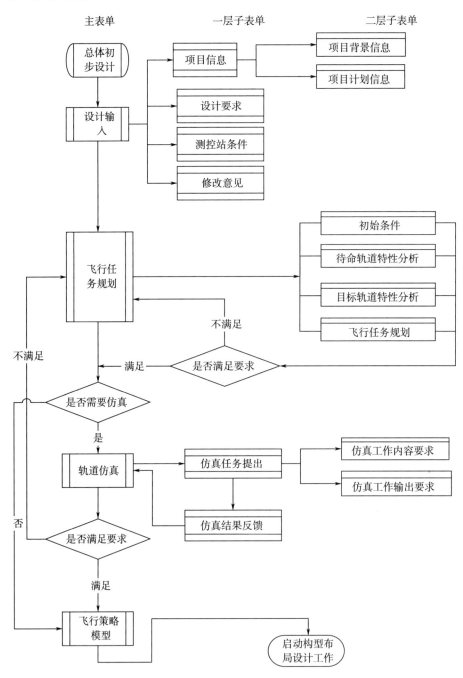

图 3 - 26　飞行任务规划流程图

（1）飞行程序总体设计模块

①功能

飞行过程总体设计是以发射场位置和目标轨道位置为初始条件，将整个飞行过程分解为不同的飞行阶段，并对整个飞行过程进行优化，规划出每个飞行段初始条件、终止条件，前一个阶段的终止条件将作为下一个阶段的初始条件。

②输入/输出

输入信息主要包括：

1）基本信息：航天器质量特性、变轨发动机工作特性和目标轨道位置等。

2）规划条件数据：优化指标、任务约束条件等。

输出信息：飞行程序（各飞行阶段参数）。

③模块流程

根据用户输入，调用相应算法进行规划，显示并存储规划结果。模块的运行过程如图 3-27 所示。

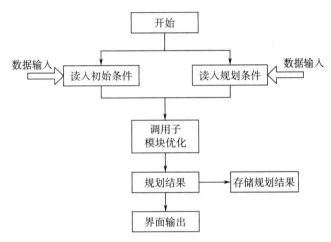

图 3-27　飞行程序总体设计流程图

（2）发射方案选择模块

①功能

已知目标轨道为圆轨道或椭圆轨道，地面测控网存在测轨误差，工具软件根据用户的需求自动选择待命停泊轨道并选择发射方案。本模块主要实现如下两项：

①功能

1）待命停泊轨道确定：根据目标轨道参数及其运载火箭发射能力、待命停泊轨道与目标轨道非共面度和高度差允许值，选择待命停泊轨道；

2）发射方案选择：根据待命停泊轨道、发射场位置确定发射方案和发射窗口。

②输入/输出

输入信息主要包括：

1）基本信息：航天器质量特性、变轨能力和目标轨道位置等；

2）目标信息：目标轨道确定时间、平近点角、目标轨道误差等；

3）用户指定的规划参数：火箭型号、发射场、初始轨道与目标轨道高度差和非共面度允许值、待命停泊时间等。

输出信息主要包括：

1）初始轨道参数；

2）发射参数：发射窗口前沿、发射窗口后沿、发射时刻、发射方位角；

3）待命停泊结束时航天器轨道、目标轨道参数；

4）入轨误差：火箭末级关机时刻、入轨时刻初始轨道与目标轨道升交点赤经差、待命停泊结束时刻航天器轨道与目标轨道升交点赤经差、轨道半长轴差。

（3）轨道转移变轨策略规划模块

①功能

轨道转移变轨是指在通过地面站测控发现航天器到达位置与目标轨道位置存在一定偏差时，需要采取控制措施消除这一偏差。

在轨道转移变轨策略规划中，在考虑测控约束条件的情况下，根据目标轨道、航天器的初始轨道数据，设计圆目标轨道和非圆目标轨道的变轨策略。其中测控约束条件为变轨点有测控、变轨点之间有测控定轨等；优化指标为给定时间内推进剂最省、给定推进剂消耗量时间最优两种。

②输入/输出

数据输入为前发射方案选择模块的输出结果及相关的规划条件。本模块可完成如下两种情况下的远程导引策略规划：

1）根据发射方案选择结果实现转移变轨策略规划；

2）针对已在轨飞行的航天器实行变轨策略规划。

模块的输出信息：

1）变轨控制计划：点火次数、点火开始时间、结束时间，速度增量大小、速度增量方向；

2）时间推进剂消耗：变轨累计时间和推进剂消耗；

3）轨道位置关系：目标轨道参数、航天器轨道参数、航天器与目标轨道相对运动关系、相对位置误差和相对速度误差。

（4）轨道交会近程导引策略规划模块

①功能

近程导引段是指航天器通过对目标自主跟踪与测量，对航天器进行自主导航与控制，使其接近到目标一定距离处，建立位置保持飞行初始状态的过程。

在近程导引变轨制导策略规划过程中，飞行任务规划根据航天器轨道数据、相对测量数据和测量误差，以及结束点的精度要求，进行导引控制策略优化。其中优化指标是时间或推进剂最优；约束条件为导引时间约束、推进剂约束。

②输入/输出

数据输入为前一模块的输出结果及读取的规划条件。

模块的输出信息主要包括：

1）变轨控制计划：点火开始时间、推进剂消耗、推力持续时间、推力大小和方向；

2）时间推进剂消耗：变轨累计时间和推进剂消耗；

3）轨道位置关系：目标轨道参数、航天器轨道参数、航天器与目标轨道相对运动关系，相对位置误差和相对速度误差。

（5）轨道位置保持策略规划模块

①功能

1）轨道位置保持是通过适当设计保持控制策略，令相对位置保持所耗用能量最少，从而尽可能地延长航天器工作寿命。

2）本模块根据保持位置和时间要求、空间测轨数据和测轨误差，提出位置保持飞行控制策略并计算推进剂消耗。

②输入/输出

数据输入为前一模块的输出结果及相应的规划条件。输入数据主要包括：

1）初始信息：开始时刻、航天器轨道要素、相对于目标的相对位置、速度及其误差；

2）规划条件：保持时间、推进剂限制、相对位置。

模块的输出信息主要包括：

1）保持控制计划：点火开始时间、推力持续时间、推力大小和方向，单次推进剂消耗；

2）时间推进剂消耗：保持累计时间和推进剂消耗；

3）轨道位置关系：目标轨道参数、航天器轨道参数、航天器与目标轨道相对运动关系，相对位置误差和相对速度误差。

3.5　航天器构型布局设计模型

航天器构型布局是指航天器的基本空间构架和形式，包括航天器的外部构型和内部布局两部分的内容。航天器构型布局设计是指对航天器的外形、结构形式、总体布局、质量特性及与运载火箭的接口关系等进行设计和技术协调的过程。如果说总体参数设计是根据研制总要求明确航天器的组成和接口关系，描述了航天器的信息流、物质流和能量流，构型布局设计则是将组成航天器的各分系统的设备汇总成为一个内部和外部关系协调的、能保证航天器功能得以实现的、有利于航天器研制的，并能促进所设计航天器发展的设计工作。航天器的构型布局设计属于总体设计范畴，通过构型布局设计，使航天器具体化和实物化。

航天器构型布局设计具体包括以下六方面设计内容：

1）航天器整体外形设计，包括发射过程和在轨飞行各阶段的外形设计；

2）航天器主承力结构形式选择；

3）航天器总体布局设计，包括模块或舱段划分，可伸展附件、星表设备和舱内设备布局；

4）航天器总体特性分析，包括质量特性分析，敏感器视场、天线方向图和太阳电池翼遮挡分析，装配操作、精度检测、发动机羽流干涉分析，空间环境条件分析等；

5）总装操作，包括出厂前集成与试验期间、到发射场运输过程、发射场测试和星箭对接过程中的操作；

　　6）星箭接口协调确认。

　　总之，航天器构型布局设计必须从航天器工程系统约束条件（如运载发射能力、整流罩可用空间）和星载设备的功能要求和限制出发，确定航天器整体外廓尺寸与形状、主承力结构形式，舱段划分及接口关系，确定航天器坐标系、精度测量基准，根据星载设备功能、质量、体积和安装要求，进行总体布局，进行整星质量特性计算，确定与运载火箭接口和其他接口，确定安装、停放、起吊、翻转和运输方式，开展敏感器视场和天线方向图干涉、发动机羽流污染、太阳电池阵遮挡、总装可操作性、整星电磁兼容性、空间辐射环境等分析。构型布局设计主要考虑的是航天器整体及其组成部分之间的"形"和"位"的关系。

3.5.1　航天器三维模型库

　　航天器构型布局设计中使用的模型主要包括航天器及其组成部组件的三维几何模型。航天器部组件三维几何模型用三维造型软件完成，三维几何模型又可分为零件模型和装配模型。除了一些特殊的具有复杂外形的设备，航天器上的设备常为六面体形或旋转体形，通过零件模型即可完整描述。航天器的布局模型属于装配模型，除具有航天器及其组成部件的几何信息外，还带有各组成部件与参考基准的方位信息。典型的航天器设备模型如图3-28所示。

图 3-28　典型航天器设备模型

　　作为数字化航天器设计柔性平台的一部分，建立已有航天器产品的三维模型数据库可以减少设计人员大量的重复建模工作，保证产品设计的延续性。任何新增的航天器设备三维模型，可通过部件模型数据库添加界面予以添加，对于航天器上任何部件的 Pro/E 模型，首先区分其属于哪个分系统，然后通过设备编号和名称区分统一分系统内的设备，通过设备的图片可以直观地显示设备外形，用于查看设备模型是否为所需的模型。

　　数字化航天器构型布局设计选用专业软件 Pro/E 完成，该软件主要功能是实现航天的三维模型建立和虚拟装配，构型布局干涉分析、视场分析和质量特性分析等。

软件 Pro/E 包括 Pro/Part 模块、Pro/Assembly 模块等。Pro/Part 模块用于完成零件建模，Pro/Assembly 模块用于完成装配模型的建立。使用该软件输入构型布局设计需要的信息，即建立构型布局模型所需的几何信息和布局分析所需的参数信息，输出为航天器的构型布局模型及布局分析结果文件。

应用该软件进行质量特性分析时，必须通过软件分析界面输入所有部件的质量特性参数。应用该软件进行干涉分析时，可以只对关心的部件进行干涉分析，也可进行全局的干涉分析。应用该软件进行视场分析时，根据设备的视场要求，用几何模型特征描述设备的视场，通过几何模型特征与整星构型布局模型的干涉检查来明确视场是否受到遮挡。对于太阳翼、天线等附件结构的遮挡分析，原理同视场分析相似。

数字化航天器设计三维模型库管理工作包括制定命名规范、三维建模规范、模型存储规定等。

（1）模型命名规范

数字化航天器设计与仿真柔性平台的模型主要包括两类，一类是按项目分类的设计模型，另一类是按产品化思路存储的通用模型。规范只规定设计平台的设计模型命名规则，至于按产品化思路存储的通用模型，应存储在资源数据库中，因此由数据库设计人员制定命名规则。

设备模型命名规则：设备模型的命名规定如图 3-29 所示，整台设备的编号由［项目代号］［分系统代号］［设备分类号］［设备设计改进序号］［设备序号］-［项目设计序号］［项目改进序号或系列号］组成。其中项目代号和项目设计序号来自项目信息；分系统代号遵循表 3-8 中规定；设备分类号一般采用阿拉伯数字两位数（01～99），视需要也可采用三位数形式（001～999）；设备设计改进序号用大写字母 A，B，C…表示，若无此项可不标注；设备序号用小写字母 a，b，c…表示，应用于同一设备有多台的情况；项目改进序号编号规则同设备设计改进序号，此项也可表示项目系列号，这部分信息来自项目信息。设备模型命名规则不适用于构型布局模型、结构模型和机构模型。

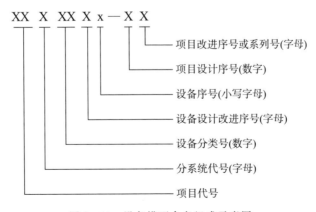

图 3-29　设备模型命名组成示意图

表 3 - 8　分系统代号规定

分系统名称	分系统代号
结构	J
机构	JM
热控	R
电源	N
控制	K
推进	T
测控	C
数传	SC
数管	SG

特殊模型命名规则：构型布局整星模型命名遵循隶属编号规则，命名为 XX - X ＿ 0 - 0. ASM，其中 XX 为项目代号，X 为项目设计序号，他们均来自项目信息。构型布局整星模型由舱段构型布局模型、结构总模型、机构组件模型、整星级零部件模型及装配在顶层的设备模型组成，其组成如图 3 - 30 所示。舱段模型又由舱段零部件模型和舱段级设备模型组成。结构总模型又可依据结构设计分解成舱段或组件等模型。机构组件模型由完成某一特定功能的机构组件组成。参照标准 QJ1714，隶属编号规则如图 3 - 31 所示。

（2）三维模型建立规范

为明确简单设备外形在参考坐标系中方位，设备自动建模需遵循一定的规范。必须建立三个基准面 TOP、FRONT 和 SIDE 和基准坐标系，设备安装底面定为 TOP 面负向，基准坐标系 Z 轴指向 TOP 面正法向，X 轴指向横向长度方向，同时建立 Model ＿ Name、Equip ＿ Length、Equip ＿ Width、Equip ＿ Height、Equip ＿ Mass 参数，以实现参数关联功能。同时为 4 类典型简单设备构型（箱体，圆柱体，球柱体和球体）制定模板，以实现参数驱动建模功能。

3.5.2　布局优化设计模型

布局优化设计的目标是航天器的质量特性参数，参考航天部 QJ1277 — 87 标准，构型布局设计中的相关坐标系定义如下：

（1）$Oxyz$ 为参考坐标系

O ——坐标原点，选在航天器的对接面或安装测量基准面的几何中心上；

z 轴——卫星纵向对称轴，发射瞬时向上为正；

x 轴——垂直于纵轴平面，发射瞬时指定方向为正；

y 轴——与 x 轴、z 轴呈右手直角坐标系。

应用参考坐标系计算航天器的质心坐标、确定各待布物的布局安装位置等。

（2）$O'x'y'z'$ 为航天器星体坐标系

O' ——坐标原点，位于航天器的质心处；

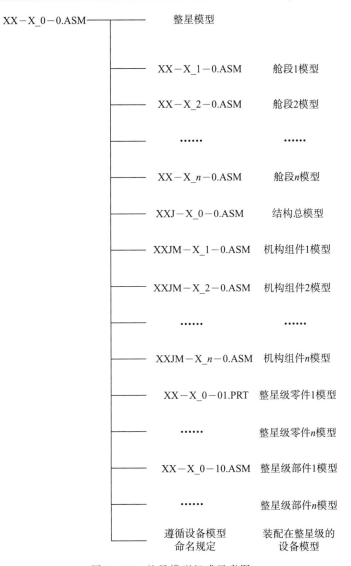

图 3-30　整星模型组成示意图

z' 轴——航天器纵向对称轴，与 z 轴平行或重合；

x' 轴、y' 轴——分别与 x 轴、y 轴平行。

航天器质量特性中的转动惯量及惯量积的数值用星体坐标系给出。

（3）$O''x''y''z''$ 为计算单元自身坐标系

O''——坐标原点，位于各计算单元（待布物）的质心处，一般选在简化的几何图形的形心上；

x'' 轴、y'' 轴、z'' 轴——计算单元的几何对称轴；在一般情况下，z'' 轴与 z 轴平行，而 x'' 轴与 x 轴，y'' 轴与 y 轴呈夹角 α_i（逆时针方向为正）。

该坐标系用于求得各待布物对其自身轴的转动惯量。

假设进行布局方案设计时，航天器舱内可调位置的圆柱体待布物的个数为 n_1，可调位

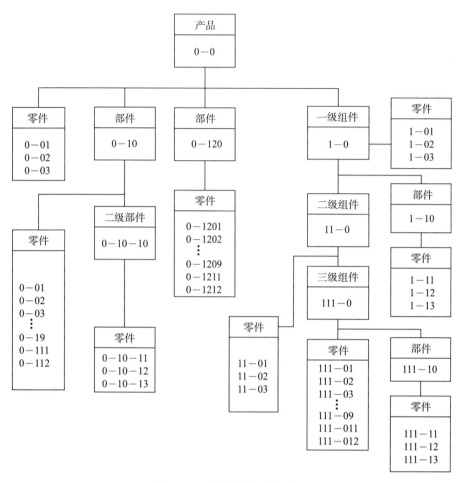

图 3 - 31　隶属编号规则示意图

置的长方体待布物的个数为 n_2，固定位置的圆柱体待布物的个数为 p_1，固定位置的长方体待布物的个数为 p_2，则可调位置待布物的总数为 $N = n_1 + n_2$，固定位置待布物的总数为 $P = p_1 + p_2$，待布物的总数为 $Q = N + P$。

航天器舱布局方案设计的数学模型可描述如下：

求 $\boldsymbol{X} = (x_i,\ y_i,\ z_i,\ \alpha_i)^{\mathrm{T}},\ i = 1, 2, \cdots,\ Q$

$$\min F(\boldsymbol{X}) = \lambda_1 J_{x'}(\boldsymbol{X}) + \lambda_2 J_{y'}(\boldsymbol{X}) + \lambda_3 J_{z'}(\boldsymbol{X})$$

①不干涉条件

$$g_1(\boldsymbol{X}) = \sum_{i=0}^{Q-1} \sum_{j=i+1}^{Q} \Delta V_{ij} = 0$$

②静稳定性（系统质心实际位置与期望位置）的误差条件

$$g_2(\boldsymbol{X}) = \delta x_c - \Delta x_c = \left| \sum m_i x_i / \sum m_i - x_c \right| - \Delta x_c \leqslant 0 \quad i = 0, 1, \cdots, Q$$

$$g_3(\boldsymbol{X}) = \delta y_c - \Delta y_c = \left| \sum m_i y_i / \sum m_i - y_c \right| - \Delta y_c \leqslant 0 \quad i = 0, 1, \cdots, Q$$

$$g_4(\boldsymbol{X}) = \delta z_c - \Delta z_c = \left| \sum m_i z_i / \sum m_i - z_c \right| - \Delta z_c \leqslant 0 \quad i = 0, 1, \cdots, Q$$

③平衡度（惯性主轴与参考坐标轴方向夹角）的误差条件

$$g_5 = |\theta_{x'}(\boldsymbol{X})| - \Delta\theta_{x'} \leqslant 0$$

$$g_6 = |\theta_{y'}(\boldsymbol{X})| - \Delta\theta_{y'} \leqslant 0$$

$$g_7 = |\theta_{z'}(\boldsymbol{X})| - \Delta\theta_{z'} \leqslant 0$$

其中，$J_{x'}(\boldsymbol{X})$、$J_{y'}(\boldsymbol{X})$ 和 $J_{z'}(\boldsymbol{X})$ 分别为全舱对星体坐标系 x' 轴、y' 轴和 z' 轴的转动惯量，$(x_i, y_i, z_i)^{\mathrm{T}} \in \boldsymbol{R}^3$，$x_i$，$y_i$，$z_i$ 分别为待布物 i 的质心在参考坐标系中的坐标，设各待布物皆为刚体且质量分布均匀，m_i 为待布物 i 的质量，$i=0$ 表示舱体壁以及舱内所有的固定件；$\alpha_i \in [0, \pi]$ 为各待布物自身坐标系的 x'' 轴与参考坐标系的 x 轴的夹角，逆时针方向为正。本书在数学优化模型求解中设 $\alpha_i = 0$，在模型实物化进行布局仿真时，可进一步调整 α_i 的值；λ_1、λ_2 和 λ_3 为各目标函数的加权系数；ΔV_{ij} 为待布物 i 和 j 的干涉体积；(x_c, y_c, z_c) 为全舱（含所有待布物、舱体壁及舱内承载隔板和中心主承力轴等其他固定件）质心位置在参考坐标系中的期望值，δx_c、δy_c 和 δz_c 分别为全舱质心的实际位置与期望位置在参考坐标系三个坐标轴方向上的误差绝对值，$(\Delta x_c, \Delta y_c, \Delta z_c)$ 为全舱质心位置误差的允许值；$\theta_{x'}(\boldsymbol{X})$、$\theta_{y'}(\boldsymbol{X})$ 和 $\theta_{z'}(\boldsymbol{X})$ 分别为全舱惯性主轴与星体坐标系 x' 轴、y' 轴、z' 轴方向的夹角；$\Delta\theta_{x'}$、$\Delta\theta_{y'}$ 和 $\Delta\theta_{z'}$ 为全舱平衡度的误差许用值。

全舱对星体坐标系 x' 轴、y' 轴和 z' 轴的转动惯量可按下式计算

$$J_{x'}(\boldsymbol{X}) = \sum_{i=0}^{Q}(J_{x''i} \cdot \cos\alpha_i^2 + J_{y''i} \cdot \sin\alpha_i^2) + \sum_{i=0}^{Q}m_i(y_i^2 + z_i^2) - (y_c^2 + z_c^2)\sum_{i=0}^{Q}m_i$$

$$J_{y'}(\boldsymbol{X}) = \sum_{i=0}^{Q}(J_{y''i} \cdot \cos\alpha_i^2 + J_{x''i} \cdot \sin\alpha_i^2) + \sum_{i=0}^{Q}m_i(x_i^2 + z_i^2) - (x_c^2 + z_c^2)\sum_{i=0}^{Q}m_i$$

$$J_{z'}(\boldsymbol{X}) = \sum_{i=0}^{Q}J_{z''i} + \sum_{i=0}^{Q}m_i(x_i^2 + y_i^2) - (x_c^2 + y_c^2)\sum_{i=0}^{Q}m_i$$

航天器全舱的质心坐标可按下式计算

$$x_c = \frac{\sum_{i=0}^{Q}m_ix_i}{\sum_{i=0}^{Q}m_i}, \ y_c = \frac{\sum_{i=0}^{Q}m_iy_i}{\sum_{i=0}^{Q}m_i}, \ z_c = \frac{\sum_{i=0}^{Q}m_iz_i}{\sum_{i=0}^{Q}m_i}$$

$J_{x''i}$、$J_{y''i}$ 和 $J_{z''i}$ 分别表示第 i 个待布物绕其自身坐标系 x'' 轴、y'' 轴和 z'' 轴的转动惯量，其计算方法由下式给出。

对于圆柱体待布物 i

$$J_{x''i} = J_{y''i} = \frac{m_i}{12}(3r_i^2 + h_i^2)$$

$$J_{z''i} = \frac{1}{2}m_ir_i^2$$

对于长方体待布物 i

$$J_{x''i} = \frac{1}{12}m_i(b_i^2 + h_i^2)$$

$$J_{y''i} = \frac{1}{12}m_i(a_i^2 + h_i^2)$$

$$J_{z''i} = \frac{1}{12}m_i(a_i^2 + b_i^2)$$

全舱惯性主轴与星体坐标系 x' 轴、y' 轴、z' 轴方向的夹角的计算公式为

$$\theta_{x'}(\boldsymbol{X}) = \arctan\left(\frac{2J_{x'y'}(\boldsymbol{X})}{J_{x'}(\boldsymbol{X}) - J_{y'}(\boldsymbol{X})}\right)/2$$

$$\theta_{y'}(\boldsymbol{X}) = \arctan\left(\frac{2J_{x'z'}(\boldsymbol{X})}{J_{z'}(\boldsymbol{X}) - J_{x'}(\boldsymbol{X})}\right)/2$$

$$\theta_{z'}(\boldsymbol{X}) = \arctan\left(\frac{2J_{y'z'}(\boldsymbol{X})}{J_{z'}(\boldsymbol{X}) - J_{y'}(\boldsymbol{X})}\right)/2$$

式中 $J_{x'y'}(\boldsymbol{X})$、$J_{x'z'}(\boldsymbol{X})$ 和 $J_{y'z'}(\boldsymbol{X})$ 分别表示全舱对星体坐标系的惯性积，可按下式计算

$$J_{x'y'}(\boldsymbol{X}) = \sum_{i=0}^{Q}\left[m_i x_i y_i + \frac{J_{x''i} + m_i(y_i^2 + z_i^2) - J_{y''i} - m_i(x_i^2 + z_i^2)}{2} \cdot \sin 2\alpha_i\right] - x_c y_c \sum_{i=0}^{Q}m_i$$

$$J_{x'z'}(X) = \sum_{i=0}^{Q}m_i x_i z_i - x_c z_c \sum_{i=0}^{Q}m_i$$

$$J_{y'z'}(X) = \sum_{i=0}^{Q}m_i y_i z_i - y_c z_c \sum_{i=0}^{Q}m_i$$

3.5.3 航天器动力学分析模型

就目前大部分航天器而言，从航天器动力学的角度均可以将其视为中心刚体加柔性附件动力学系统，数学模型为

$$\boldsymbol{M}\ddot{\boldsymbol{X}} + \boldsymbol{F}_{ta}\ddot{\boldsymbol{\eta}}_a = \boldsymbol{P}_s$$

$$\boldsymbol{I}_s\dot{\boldsymbol{\omega}}_s + \tilde{\boldsymbol{\omega}}_s\boldsymbol{I}_s\boldsymbol{\omega}_s + \boldsymbol{F}_{sa}\ddot{\boldsymbol{\eta}}_a + \boldsymbol{R}_{as}\dot{\boldsymbol{\omega}}_a = \boldsymbol{T}_s$$

$$\boldsymbol{I}_a\dot{\boldsymbol{\omega}}_a + \boldsymbol{F}_a\ddot{\boldsymbol{\eta}}_a + \boldsymbol{R}_{as}^{\mathrm{T}}\dot{\boldsymbol{\omega}}_s = \boldsymbol{T}_a$$

$$\ddot{\boldsymbol{\eta}}_a + 2\zeta_a\boldsymbol{\Omega}_a\dot{\boldsymbol{\eta}}_a + \boldsymbol{\Omega}_a^2\boldsymbol{\eta}_a + \boldsymbol{F}_{ta}^{\mathrm{T}}\ddot{\boldsymbol{X}} + \boldsymbol{F}_{sa}^{\mathrm{T}}\dot{\boldsymbol{\omega}}_s + \boldsymbol{F}_a^{\mathrm{T}}\dot{\boldsymbol{\omega}}_a = 0$$

式中　$\boldsymbol{\omega}_s$ ——航天器中心体的角速度列阵，$\in 3\times1$；

$\quad\tilde{\boldsymbol{\omega}}_s$ ——角速度列阵的反对称阵，$\in 3\times3$；

$\quad\boldsymbol{M}$ ——航天器质量阵，$\in 3\times3$；

$\quad\boldsymbol{I}_s$ ——航天器惯量阵，$\in 3\times3$；

$\quad\boldsymbol{P}_s$ ——作用在航天器上的外力列阵，$\in 3\times1$；

$\quad\boldsymbol{T}_s$ ——作用在航天器上的外力矩列阵，$\in 3\times1$；

$\quad\boldsymbol{\omega}_a$ ——太阳翼的角速度列阵，$\in 3\times1$；

$\quad\boldsymbol{\Omega}_a$ ——太阳翼的模态频率对角阵，$\in m\times m$；

$\quad\boldsymbol{\eta}_a$ ——太阳翼的模态坐标阵，$\in m\times1$；

$\quad\zeta_a$ ——太阳翼的模态阻尼系数，一般取 0.005；

$\quad\boldsymbol{I}_a$ ——太阳翼的惯量阵，$\in 3\times3$；

$\quad\boldsymbol{F}_{ta}$ ——太阳翼振动对航天器中心体平动的柔性耦合系数阵，$\in 3\times m$；

$\quad\boldsymbol{F}_{sa}$ ——太阳翼振动对航天器中心体转动的柔性耦合系数阵，$\in 3\times m$；

$\quad\boldsymbol{F}_a$ ——太阳翼振动对自身转动的柔性耦合系数阵，$\in 3\times m$；

$\boldsymbol{R}_{as}$ ——太阳翼转动与航天器转动的刚性耦合系数阵，$\in 3 \times 3$；

$\boldsymbol{T}_{a}$ ——作用在太阳翼上的控制力矩列阵，$\in 3 \times 1$。

3.5.4　构型布局设计流程

构型布局设计过程是与总体、结构、机构、热控及其他分系统反复协调与修正的过程，而且构型布局模型需建立与服务器资源库的接口，以完成构型布局三维模型在数字化航天器集成设计平台中的存储、调用和维护。

构型布局与总体接口主要包括飞行器总体概述、运载的约束以及分系统组成。总体概述内容包括总体描述、有效载荷初步要求、轨道类型及姿态控制类型的定义；运载约束主要包括质量约束和几何包络约束，因此在构型布局顶层三维模型中需建立如表 3-9 所示参数，该参数来源于设计平台的总体要求，以 txt 文档形式读入构型布局顶层三维模型并赋值给对应参数；所谓分系统组成是指总体需明确航天器由几个分系统组成。

表 3-9　总体对构型的输入参数

参数名称	参数说明	对应模型	备注
Dia _ max	包络直径	项目代号 _ 0 - 0. ASM	单位 mm
Height _ max	包络高度		单位 mm
Mass _ max	运载能力		单位 kg

构型布局设计对总体的输出参数如表 3-10 所示。

表 3-10　构型对总体的输出参数

参数名称	参数说明	对应模型	备注
Sat _ Length	航天器本体长度	项目代号 _ 0 - 0 _ SKELE-TON. PRT	单位 mm
Sat _ Width	航天器本体宽度		单位 mm
Sat _ Height	航天器本体高度		单位 mm
Sat _ Coverall _ dia	航天器包络直径	项目代号 _ 0 - 0. ASM	单位 mm
Sat _ Coverall _ height	航天器包络高度	项目代号 _ 0 - 0. ASM	单位 mm

构型布局设计对结构的输出参数如表 3-11 所示。

表 3-11　构型对结构的输出参数

参数名称	参数说明	对应模型	备注
Sat _ Length	航天器本体长度	项目代号 _ 0 - 0 _ SKELE-TON. PRT	单位 mm
Sat _ Width	航天器本体宽度		
Sat _ Height	航天器本体高度		
Sat _ SurfaceArea	航天器表面积		单位 mm²
Mass _ Distribution	非结构质量分布	各零部件，XXXJ - X. *	单位 kg
Model _ Name	结构零部件名称	各零部件，XXXJ - X. *	

注：质量分布参数中 XXX - X 即为项目代号，需在其中插入分系统标识。

构型布局设计对机构的输出参数如表 3 - 12 所示。

表 3 - 12　构型对机构的输出参数

参数名称	参数说明	对应模型	备注
SolarArray _ Direction	安装方向	项目代号 _ 0 - 0 _ SKELETON. PRT	
ArrayBoard _ Num	单翼基板数量	项目代号 _ 0 - 0 _ SKELETON. PRT	
ArrayBoard _ Length	基板长度	项目代号 _ 0 - 0 _ SKELETON. PRT	单位 mm
ArrayBoard _ Width	基板宽度	项目代号 _ 0 - 0 _ SKELETON. PRT	单位 mm
ArrayPlank _ Length	连接架长度	项目代号 _ 0 - 0 _ SKELETON. PRT	单位 mm

由设计平台收集整理控制分系统敏感器件和执行机构的特性参数信息，分析特征参数如表 3 - 13 所示。

表 3 - 13　控制对构型的输入参数

参数名称	参数说明	对应模型	备注
Earth _ ViewAngle	地敏视场角	顶层	单位 deg
SunPitch _ ViewAngle	太敏俯仰视场角	顶层	单位 deg
SunYaw _ ViewAngle	太敏偏航视场角	顶层	单位 deg
Star _ ViewAngle	星敏视场角	顶层	单位 deg

航天器构型布局设计流程如图 3 - 32 所示，本书将图中信息分成构型布局输入、构型布局设计、构型布局分析及优化几部分详细描述。

（1）构型布局输入流程

构型布局输入流程的设计主要完成输入信息的收集，输入信息分为三类：

1）项目信息：提供项目的背景信息和计划信息；

2）总体要求信息：包括运载的约束、有效载荷的要求、系统的组成、姿态稳定类型及轨道相关信息；

3）分系统要求信息：包括设备配套及特殊的布局要求。

（2）构型布局初步设计流程

对输入信息进行分析后，构型布局工作即可展开，在航天器总体设计的初始阶段提供的输入信息往往不完整，但是构型布局可根据已有的信息进行初步的构思，随着输入信息的不断完善，构型布局设计也逐渐完成。构型布局初步设计流程如图 3 - 33 所示。

在对输入要求和任务进行分析后，即可开始构思航天器的主承力结构形式、获取设备的几何模型；在构型布局设计平台软件中建立设备模型数据库，可以减少设计师重复建模的工作。

在主承力结构形式确定后，进行结构、机构的构型设计，在设备模型逐步完善的基础上可开展初步的布局设计工作，布局设计工作与结构、机构构型工作两者之间存在大量的迭代。

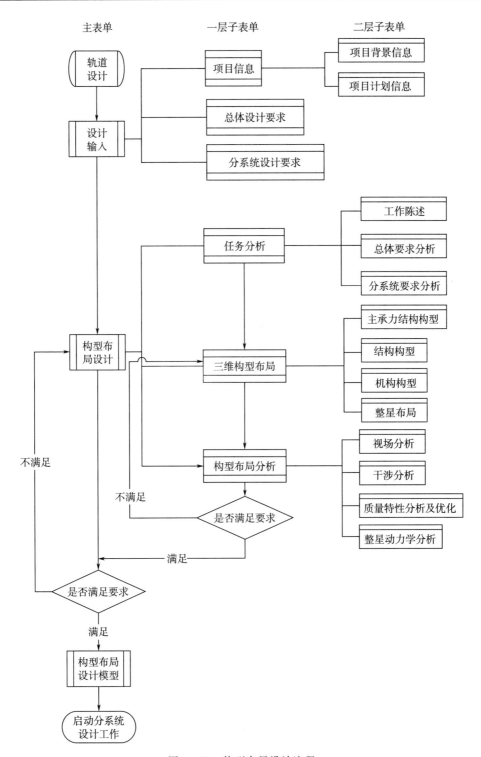

图 3-32　构型布局设计流程

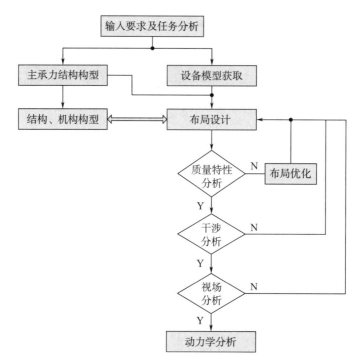

图 3 - 33　构型布局初步设计流程

在布局设计初步完成后进行质量特性分析，如果分析结果满足设计要求，转入下一分析内容，如若不满足要求，对布局进行优化设计，直至质量特性满足要求为止；干涉分析、视场分析流程与质量特性分析流程类似。

在构型布局分析工作完成后，就初步确定了航天器构型布局，将构型布局初步设计结果信息提交动力学分析。

（3）布局优化流程

在完成初步的航天器布局设计后，其质量特性不一定符合要求，传统的方法是由设计师根据经验进行布局调整，并根据重新调整的构型布局，进行各类分析和计算，直至布局设计满足所有要求为止。本书引入了布局设计优化，以质量特性参数为优化目标，在构型布局的基础上开发，用于完成航天器布局优化设计。优化设计的流程如图 3 - 34 所示，主要步骤包括：建立布局子空间、设置待布物和固定构件属性、建立布局优化数学模型并求解、优化安装布局方案自动模装、保存中间或最终布局方案、自动输出二维工程图等。

（4）整星动力学分析流程

构型布局完成后提交进行整星动力学分析。动力学分析通过专业软件完成，其数据流程图如图 3 - 35 所示，整个程序数据流以项目数据库为中心，预处理模块将柔性动力学分析所需要的数据进行组织处理，存入项目数据库，有限元的输出通过 NASTRAN 和 ANSYS 数据接口组织成为 DASFA 标准数据文件，供预处理模块进行调用。柔性动力学分析模块通过访问项目数据库读取建模分析所需要的数据文件，调用相应的计算程序进行分析计算后将分析计算的结果存入项目数据库。这也是一个反复迭代的过程，因为如果动力学特性不满足要求，那么需返回布局优化节点，重新进行布局优化，再根据优化后的布局进行动力学分析，如此往复，直到满足要求为止。

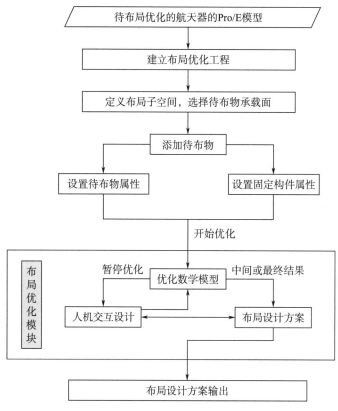

图 3 - 34　布局优化流程

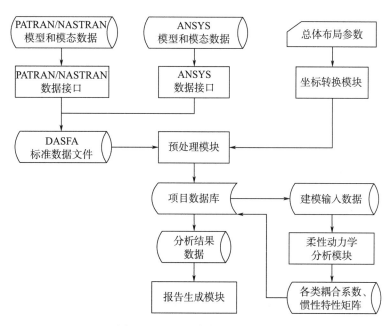

图 3 - 35　整星动力学分析流程

3.6　航天器飞行仿真模型

　　航天器飞行仿真主要模拟航天器轨道动力学和姿态动力学的特性，其中轨道动力学仿真主要是对作为质点看待的航天器在地球引力及其他因素（如发动机推力、大气阻力）作用下的运动规律进行仿真，具体包括轨道正常运行仿真、轨道机动仿真以及光照和测控仿真，可以为其他分系统提供轨道要素以及航天器位置、速度、时空基准等信息。

　　姿态动力学主要是研究航天器绕其质心转动的运动规律和动态特性，其基本任务是研究分析从动力学特性可以视为刚体或准刚体的简单航天器，对于复杂航天器，还包括柔性结构振动、多体与机构运动对航天器姿态运动的耦合影响等动力学特性。姿态动力学仿真可以为其他分系统提供航天器姿态、附件运动情况等信息。

　　此外，飞行动力学仿真中还提供光照状态和测控状态仿真。

　　飞行仿真系统模型由多种仿真模型组成，如图3-36所示。主要包括：

　　1）轨道动力学仿真模型：通过轨道计算，完成轨道仿真功能。

　　2）相对轨道测量仿真模型：根据实时轨道要素，计算相对位置。

　　3）远程轨道控制仿真模型：根据远程导引实时修正算法，计算出控制力矩，对轨道进行控制。

　　4）近程轨道控制仿真模型：主要包括近程相对轨道要素控制仿真模块和近程轨道视线导引仿真模块。

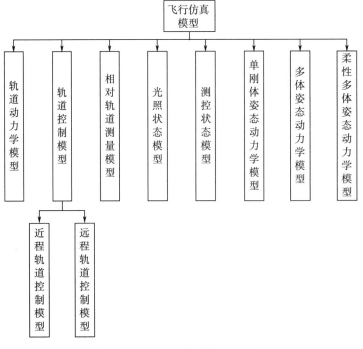

图3-36　飞行仿真模型组成

• 近程相对轨道要素控制仿真模块：根据相对轨道要素法，计算出控制力矩，对近程轨道进行控制。

• 近程轨道视线导引仿真模块：根据视线导引法，产生控制力矩，实现对轨道的近程导引。

5）测控状态仿真模型：根据实时轨道要素与时间，计算测控站信息与测控状态。

6）单刚体姿态动力学仿真模型：主要研究航天器本体在外力矩作用下的姿态动力学响应问题。

7）多体姿态动力学仿真模型：根据多体动力学递推算法，进一步建立可以并行计算的数学模型，并实现相应的实时仿真软件模块。

8）中心刚体加柔性附件类航天器动力学仿真模型：主要研究航天器上各机构多体部件作为柔性体时，其结构振动与运动部件对航天器姿态运动和轨道变化的耦合影响。

3.6.1　轨道动力学仿真模型

（1）轨道动力学数学模型

理想状况下，航天器只受地球中心引力场的作用，其运行轨道一成不变：反映轨道大小的 a 、反映轨道形状的 e 、反映轨道平面空间取向的 i 和 Ω 、反映近地点在轨道平面中位置的 ω 都是常数。此时，航天器的运动微分方程为

$$\frac{\mathrm{d}^2 \boldsymbol{r}}{\mathrm{d}t^2} = -\frac{\mu}{r^3}\boldsymbol{r}$$

然而实际上，航天器不可能沿标称 Kepler 轨道飞行，因为它要受到地球引力、太阳引力、月球引力、大气阻力、太阳光压等诸多摄动力的作用。若把这些摄动力的合力对航天器产生的摄动加速度记为 $\boldsymbol{f}$ ，则可以建立以下航天器运动微分方程

$$\frac{\mathrm{d}^2 \boldsymbol{r}}{\mathrm{d}t^2} = -\frac{\mu}{r^3}\boldsymbol{r} + \boldsymbol{f}$$

其中，$\boldsymbol{f}$ 表示摄动加速度，由六部分组成，即发动机推力加速度 $\boldsymbol{f}_p$ 、地球引力摄动加速度 $\Delta \boldsymbol{g}$ 、空气阻力摄动加速度 $\boldsymbol{d}$ 、太阳引力摄动加速度 $\boldsymbol{f}_h$ 、月球引力摄动加速度 $\boldsymbol{f}_l$ 和太阳光压摄动加速度 $\boldsymbol{f}_{sr}$

$$\boldsymbol{f} = \boldsymbol{f}_p + \Delta \boldsymbol{g} + \boldsymbol{d} + \boldsymbol{f}_l + \boldsymbol{f}_h + \boldsymbol{f}_{sr}$$

求解航天器运动微分方程的方法主要有两大类：一般摄动法（也叫绝对摄动法）和特殊摄动法。一般摄动法属于解析法——它将摄动力展开成级数，然后运用逐项积分的解析法求解运动微分方程。由该方法确定的解具有普适性（可以适用于所有航天器的所有初始条件），但该方法比较繁琐、复杂；特殊摄动法则属于数值积分法，所得到的解具有特殊性，只适用于特定航天器的特定初始条件。

就特殊摄动法而言，根据方程形式的不同又可以分为 Cowell 法、Encke 法、轨道要素变动法等几种。

本系统采用 Cowell 法求解航天器运动微分方程。Cowell 法是求解航天器运动微分方程时最为简单的数值积分算法——它直接对运动方程在地心赤道惯性坐标系中的分量形式

（下式）进行数值积分

$$
\begin{cases}
\dot{v}_x = -\mu x/r^3 + f_x, & \dot{x} = v_x \\
\dot{v}_y = -\mu y/r^3 + f_y, & \dot{y} = v_y \\
\dot{v}_z = -\mu z/r^3 + f_z, & \dot{z} = v_z \\
r = \sqrt{x^2 + y^2 + z^2}
\end{cases}
$$

Cowell 法在原理上是最简单的，就是用数值法直接求解运动微分方程。此方法直观简单，而且适用范围很广，对摄动项没有什么限制。但是由于在大多数情况下 f 远远小于 $(-r\mu/r^3)$，因此，为了正确反映摄动力对轨道的影响，要求计算精度高，积分步长短。

（2）轨道动力学仿真模块

参数：仿真初始时间、仿真初始时刻轨道六要素、是否采用地球非球形引力势摄动标志位、是否采用第三体太阳引力摄动标志位、是否采用第三体月球引力摄动标志位、是否采用大气阻力摄动标志位、是否采用发动机推力标志位、地球非球形引力势系数最大度数、地球非球形引力势系数最大阶数、航天器质量、航天器当前受晒面积、航天器光压系数、天体引力常数、天体赤道半径等。

输入：当前时刻发动机推力或速度增量、推力坐标系标志位、启动时间、启动时轨道六要素、航天器当前质量、飞行阶段标志位。

输出：仿真当前 UTC 时间、航天器在 J2000 系下的当前位置速度、航天器当前的轨道六要素、太阳在惯性系下的方位、地球在惯性系下的方位、月球在惯性系下的方位、航天器地心球坐标距离、航天器地心球坐标经纬度、当前格林威治赤经、当前轨道角速率、儒略日、推力工作标志位、太阳标志位、太阳到卫星距离、月球与卫星的距离、星地日夹角等。

轨道动力学仿真模块 OrbitPropagator 封装了轨道计算的具体实现，提供了三个成员函数，分别供 OrbitPropagatorInterface 的三个接口函数调用。OrbitPropagatorInterface 主要作用是将底层数据结构按照实时仿真网的接口规范进行封装，构成与航天器工程系统兼容的函数接口形式，调用形式为 C 语言的三个接口函数。

3.6.2　相对轨道测量仿真模型

（1）相对轨道测量

既可根据被测量卫星的相对位置和相对速度 $[\,x\,,\,y\,,\,z\,,\,v_x\,,\,v_y\,,\,v_z\,]$，建立测量方程，计算被测量卫星的相对距离 ρ、高低角 θ 和方位角 ϕ 以及相应的变化率 $(\dot{\rho}\,,\,\dot{\theta}\,,\,\dot{\phi})$。测量示意图如图 3-37 所示。其计算公式为

$$
\begin{cases}
\rho = \sqrt{x^2 + y^2 + z^2} \\
\theta = -\arctan(z/\sqrt{x^2 + y^2}) \\
\phi = \arctan(y/x)
\end{cases}
$$

$$\begin{cases}\dot{\rho} = (xv_x + yv_y + zv_z)/\rho \\ \dot{\theta} = (xv_x + yv_y)z/\rho \sqrt{x^2 + y^2} - v_z \sqrt{x^2 + y^2}/\rho \\ \dot{\phi} = (xv_y - yv_x)/(x^2 + y^2)\end{cases}$$

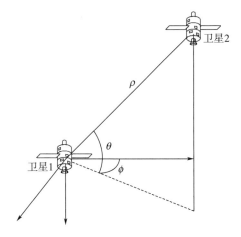

图 3 - 37　相对轨道测量示意图

反之，也可根据被测量卫星的相对距离 ρ 、高低角 θ 和方位角 ϕ 以及相应的变化率 $(\dot{\rho},\theta,\dot{\phi})$ 的测量值，推算被测量卫星的相对位置和相对速度 $[x, y, z, v_x, v_y, v_z]$ 。其关系式为

$$\begin{cases}x = \rho\cos\theta\cos\phi \\ y = \rho\cos\theta\sin\phi \\ z = -\rho\sin\theta\end{cases}$$

$$\begin{bmatrix}v_x \\ v_y \\ v_z\end{bmatrix} = L(-\theta)L(\phi)\begin{bmatrix}v_x^b \\ v_y^b \\ v_z^b\end{bmatrix}$$

其中

$$\begin{cases}v_x^b = \dot{\rho} \\ v_y^b = \dot{\phi}\rho\cos\theta \\ v_z^b = \dot{\theta}\rho\end{cases}$$

（2）相对轨道要素计算

相对轨道要素的参考轨道以目标航天器为基准，而全部测量参数都是以追踪飞行器为基础的，包括追踪飞行器轨道要素 a_1 ， e_1 ， i_1 ， ω_1 ， Ω_1 ， M_{10} ，通过测距雷达或激光雷达测量目标航天器的相对距离 ρ 、高低角 θ 和方位角 ϕ 以及相应的变化率 $(\dot{\rho},\theta,\dot{\phi})$ ，因此需要对测量数据进行数据转换，适应轨道机动控制的要求。

利用雷达测距仪的相对测量结果计算目标航天器相对轨道要素的步骤：

1）获取追踪飞行器的轨道要素 a_1 ， e_1 ， i_1 ， ω_1 ， Ω_1 ， M_{10} ；

2）测量目标航天器的相对距离 ρ 、高低角 θ 和方位角 ϕ 以及相应的变化率（$\dot\rho$，$\dot\theta$，$\dot\phi$）；

3）根据目标航天器的相对距离 ρ 、高低角 θ 和方位角 ϕ 以及相应的变化率（$\dot\rho$，$\dot\theta$，$\dot\phi$）的测量值，推算目标航天器的相对位置和相对速度 $[x,\ y,\ z,\ v_x,\ v_y,\ v_z]$；

4）根据轨道要素 a_1，e_1，i_1，ω_1，Ω_1，M_{10} 和目标航天器的相对位置和相对速度 $[x,\ y,\ z,\ v_x,\ v_y,\ v_z]$，计算目标航天器的轨道要素 a_0，e_0，i_0，ω_0，Ω_0，M_{00}；

5）根据目标航天器的轨道要素 a_0，e_0，i_0，ω_0，Ω_0，M_{00} 和机动飞行器的轨道要素 a_1，e_1，i_1，ω_1，Ω_1，M_{10} 计算目标航天器相对追踪飞行器的相对轨道要素 D，（Δi_x，Δi_y），（Δe_x，Δe_y），$\Delta M'$。

6）根据相对轨道要素 D，（Δi_x，Δi_y），（Δe_x，Δe_y），$\Delta M'$ 与目标航天器相对轨道要素的差值 dD，$d\Delta e_x$，$d\Delta e_y$，$d\Delta i_x$，$d\Delta i_y$，$d\Delta M'$ 制定控制策略。

（3）基于相对轨道要素的相对定轨

由于存在测量误差，特别是相对运动变化率的测量误差，传统的相对轨道确定的滤波技术通过测量数据利用 C - W 方程采用 Kalman 滤波技术虽然可以确定相对运动的位置矢量和相对速度，但是 C - W 方程是线性方程，由于线化模型本身误差的影响，进一步提高相对定轨精度几乎是不可能的，只能采用其他方法解决。相对轨道要素描述相对轨道运动是十分方便的，虽然存在轨道摄动的影响，但分析结果表明，摄动因素只对编队飞行航天器群绝对轨道要素有较大的影响，而相对轨道要素在摄动因素影响下几乎保持不变，因此相对轨道要素一般在一段时间内保持为常值。采用相对轨道要素描述相对运动相比采用 C - W 方程描述相对运动的优点为：相对轨道要素为常值，滤波方法更加容易处理；由相对轨道要素计算相对位置和相对速度非常容易，并且线性模型、非线性模型均可，可以根据不同任务随意选定；相对运动数据只和相对轨道要素相关，与参考轨道的轨道平面无关，因此确定相对轨道时，可以直接假定相对轨道平面为赤道平面，可以大大简化测量模型。以上优点使得采用相对轨道要素可以实现高精度的相对定轨。

（4）相对轨道测量仿真模块

参数：雷达相对距离测量误差、雷达相对方位角测量误差、雷达相对高低角测量误差。

输入：目标航天器在 J2000 坐标系下位置速度、追踪航天器在 J2000 坐标系下位置速度、飞行标志位。

输出：雷达测量相对距离、雷达测量相对方位角、雷达测量相对高低角。

相对轨道测量模块 RelativeMeasure 封装了相对轨道测量的具体实现，提供了三个成员函数，分别供 RelativeMeasureInterface 的三个接口函数调用。RelativeMeasureInterface 主要作用是将底层数据结构按照实时仿真网的接口规范进行封装，构成与航天器工程系统兼容的函数接口形式，调用形式为 C 语言的三个接口函数。

3.6.3　轨道转移控制仿真模型

（1）轨道转移修正计算模型

设计轨道转移变轨策略时通常不考虑摄动因素、有限推力及其他可能的误差，因此在实际仿真中航天器和目标点一般难以实现交会。为了解决这个问题，设计了一套轨道转移实时修正算法。

该算法的主要思想是：在每次变轨时刻之前，启动 L - BFGS - B 优化算法，在小范围内调整下次变轨时刻和变轨持续时间，使得航天器相对于目标点的相对轨道要素最优。

基于计算量的要求，优化算法的目标函数需要用到的轨道计算不能采用数值积分，只能用解析轨道求解器。解析轨道求解器的精度越高，修正效果越好。因此，采用 J4 轨道求解器是一个较好的选择。

关于 J2 和 J4 轨道求解器，介绍如下：

地球的引力势函数为

$$U(r) = \frac{\mu}{r}\left[1 - \sum_{l=1}^{\infty} J_l \left(\frac{R_E}{r}\right)^l P_l(\sin\varphi) + \sum_{l=1}^{\infty}\sum_{m=1}^{l} \left(\frac{R_E}{r}\right)^l P_{lm}(\sin\varphi)(C_{lm}\cos m\lambda + S_{lm}\sin m\lambda)\right]$$

上式的地球非球形部分中，与经度无关的项称为带谐项，相应的系数 $J_l = -C_{l0}$ 称为带谐系数；与经度有关的项称为田谐项，相应的系数 C_{lm} 、$S_{lm}(m \neq 0)$ 称为田谐系数。对于 J2 轨道求解器，势函数仅取到带谐项为 J_2 即可。J4 轨道求解器则要考虑系数为 J_2，J_3，J_4 的带谐项。

本模型采用平均根数方法/拟平均轨道根数方法求解地球扁率影响（包括地球引力势函数带谐项系数 J_2/J_4）。根据地球引力场位函数的形式和有关参数可知，考虑地球形状摄动时，相应的摄动运动方程可以写成下列形式

$$\frac{\mathrm{d}\boldsymbol{\sigma}}{\mathrm{d}t} = \boldsymbol{f}_0(a) + \boldsymbol{f}_1(\boldsymbol{\sigma},\varepsilon) + \boldsymbol{f}_2(\boldsymbol{\sigma},t,\varepsilon^2)$$

$$\boldsymbol{\sigma} = (a \quad e \quad i \quad \Omega \quad \omega \quad M)^{\mathrm{T}}$$

$$\begin{cases} \boldsymbol{f}_0(a) = \boldsymbol{\delta} \cdot n, n = \sqrt{\mu}^{-3/2} \\ \boldsymbol{\delta} = (0\ 0\ 0\ 0\ 0\ 1)^{\mathrm{T}} \end{cases}$$

其中，$\boldsymbol{f}_1$ 和 $\boldsymbol{f}_2$ 均是六维矩阵，且

$$(\boldsymbol{f}_1)_j = \boldsymbol{O}(\varepsilon),(\boldsymbol{f}_2)_j = \boldsymbol{O}(\varepsilon^2),j = 1,2,\cdots,6$$

上述摄动运动方程是一个非常典型的小参数方程。将摄动运动方程中的不同性质的项（长期项、长周期项、短周期项）区分开，并在此基础上将参考解取为仅包含长期变化项的平均根数，它对应一个长期进动的椭圆。相应的小参数幂级数解的形式应为

$$\sigma(t) = \overline{\sigma}(t) + [\sigma_l^{(1)}(t) + \sigma_l^{(2)}(t) + \cdots] + [\sigma_s^{(1)}(t) + \sigma_s^{(2)}(t) + \cdots]$$

$$\overline{\sigma}(t) = \overline{\sigma}^{(0)} + \sigma_c(t)$$

$$\overline{\sigma}^{(0)} = \overline{\sigma}_0 + \delta \cdot \overline{n}(t - t_0)$$

式中　$[\sigma_l^{(1)}(t) + \sigma_l^{(2)}(t) + \cdots]$ ——长周期项；

$\left[\sigma_s^{(1)}(t) + \sigma_s^{(2)}(t) + \cdots\right]$ ——短周期项；

$\overline{\sigma}(t)$ ——平均根数，它包含长期项 $\sigma_c(t)$；

$\overline{\sigma}_0$ ——初始平均根数（对应 t_0）。

（2）轨道转移控制仿真模块

参数：每次变轨开始时间、每次变轨持续时间、每次变轨推力矢量、推力/速度增量标志位、发动机推力大小。

输入：目标航天器轨道六要素、追踪航天器轨道六要素、相对距离、相对方位角、相对高低角、飞行标志位。

输出：推力矢量大小、下次变轨开始时间、下次变轨持续时间、远近程标志位、推力有无标志、坐标系标志位。

轨道转移控制仿真模块 OrbitControlSystem 封装了轨道转移控制的具体实现，提供了三个成员函数，分别供 OrbitControlSystemInterface 的三个接口函数调用。RelativeMeasureInterface 主要作用是将底层数据结构按照实时仿真网的接口规范进行封装，构成与航天器工程系统兼容的函数接口形式，调用形式为 C 语言的三个接口函数。轨道修正模块 OrbCtrlCorrect 主要作用是根据当前实际仿真状态，对标称轨道转移控制策略进行闭环修正，达到目标位置。

3.6.4　轨道交会近程导引仿真模型

（1）相对轨道要素法近程导引数学模型

航天器相对基准位置的相对运动解的一阶线性近似展开式为

$$\begin{cases} x = a_0 \Delta M' + 2a_0(\Delta e_x \sin u_0 - \Delta e_y \cos u_0) + a_0 D\tau \\ y = a_0(\Delta i_x \cos u_0 + \Delta i_y \sin u_0) \\ z = \dfrac{2a_0 D}{3n_0} + a_0(\Delta e_x \cos u_0 + \Delta e_y \sin u_0) \end{cases}$$

$$\begin{cases} v_x = a_0 D + 2a_0 n_0 (\Delta e_x \cos u_0 + \Delta e_y \sin u_0) \\ v_y = a_0 n_0 (\Delta i_y \cos u_0 - \Delta i_x \sin u_0) \\ v_z = a_0 n_0 (-\Delta e_x \sin u_0 + \Delta e_y \cos u_0) \end{cases}$$

其中

$$n_0^2 = \mu/a_0^3, u_0 = \omega_0 + \theta_0(\tau), \tau = t - t_0$$

上式表示为矩阵形式为

$$\begin{bmatrix} x \\ y \\ z \\ v_x \\ v_y \\ v_z \end{bmatrix} = \begin{bmatrix} a_0\tau & 2a_0\sin u_0 & 2a_0\cos u_0 & 0 & 0 & a_0 \\ 0 & 0 & 0 & a_0\cos u_0 & a_0\sin u_0 & 0 \\ 2a_0/3n_0 & -2a_0\cos u_0 & 2a_0\sin u_0 & 0 & 0 & 0 \\ a_0 & 2a_0 n_0\cos u_0 & 2a_0 n_0\sin u_0 & 0 & 0 & 0 \\ 0 & 0 & 0 & -a_0 n_0\sin u_0 & a_0 n_0\cos u_0 & 0 \\ 0 & -a_0 n_0\sin u_0 & a_0 n_0\cos u_0 & 0 & 0 & 0 \end{bmatrix} \begin{bmatrix} D \\ \Delta e_x \\ \Delta e_y \\ \Delta i_x \\ \Delta i_y \\ \Delta M' \end{bmatrix}$$

假定在某个 u_0 时刻对航天器施加速度脉冲 $\Delta v = (\Delta v_x, \ \Delta v_y, \ \Delta v_z)^{\mathrm{T}}$（在基准轨道坐标系中）的轨道机动控制，而对航天器的相对位置没有变化，因此对应的相对轨道要素的变化量为

$$(\mathrm{d}D, \mathrm{d}\Delta e_x, \mathrm{d}\Delta e_y, \mathrm{d}\Delta i_x, \mathrm{d}\Delta i_y, \mathrm{d}\Delta M')$$

据此得相对轨道要素的机动方程为

$$\begin{cases} 0 = a_0 \mathrm{d}\Delta M' + a_0 \mathrm{d}D\tau + 2a_0(\mathrm{d}\Delta e_x \sin u_1 - \mathrm{d}\Delta e_y \cos u_1) \\ 0 = a_0(\mathrm{d}\Delta i_x \cos u_1 + \mathrm{d}\Delta i_y \sin u_1) \\ 0 = \dfrac{2a_0 \mathrm{d}D}{3n_0} + a_0(\mathrm{d}\Delta e_x \cos u_1 + \mathrm{d}\Delta e_y \sin u_1) \end{cases}$$

$$\begin{cases} \Delta v_x = a_0 \mathrm{d}D + 2a_0 n_0(\mathrm{d}\Delta e_x \cos u_1 + \mathrm{d}\Delta e_y \sin u_1) \\ \Delta v_y = a_0 n_0(\mathrm{d}\Delta i_y \cos u_1 - \mathrm{d}\Delta i_x \sin u_1) \\ \Delta v_z = a_0 n_0(- \mathrm{d}\Delta e_x \sin u_1 + \mathrm{d}\Delta e_y \cos u_1) \end{cases}$$

利用以上两方程组的解给出轨道机动脉冲对相对轨道要素的影响。

①平面外机动控制（如图 3 - 38 所示）

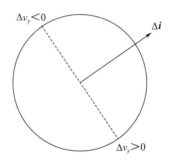

图 3 - 38　平面外机动示意图

平面外机动改变相对倾角矢量，根据轨道机动方程

$$0 = a_0(\mathrm{d}\Delta i_x \cos u_1 + \mathrm{d}\Delta i_y \sin u_1)$$
$$\Delta v_y = a_0 n_0(\mathrm{d}\Delta i_y \cos u_1 - \mathrm{d}\Delta i_x \sin u_1)$$

得到相对倾角矢量的变化为

$$\mathrm{d}\Delta i = \begin{bmatrix} \mathrm{d}\Delta i_x \\ \mathrm{d}\Delta i_y \end{bmatrix} = \frac{\Delta v_y}{a_0 n_0} \begin{bmatrix} -\sin u_1 \\ \cos u_1 \end{bmatrix}$$

平面外机动也可以采用两次机动时间隔半个轨道周期，两次的速度脉冲分别为 Δv_y 和 $-\Delta v_y$，两次平面外机动与单次平面外机动所需的脉冲量是相同的。

②平面内机动控制

平面内轨道机动包括沿迹向的速度脉冲 Δv_x 和沿径向速度脉冲 Δv_z 轨道机动，沿迹向的速度脉冲既改变相对漂移率，也改变相对偏心率矢量；而径向脉冲可以只改变相对偏心率矢量，如图 3 - 39 所示。

径向（z 向）推力矢量：根据轨道机动方程，单次径向机动控制产生的相对轨道要素

变化为

$$d\Delta\boldsymbol{e} = \begin{bmatrix} d\Delta e_x \\ d\Delta e_y \end{bmatrix} = \frac{\Delta v_z}{a_0 n_0} \begin{bmatrix} -\sin u_1 \\ \cos u_1 \end{bmatrix} \quad dD = 0 \quad d\Delta M' = 2\frac{\Delta v_z}{a_0 n_0}$$

即产生相对偏心率矢量的变化和轨道构型中心的平移。如果不希望产生轨道构型中心的平移，即 $d\Delta M' = 0$，可以通过相差 $180°$ 的两次机动产生对偏心率矢量的控制，总脉冲速度相同，如图 3 - 40 所示。

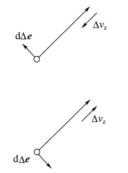

图 3 - 39　对偏心率矢量的影响

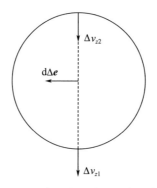

图 3 - 40　两次径向机动改变偏心率矢量

迹向（x 向）推力矢量：迹向速度增量 Δv_x 同时对相对漂移量、相对偏心率矢量和相对轨道构型中的平移等相对轨道要素产生影响，因此控制策略比较复杂。对于单次变轨，根据轨道机动方程得

$$dD = 2\frac{3}{a_0}\Delta v_x \quad d\Delta\boldsymbol{e} = \begin{bmatrix} d\Delta e_x \\ d\Delta e_y \end{bmatrix} = 2\frac{\Delta v_x}{a_0 n_0} \begin{bmatrix} \cos u_1 \\ \sin u_1 \end{bmatrix} \quad d\Delta M' = \frac{3}{a_0}\tau\Delta v_x$$

迹向速度增量 Δv_x 控制，与改变相对偏心率矢量和径向速度 Δv_z 增量机动控制相比，推进剂消耗节省一半，但会产生附加的相对漂移量和相对轨道构型中心的平移。为了克服这一缺陷，可以由若干组二次变轨策略实现。

如图 3 - 41 所示，两次迹向机动改变相对偏心率矢量。

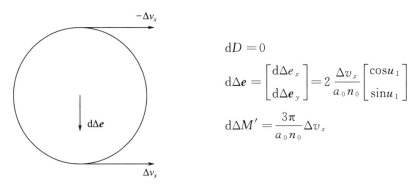

图 3 - 41　两次迹向机动改变相对偏心率矢量

如图 3 - 42 所示，两次迹向机动改变相对漂移率 D 。

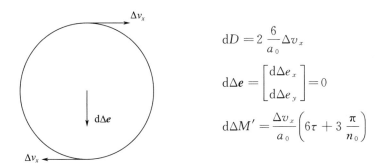

图 3 - 42　两次迹向机动改变相对漂移率 D

如图 3 - 43 所示，两次迹向机动改变相对振荡中心偏差 ΔM 。

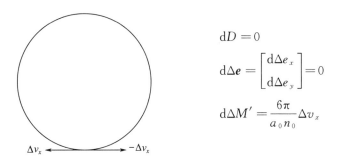

图 3 - 43　两次迹向机动改变相对振荡中心偏差 ΔM

　　第一、二组两次变轨机动都会产生附加的振荡中心偏差 ΔM 。这一偏差可以最后由第三组机动变轨控制一同消除。

　　三次轨道机动控制（如图 3 - 44 所示）：以上三组两次机动变轨控制中只有改变偏心率矢量的第二组两次机动变轨有严格的时间相位要求，其他两组任意时刻开始都可，只要保证第二次变轨控制的相位与第一次机动变轨的相位差为 $180°$ 或 $360°$ 即可，因此可以将三组机动变轨控制合并叠加为一组三次轨道机动控制。

　　当只进行偏心率矢量控制时，由于 Δv_{xe1} 和 Δv_{xM1} 的方向相反，第一次轨道机动相互

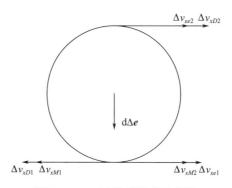

图 3 - 44　三次轨道机动示意图

抵消一部分的速度增量，最后三次机动控制总的速度增量与采用一次迹向机动改变同样的偏心率矢量变化的速度增量相同，如果一次迹向机动控制的速度增量为 Δv_x ，三次轨道机动每次的速度增量各为：$\frac{1}{4}\Delta v_x$、$\frac{1}{2}\Delta v_x$ 和 $\frac{1}{4}\Delta v_x$ ，此三次轨道机动为最优控制策略。

③平面内与平面外耦合控制策略

由于追踪航天器的变轨发动机只在本体轴的负 X 方向，且由于测量可视的要求使得追踪航天器的姿态角偏移不能太大，因此轨道平面外的机动控制会影响轨道平面内的运动，如果采用两次变轨改变 Δi ，轨道切向的投影为 $\Delta v'_1$ 和 $\Delta v'_2$ ，则产生平面内的运动如图 3 - 45 所示。

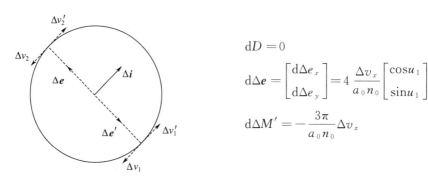

图 3 - 45　平面内与平面外耦合控制

$$dD = 0$$

$$d\Delta e = \begin{bmatrix} d\Delta e_x \\ d\Delta e_y \end{bmatrix} = 4\frac{\Delta v_x}{a_0 n_0}\begin{bmatrix} \cos u_1 \\ \sin u_1 \end{bmatrix}$$

$$d\Delta M' = -\frac{3\pi}{a_0 n_0}\Delta v_x$$

因此可以在下一轨道周期内在相同的相位点处利用反向的 Δv_1 和 Δv_2 抵消 Δe 和 $\Delta M'$ 的影响。

（2）相对轨道要素法近程导引仿真模块

相对轨道要素法近程导引仿真模块的参数、输入、输出接口均与轨道转移控制仿真模块相同。模块由接口、轨道控制和近程导引组成。其中接口、轨道控制的功能与实现均与轨道转移控制仿真模块相同。相对轨道要素法近程导引 RelativeControl 具体包括：InitR-CA、GetControlForceLVLH 和 DestructRCA。其中，InitRCA 由轨道控制 OrbitControl-System 的 modelOCS_init 调用，利用此函数接口传递的初始化参数，初始化 OrbitEst；GetControlForceLVLH 由轨道控制类 OrbitControlSystem 的 modelOCS_sim 调用，利用此函数接口传递的输入参数，近程相对控制向前推进一个步长，并将所得控制结果返回到此函数接口传递的输出参数；DestructRCA 析构函数，由轨道控制 OrbitControlSystem 的 modelOCS_end 调用，完成动态内存的释放工作。

3.6.5　姿态动力学仿真模型

（1）航天器姿态动力学数学模型

①坐标系定义

当地轨道坐标系 $(O_r x_r y_r z_r)$：这是对某天体定向航天器的姿态运动参考坐标系，常用作对地定向三轴稳定航天器的姿态运动相对参考基准。原点 O_r 在航天器质心上，z_r 轴在轨道平面内沿径向指向地心，y_r 轴与轨道平面负法线方向一致，x_r 轴在轨道平面指向前进方向，与 y_r、z_r 轴构成右手正交系，其单位矢量基用 $\{\bar{r}\}$ 表示。当只研究航天器相对于标称运动的摄动运动时，$\{\bar{r}\}$ 系可视为惯性参考基准。

星本体坐标系 $(O_b x_b y_b z_b)$：这是固连于航天器中心主体上的体坐标系。原点 O_b 取在航天器质心上，通常，x 轴指向星体纵轴方向，y 和 z 轴沿星体横轴指向，且 x_b、y_b、z_b 轴成右手正交系，其单位矢量基用 $\{\bar{b}\}$ 表示。对于对地定向三轴稳定航天器，在标称姿态时，x 轴为滚动轴指向前进方向，y 轴为俯仰轴指向轨道负法线方向，z 轴为偏航轴沿径向指向地心。如果星体坐标系与航天器主惯量轴重合，则称为星体主轴坐标系或主轴系。

附件坐标系 $(O_a \xi \eta \zeta)$：这是固连于航天器运动部件上的体坐标系。原点 O_a 通常取在附件与航天器主体的连接点上，初始情况三轴坐标与星本体坐标系平行。它代表附件的刚体运动，又是变形或振动的参考基准，其单位矢量基用 $\{\bar{a}\}$ 表示。星上运动部件通常指对日定向太阳阵（1～2 个自由度）、高定向精度抛物面天线（2 个自由度）、高指向精度观测仪器等。

②航天器柔性动力学模型

假设航天器有 n 个柔性附件，柔性附件取 m 阶模态，则航天器柔性动力学模型可以简化为以下形式

$$\boldsymbol{M}_s \ddot{\boldsymbol{X}} + \sum_{i=1}^{N} \boldsymbol{F}_{tai} \ddot{\boldsymbol{\eta}}_{ai} = \boldsymbol{P}_s$$

$$\boldsymbol{I}_s \dot{\boldsymbol{\omega}}_s + \widetilde{\boldsymbol{\omega}}_s \boldsymbol{I}_s \boldsymbol{\omega}_s + \sum_{i=1}^{N} \boldsymbol{F}_{sai} \ddot{\boldsymbol{\eta}}_{ai} + \sum_{i=1}^{L} \boldsymbol{R}_{sai} \dot{\boldsymbol{\omega}}_{ai} = \boldsymbol{T}_s$$

$$\boldsymbol{I}_{ai} \dot{\boldsymbol{\omega}}_{ai} + \boldsymbol{F}_{ai} \ddot{\boldsymbol{\eta}}_{ai} + \boldsymbol{R}_{sai}^{\mathrm{T}} \dot{\boldsymbol{\omega}}_s = \boldsymbol{T}_{ai} \quad i = 1, 2, \cdots, n$$

$$\ddot{\boldsymbol{\eta}}_{ai} + 2\zeta_{ai} \boldsymbol{\Omega}_{ai} \dot{\boldsymbol{\eta}}_{ai} + \boldsymbol{\Omega}_{ai}^2 \boldsymbol{\eta}_{ai} + \boldsymbol{F}_{tai}^{\mathrm{T}} \ddot{\boldsymbol{X}} + \boldsymbol{F}_{sai}^{\mathrm{T}} \dot{\boldsymbol{\omega}}_s + \boldsymbol{F}_{ai}^{\mathrm{T}} \dot{\boldsymbol{\omega}}_{ai} = 0 \quad i = 1, 2, \cdots, n$$

式中　$\boldsymbol{M}_s$——航天器总质量阵，$\in 3 \times 3$；

$\boldsymbol{I}_s$——航天器相对航天器质心惯量阵，在星本体系中度量，$\in 3 \times 3$；

$\boldsymbol{I}_{ai}$——附件 i 相对铰接点的惯量阵，在附件坐标系中度量，$\in 3 \times 3$；

$\boldsymbol{P}_s$——作用在航天器上的外力列阵，在星本体系中度量，$\in 3 \times 1$；

T_s ——作用在航天器上的外力矩列阵，在星本体系中度量，$\in 3\times 1$；

T_{ai} ——作用在附件 i 上的外力矩列阵，在附件坐标系中度量，$\in 3\times 1$；

ω_s ——航天器中心体的姿态角速度列阵，在星本体系度量，$\in 3\times 1$；

$\tilde{\omega}_s$ ——姿态角速度列阵的反对称阵，$\in 3\times 3$；

ω_{ai} ——附件 i 的转动角速度，在附件坐标系度量，$\in 3\times 1$；

m ——模态阶数；

η_{ai} ——附件 i 的模态坐标列阵，$\in m\times 1$；

Ω_{ai} ——附件 i 的模态频率对角阵，$\in m\times m$；

ζ_{ai} ——附件 i 的模态阻尼系数对角阵，一般取 0.005；

F_{tai} ——附件 i 振动对航天器中心体平动的柔性耦合系数阵，$\in 3\times m$；

F_{sai} ——附件 i 振动对航天器中心体转动的柔性耦合系数阵，$\in 3\times m$；

F_{ai} ——附件 i 振动对自身转动的柔性耦合系数阵，$\in 3\times m$；

R_{sai} ——附件 i 转动与航天器转动的刚性耦合系数阵，$\in 3\times 3$。

上式分别为系统质心平动运动方程，系统绕质心的转动运动方程，附件的控制方程，附件振动方程。

若以 $x=[x_1 \quad x_2 \quad \cdots \quad x_n]^T$ 表示此系统的广义坐标，并且不考虑平动，则有

$$
x=\begin{bmatrix}
\theta_{3\times 1}\\
\alpha_{1(3\times 1)}\\
\eta_{1(m\times 1)}\\
\alpha_{2(3\times 1)}\\
\eta_{2(m\times 1)}\\
\vdots\\
\alpha_{n(3\times 1)}\\
\eta_{n(m\times 1)}
\end{bmatrix}
$$

其中，θ 为航天器姿态角矢量。α_i 为附件 i 对其铰接点的转角。则可写为

$$M\ddot{x}+W\dot{x}+Kx=Q$$

其中质量阵 M 为

$$
M=\begin{bmatrix}
I_s & R_{sa1} & F_{s1} & R_{sa2} & F_{s2} & \cdots & R_{san} & F_{sn}\\
R_{sa1}^T & I_1 & F_{a1} & & & \cdots & &\\
F_{s1}^T & F_{a1}^T & E & & & \cdots & &\\
R_{sa2}^T & & & I_2 & F_{a2} & \cdots & &\\
F_{s2}^T & & & F_{a2}^T & E & \cdots & &\\
\vdots & \vdots & \vdots & \vdots & \vdots & \vdots & \vdots & \vdots\\
R_{san}^T & & & & & \cdots & I_n & F_{an}\\
F_{sn}^T & & & & & \cdots & F_{an}^T & E
\end{bmatrix}
$$

阻尼矩阵为

$$W = \mathrm{diag}\, [\boldsymbol{0}_{3\times3} \quad \boldsymbol{0}_{3\times3} \quad 2\boldsymbol{\zeta}\boldsymbol{\Omega}_{1(m\times m)} \quad \boldsymbol{0}_{3\times3} \quad 2\boldsymbol{\zeta}\boldsymbol{\Omega}_{2(m\times m)} \quad \cdots \quad \boldsymbol{0}_{3\times3} \quad 2\boldsymbol{\zeta}\boldsymbol{\Omega}_{n(m\times m)}]$$

刚度矩阵为

$$\boldsymbol{K} = \mathrm{diag}\, [\boldsymbol{0}_{3\times3} \quad \boldsymbol{0}_{3\times3} \quad \boldsymbol{\Omega}_1^2 \quad \boldsymbol{0}_{3\times3} \quad \boldsymbol{\Omega}_2^2 \quad \cdots \quad \boldsymbol{0}_{3\times3} \quad \boldsymbol{\Omega}_n^2]$$

载荷列阵为

$$\boldsymbol{Q} = [\boldsymbol{T}_s - \widetilde{\boldsymbol{\omega}}_s \boldsymbol{I}_s \boldsymbol{\omega}_s \quad \boldsymbol{T}_{a1} \quad \boldsymbol{0}_{3\times3} \quad \boldsymbol{T}_{a2} \quad \boldsymbol{0}_{3\times3} \quad \cdots \quad \boldsymbol{T}_{an} \quad \boldsymbol{0}_{3\times3}]^{\mathrm{T}}$$

为便于求解，可将上式改写为

$$A\dot{Y} = BY + D$$

式中

$$\boldsymbol{A} = \begin{bmatrix} \boldsymbol{W} & \boldsymbol{M} \\ \boldsymbol{E} & \boldsymbol{0} \end{bmatrix} \quad \boldsymbol{B} = \begin{bmatrix} -\boldsymbol{K} & \boldsymbol{0} \\ \boldsymbol{0} & \boldsymbol{E} \end{bmatrix} \quad \boldsymbol{Y} = \begin{Bmatrix} \boldsymbol{x} \\ \dot{\boldsymbol{x}} \end{Bmatrix} \quad \boldsymbol{D} = \begin{Bmatrix} \boldsymbol{Q} \\ \boldsymbol{0} \end{Bmatrix}$$

③附件 $\boldsymbol{F}_t$、$\boldsymbol{F}_s$、$\boldsymbol{R}_{as}$ 的仿真系数矩阵模型

这里将航天器动力学模型中的附件转角 α 提出来，给出与转角无关而便于控制仿真的耦合系数模型，仿真时可根据需要来设置 α 角。其系数矩阵为

$$\boldsymbol{F}_t = (\boldsymbol{F}_{t1} \quad \boldsymbol{F}_{t2} \quad \cdots \quad \boldsymbol{F}_{tm}) \in \mathbf{R}^{3\times m}$$

$$\boldsymbol{F}_{tj} = (\boldsymbol{A}_t \quad \boldsymbol{B}_t \quad \boldsymbol{C}_t)(\sin\alpha \quad \cos\alpha \quad 1)^{\mathrm{T}} \in \mathbf{R}^{3\times1} \quad j = 1,2,\cdots,m$$

$$\boldsymbol{F}_s = (\boldsymbol{F}_{s1} \quad \boldsymbol{F}_{s2} \quad \cdots \quad \boldsymbol{F}_{sm}) \in \mathbf{R}^{3\times m}$$

$$\boldsymbol{F}_{sj} = (\boldsymbol{A}_s \quad \boldsymbol{B}_s \quad \boldsymbol{C}_s)(\sin\alpha \quad \cos\alpha \quad 1)^{\mathrm{T}} \in \mathbf{R}^{3\times1} \quad j = 1,2,\cdots,m$$

$$\boldsymbol{R}_{as} = (\boldsymbol{R}_{as1} \quad \boldsymbol{R}_{as2} \quad \boldsymbol{R}_{as3}) \in \mathbf{R}^{3\times3}$$

$$\boldsymbol{R}_{asj} = (\boldsymbol{A}_x \quad \boldsymbol{B}_x \quad \boldsymbol{C}_x)(\sin\alpha \quad \cos\alpha \quad 1)^{\mathrm{T}} \in \mathbf{R}^{3\times1} \quad j = 1,2,3$$

式中，α 是附件转角，$\boldsymbol{A}_t$　$\boldsymbol{B}_t$　$\boldsymbol{C}_t$ 和 $\boldsymbol{A}_s$　$\boldsymbol{B}_s$　$\boldsymbol{C}_s$ 是与 α 角无关的柔性耦合系数阵，$\boldsymbol{A}_x$　$\boldsymbol{B}_x$　$\boldsymbol{C}_x$ 是与 α 角无关的刚性耦合系数阵。

④航天器转动惯量表达式

当附件存在单自由度转动模式时，整星惯量表达式如下

$$\boldsymbol{I}_s = \boldsymbol{I}_b + \sum_i \{\boldsymbol{A}_{sa}[\boldsymbol{I}_c + m_a(\boldsymbol{A}_{sa}^{\mathrm{T}}\boldsymbol{op} + \boldsymbol{pc})^2]\boldsymbol{A}_{sa}^{\mathrm{T}}\}$$

式中　$\boldsymbol{I}_b$——航天器本体相对于航天器质心的转动惯量阵，在星本体坐标系中度量，$\in 3\times3$；

$\quad\quad \boldsymbol{I}_c$——航天器柔性附件绕其自身质心的转动惯量阵，在附件坐标系中度量，$\in 3\times3$；

$\quad\quad \boldsymbol{A}_{sa}$——附件坐标系向星本体坐标系转换的关系矩阵，$\in 3\times3$；

$\quad\quad \boldsymbol{op}$——附件铰接点相对于星本体坐标系原点的位置在星本体坐标系中度量，$\in 3\times1$；

$\quad\quad \boldsymbol{pc}$——附件质心相对于附件铰接点的位置在附件坐标系中度量，$\in 3\times1$；

$\quad\quad m_a$——附件质量，标量；

$\quad\quad i$——附件个数。

$\boldsymbol{A}_{sa}$ 针对如下三种情况，有如下三种表示：

1) 附件绕附件坐标系 $+X$ 轴旋转 α 角: $A_{sa} = \begin{bmatrix} 1 & 0 & 0 \\ 0 & \cos\alpha & -\sin\alpha \\ 0 & \sin\alpha & \cos\alpha \end{bmatrix}$

2) 附件绕附件坐标系 $+Y$ 轴旋转 α 角: $A_{sa} = \begin{bmatrix} \cos\alpha & 0 & \sin\alpha \\ 0 & 1 & 0 \\ -\sin\alpha & 0 & \cos\alpha \end{bmatrix}$

3) 附件绕附件坐标系 $+Z$ 轴旋转 α 角: $A_{sa} = \begin{bmatrix} \cos\alpha & -\sin\alpha & 0 \\ \sin\alpha & \cos\alpha & 0 \\ 0 & 0 & 1 \end{bmatrix}$

设 $(A_{sa}^{\mathrm{T}} op + pc) = oc$, $oc = \begin{bmatrix} x_a \\ y_a \\ c_a \end{bmatrix}$, 则 $m_a (A_{sa}^{\mathrm{T}} op + pc)^2 = m_a oc^2 = \begin{bmatrix} J_{11} & J_{12} & J_{13} \\ J_{21} & J_{22} & J_{23} \\ J_{31} & J_{32} & J_{33} \end{bmatrix}$

式中

$$J_{11} = m_a (y_a^2 + z_a^2) \quad J_{12} = J_{21} = -m_a x_a y_a$$
$$J_{22} = m_a (x_a^2 + z_a^2) \quad J_{13} = J_{31} = -m_a x_a z_a$$
$$J_{33} = m_a (x_a^2 + y_a^2) \quad J_{23} = J_{32} = -m_a y_a z_a$$

（2）航天器姿态动力学仿真模块

参数：中心刚体质量特性、初始轨道要素、初始四元素、四元素坐标系标志位，初始角速度、初始角速度坐标系标志位，星体姿态角初值、星体姿态角速度初值、附件姿态角初值、附件姿态角速度初值、是否考虑附件振动对航天器中心体平动转动的柔性耦合、是否考虑附件振动对自身转动的柔性耦合、是否考虑附件转动与卫星转动的刚性耦合。

输入：中心刚体当前 ECI 位置速度、作用在中心刚体外力矩、附件外力矩。

输出：中心刚体惯性四元素、中心刚体轨道四元素、中心刚体在惯性系的姿态角、中心刚体在轨道系姿态角、中心刚体相对惯性系的角速度在本体系投影、中心刚体相对轨道系的角速度在本体系投影，附件姿态角、附件姿态角速度、附件模态、附件模态变化率。

航天器姿态动力学仿真模块采用分层式架构，并定义明晰的输入输出接口，开发了一个通用前后处理子模块。图 3 - 46 为航天器姿态动力学仿真程序的架构图。

中心刚体加柔性附件类航天器姿态动力学仿真程序主要分为：外部接口层、内部接口层、数学工具层三个层次。各个层次的主要内容如下：

1) 外部接口层：该层面向程序用户。其作用是将仿真程序的初始化数据、输入数据、输出数据按照接口规范进行封装，并提供仿真函数接口，调用形式为纯 C 语言的三个函数。

2) 内部接口层：该层面向程序设计者。该层中定义了用于仿真程序的中间计算变量，包括中心刚体和柔性附件的属性参数；动力学微分方程中的变量和系数等。该层是整个程序的核心计算模块，通过接收外部接口层的初始化数据和输入数据，经计算后完成对外部接口层输出数据进行更新的功能。

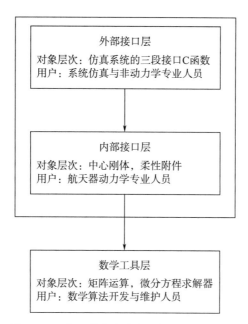

图 3-46　航天器姿态动力学仿真程序架构图

3）数学工具层：该层面向数学算法开发人员。该层中定义并实现了矩阵运算，微分方程求解器等数学算法，为内部接口层的相关计算提供函数支持。

为了更清楚地阐明仿真程序中各个层次之间的数据流向，图 3-47 为此程序的数据流程图。

3.6.6　多体系统动力学仿真模型

（1）多体系统动力学数学模型

对树状拓扑多刚体动力学系统建立了基于空间符号的递推求解方程，下面方程中下标 $\lambda(k)$ 指第 k 个节点的父节点。

①空间符号的投影

为了进行数值计算，需要将空间符号体系（Spatial Notation）在相应的坐标系投影，得到其分量的投影形式。这里将所有计算量全部投影到惯性坐标系 $\boldsymbol{F}_I$ 中。

速度递推的空间矢量表示形式为

$$\boldsymbol{V}_k = \boldsymbol{\Phi}_{\lambda(k),k}^{\mathrm{T}} \cdot \boldsymbol{V}_{\lambda(k)} + \hat{\boldsymbol{H}}_k^{\mathrm{T}} \boldsymbol{\beta}_k$$

其投影为

$$\hat{\boldsymbol{F}}_I^{\mathrm{T}} \boldsymbol{V}_k = \boldsymbol{F}_I^{\mathrm{T}} \boldsymbol{\Phi}_{\lambda(k),k}^{\mathrm{T}} \hat{\boldsymbol{F}}_I \cdot \hat{\boldsymbol{F}}_I^{\mathrm{T}} \boldsymbol{V}_{\lambda(k)} + \hat{\boldsymbol{F}}_{(k-1)^+}^{\mathrm{T}} \boldsymbol{H}_k^{\mathrm{T}} \boldsymbol{\beta}_k$$

$$\hat{\boldsymbol{F}}_I^{\mathrm{T}} \boldsymbol{V}_k = \boldsymbol{F}_I^{\mathrm{T}} \boldsymbol{\Phi}_{\lambda(k),k}^{\mathrm{T}} \boldsymbol{V}_{\lambda(k)} + \hat{\boldsymbol{F}}_{(k-1)^+} \boldsymbol{H}_k^{\mathrm{T}} \boldsymbol{\beta}_k$$

$$\boldsymbol{V}_k = \boldsymbol{\Phi}_{\lambda(k),k}^{\mathrm{T}} \boldsymbol{V}_{\lambda(k)} + \boldsymbol{F}_I^{\mathrm{T}} \boldsymbol{F}_{(k-1)^+} \boldsymbol{H}_k^{\mathrm{T}} \boldsymbol{\beta}_k$$

$$\boldsymbol{V}_k = \boldsymbol{\Phi}_{\lambda(k),k}^{\mathrm{T}} \boldsymbol{V}_{\lambda(k)} + \boldsymbol{R}_{I,(k-1)^+} \boldsymbol{H}_k^{\mathrm{T}} \boldsymbol{\beta}_k$$

$$\boldsymbol{V}_k = \boldsymbol{\Phi}_{\lambda(k),k}^{\mathrm{T}} \boldsymbol{V}_{\lambda(k)} + \boldsymbol{R}_{(k-1)^+,I}^{\mathrm{T}} \boldsymbol{H}_k^{\mathrm{T}} \boldsymbol{\beta}_k$$

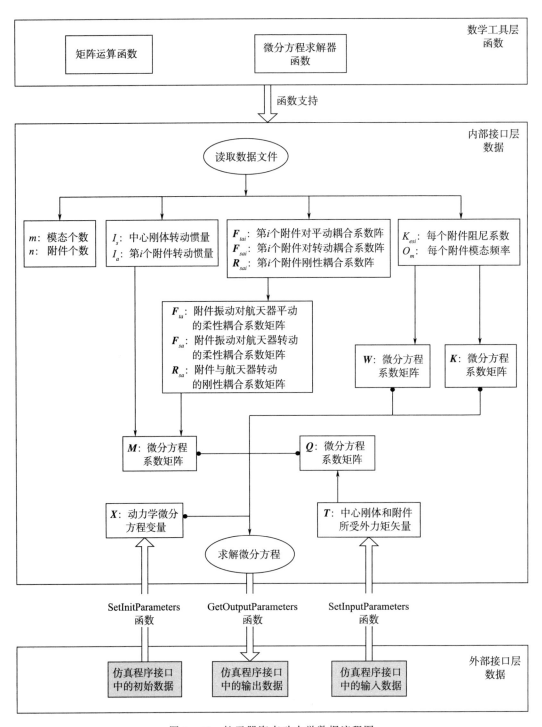

图 3 - 47　航天器姿态动力学数据流程图

由速度决定的惯性加速度和科氏加速度投影 $\boldsymbol{\Omega}_k$ 与铰链投影矩阵 $\boldsymbol{H}_k$ 的导数具有如下关系

$$\dot{\hat{\boldsymbol{H}}}_k^{\mathrm{T}} = \boldsymbol{\Omega}_k \times \hat{\boldsymbol{H}}_k^{\mathrm{T}}$$

其投影为

$$\hat{\boldsymbol{F}}_I^{\mathrm{T}} \dot{\hat{\boldsymbol{H}}}_k^{\mathrm{T}} = \boldsymbol{\Omega}_k \hat{\boldsymbol{F}}_I \times \hat{\boldsymbol{F}}_I^{\mathrm{T}} \hat{\boldsymbol{H}}_k^{\mathrm{T}}$$

$$\hat{\boldsymbol{F}}_I^{\mathrm{T}} \dot{\hat{\boldsymbol{H}}}_k^{\mathrm{T}} = \hat{\boldsymbol{F}}_I^{\mathrm{T}} \boldsymbol{\Omega}_k^{\times} \boldsymbol{H}_k^{\mathrm{T}}$$

$$\dot{\boldsymbol{H}}_k^{\mathrm{T}} = \boldsymbol{\Omega}_k^{\times} \boldsymbol{H}_k^{\mathrm{T}}$$

② 正向位置和速度递推

位置递推：对于第 $k(k=1,\cdots,n)$ 个刚体，根节点 0 位置在惯性坐标系投影 $\boldsymbol{r}_0$ 和根节点相对惯性坐标系的方向余弦 $\boldsymbol{C}_0$ 已知。

由当前时间的广义坐标 $\boldsymbol{\theta}_k$ 生成铰链 k 的相对位置 $\boldsymbol{d}_{k,\lambda(k)}$ 和相对转动 $\boldsymbol{C}_{k,\lambda(k)^+}$，这一步骤由铰链类型决定。

由下式计算各个刚体的位置矢量在惯性坐标系下的投影 $\boldsymbol{r}_k$

$$\boldsymbol{r}_k = \boldsymbol{r}_{\lambda(k)} + \boldsymbol{C}_{\lambda(k)}^{\mathrm{T}} (\boldsymbol{s}_{\lambda(k)})_{\boldsymbol{F}_{\lambda(k)}} + \boldsymbol{C}_{\lambda(k)}^{\mathrm{T}} \boldsymbol{C}_{\lambda(k)^+,\lambda(k)}^{\mathrm{T}} (\boldsymbol{d}_{k,\lambda(k)})_{\boldsymbol{F}_{\lambda(k)}^+}$$

由下式计算刚体 k 相对于惯性坐标系的方向余弦 $\boldsymbol{C}_k$

$$\boldsymbol{C}_k = \boldsymbol{C}_{k,\lambda(k)^+} \boldsymbol{C}_{\lambda(k)^+,\lambda(k)} \boldsymbol{C}_{\lambda(k)}$$

速度递推：对于第 $k(k=1,\cdots,n)$ 个刚体，根节点 0 的角速度和速度在惯性坐标系投影 $\boldsymbol{V}_0$ 已知。

生成空间方向余弦矩阵 $\boldsymbol{R}_k$

$$\boldsymbol{R}_k^{\mathrm{T}} \triangleq \begin{bmatrix} \boldsymbol{C}_k^{\mathrm{T}} & \boldsymbol{0} \\ \boldsymbol{0} & \boldsymbol{C}_k^{\mathrm{T}} \end{bmatrix}$$

生成铰链投影矩阵在本体坐标系 $\boldsymbol{F}_k$ 的投影 $\boldsymbol{H}_k^b$，由铰链类型和广义坐标当前值决定，为常值。

铰链投影矩阵在惯性坐标系 $\boldsymbol{F}_I$ 的投影 $\boldsymbol{H}_k$ 为时变值

$$\boldsymbol{H}_k^{\mathrm{T}} = \boldsymbol{R}_k^{\mathrm{T}} (\boldsymbol{H}_k^b)^{\mathrm{T}}$$

计算铰点 $O_{\lambda(k)}$ 到铰点 O_k 的位移矢量在惯性坐标系 $\boldsymbol{F}_I$ 中的投影 $\boldsymbol{l}_{\lambda(k),k}$

$$\boldsymbol{l}_{\lambda(k),k} = \boldsymbol{r}_{\lambda(k)} - \boldsymbol{r}_k$$

计算从 $O_{\lambda(k)}$ 点到 O_k 点的坐标转换算子 $\boldsymbol{\Phi}_{\lambda(k),k}$ 的投影

$$\boldsymbol{\Phi}_{\lambda(k),k} = \begin{bmatrix} \boldsymbol{I} & \boldsymbol{l}_{\lambda(k),k}^{\times} \\ \boldsymbol{0} & \boldsymbol{I} \end{bmatrix}$$

空间速度递推

$$\boldsymbol{V}_k = \boldsymbol{\Phi}_{\lambda(k),k}^{\mathrm{T}} \boldsymbol{V}_{\lambda(k)} + \boldsymbol{H}_k^{\mathrm{T}} \dot{\boldsymbol{\theta}}_k$$

由速度决定的惯性加速度和科氏加速度递推：计算空间角速度反对称矩阵在惯性坐标系 $\boldsymbol{F}_I$ 的投影 $\boldsymbol{\Omega}^{\times}$

$$\boldsymbol{\Omega}^{\times} = \begin{bmatrix} \boldsymbol{\omega}^{\times} & \boldsymbol{0} \\ \boldsymbol{0} & \boldsymbol{\omega}^{\times} \end{bmatrix}$$

计算铰链投影矩阵在惯性空间 $\boldsymbol{F}_I$ 的绝对导数的转置 $\dot{\boldsymbol{H}}_k^{\mathrm{T}}$

$$\dot{\boldsymbol{H}}_k^{\mathrm{T}} = \boldsymbol{\Omega}_k^{\times} \boldsymbol{H}_k^{\mathrm{T}}$$

计算坐标转换算子在惯性空间 $\boldsymbol{F}_I$ 的绝对导数的转置 $\dot{\boldsymbol{\Phi}}_{\lambda(k),k}^{\mathrm{T}}$

$$\dot{\boldsymbol{\Phi}}_{\lambda(k),k}^{\mathrm{T}} = -\boldsymbol{V}_k^{\delta} \boldsymbol{\Phi}_{\lambda(k),k}^{\mathrm{T}} + \boldsymbol{\Omega}_k^{\times} \boldsymbol{\Phi}_{\lambda(k),k}^{\mathrm{T}} - \boldsymbol{\Phi}_{\lambda(k),k}^{\mathrm{T}} \boldsymbol{\Phi}_{\lambda(k)}^{\mathrm{T}}$$

计算由速度决定的惯性加速度和科氏加速度在惯性空间 $\boldsymbol{F}_I$ 的投影 $\boldsymbol{a}_k$

$$\boldsymbol{a}_k = \dot{\boldsymbol{\Phi}}_{\lambda(k),k}^{\mathrm{T}} \boldsymbol{V}_{\lambda(k)} + \dot{\boldsymbol{H}}_k^{\mathrm{T}} \boldsymbol{\beta}_k$$

③反向递推求解铰接体惯量和铰链力

质量特性投影：对于第 $k(k=1,\cdots,n)$ 个刚体，将 k 个刚体的转动惯量和质心位置转换到惯性坐标系 $\boldsymbol{F}_I$ 中

$$\boldsymbol{J}_k = \boldsymbol{C}_k^{\mathrm{T}} (\boldsymbol{J}_k)_{\boldsymbol{F}_k} \boldsymbol{C}_k$$

$$\boldsymbol{l}_{k,C} = \boldsymbol{C}_k^{\mathrm{T}} (\boldsymbol{l}_{k,C})_{\boldsymbol{F}_k}$$

计算第 k 个刚体的空间陀螺力在惯性空间 $\boldsymbol{F}_I$ 的投影 $\boldsymbol{b}_k$

$$\boldsymbol{b}_k \triangleq \begin{bmatrix} \boldsymbol{\omega}_k^{\times} \boldsymbol{J}_k \boldsymbol{\omega}_k \\ m_k \boldsymbol{\omega}_k^{\times} \boldsymbol{\omega}_k^{\times} \boldsymbol{l}_{k,C} \end{bmatrix}$$

计算第 k 个刚体的空间惯量（Spatial Inertial）在惯性空间 $\boldsymbol{F}_I$ 的投影 $\boldsymbol{M}_k$

$$\boldsymbol{M}_k \triangleq \begin{bmatrix} \boldsymbol{J}_k & m_k \boldsymbol{l}_{k,C}^{\times} \\ -m_k \boldsymbol{l}_{k,C}^{\times} & m_k \end{bmatrix}$$

铰接体惯量和铰链力递推：对于树状拓扑，在反向递推过程中节点的子节点不唯一。所以在求铰接体惯量和铰链力的过程中需要将所有子节点的附加项全部加入。递推过程如下：

对于第 $k(k=1,\cdots,n)$ 个刚体，向父节点进行铰接体惯量和铰接体铰链力投影；

对于每一个节点，置递推初值：$\boldsymbol{P}_k = \boldsymbol{M}_k$，$\boldsymbol{z}_k = \boldsymbol{b}_k - \boldsymbol{f}_{k,\mathrm{ext}}$；

如果已知驱动力矩，按如下公式递推：

递推铰接体惯量

$$\boldsymbol{D}_k = \boldsymbol{H}_k \boldsymbol{P}_k \boldsymbol{H}_k^{\mathrm{T}}$$

$$\boldsymbol{D}_k^{-1} = (\boldsymbol{H}_k \boldsymbol{P}_k \boldsymbol{H}_k^{\mathrm{T}})^{-1}$$

$$\boldsymbol{G}_k = \boldsymbol{P}_k \boldsymbol{H}_k^{\mathrm{T}} \boldsymbol{D}_k^{-1}$$

$$\boldsymbol{K}_{\lambda(k),k} = \boldsymbol{\Phi}_{\lambda(k),k} \boldsymbol{G}_k$$

$$\bar{\boldsymbol{\tau}}_k = \boldsymbol{I} - \boldsymbol{G}_k \boldsymbol{H}_k$$

$$\boldsymbol{\psi}_{\lambda(k),k} = \boldsymbol{\Phi}_{\lambda(k),k} \bar{\boldsymbol{\tau}}_k$$

$$\boldsymbol{P}_k^+ = \bar{\boldsymbol{\tau}}_k \boldsymbol{P}_k$$

$$\boldsymbol{P}_{\lambda(k)}^+ = \boldsymbol{\Phi}_{\lambda(k),k} \boldsymbol{P}_k^+ \boldsymbol{\Phi}_{\lambda(k),k}^{\mathrm{T}}$$

递推铰接体铰链力

$$\boldsymbol{\varepsilon}_k = \boldsymbol{T}_k - \boldsymbol{H}_k \boldsymbol{z}_k$$

$$\boldsymbol{z}_k^+ = \boldsymbol{\psi}_{\lambda(k),k}(\boldsymbol{P}_k \boldsymbol{a}_k + \boldsymbol{z}_k) + \boldsymbol{K}_{\lambda(k),k}\boldsymbol{T}_k$$

否则如果已知广义坐标加速度，按如下公式递推：

递推铰接体惯量

$$\boldsymbol{P}_{\lambda(k)}^+ = \boldsymbol{\Phi}_{\lambda(k),k}\boldsymbol{P}_k \boldsymbol{\Phi}_{\lambda(k),k}^{\mathrm{T}}$$

递推铰接体铰链力

$$\boldsymbol{z}_{\lambda(k)}^+ = \boldsymbol{\Phi}_{\lambda(k),k}(\boldsymbol{P}_k \boldsymbol{H}_k^{\mathrm{T}}\dot{\boldsymbol{\beta}}_k + \boldsymbol{z}_k)$$

④正向加速度递推

基体的加速度初值计算

$$\dot{\boldsymbol{V}}_0 = -\boldsymbol{P}_0^{-1}\boldsymbol{z}_0$$

已知驱动力矩，求广义坐标加速度，则

$$\boldsymbol{v}_k = \boldsymbol{D}_k^{-1}\boldsymbol{\varepsilon}_k$$

$$\dot{\boldsymbol{\beta}}_k = \boldsymbol{v}_k - \boldsymbol{K}_{\lambda(k),k}^{\mathrm{T}}\dot{\boldsymbol{V}}_{\lambda(k)} - \boldsymbol{G}_k^{\mathrm{T}}\boldsymbol{a}_k$$

$$\dot{\boldsymbol{V}}_k = \boldsymbol{\Phi}_{\lambda(k),k}^{\mathrm{T}}\dot{\boldsymbol{V}}_{\lambda(k)} + \boldsymbol{H}_k^{\mathrm{T}}\dot{\boldsymbol{\beta}}_k + \boldsymbol{a}_k$$

已知广义坐标加速度，求驱动力矩，则

$$\dot{\boldsymbol{V}}_k = \boldsymbol{\Phi}_{\lambda(k),k}^{\mathrm{T}}\dot{\boldsymbol{V}}_{\lambda(k)} + \boldsymbol{H}_k^{\mathrm{T}}\dot{\boldsymbol{\beta}}_k + \boldsymbol{a}_k$$

$$\boldsymbol{T}_k = \boldsymbol{H}_k(\boldsymbol{P}_k \dot{\boldsymbol{V}}_k + \boldsymbol{z}_k)$$

（2）多体系统动力学仿真模块

参数：中心刚体的质量特性、中心刚体质心在 J2000 坐标系下的初始位置速度或初始轨道要素、轨道要素/位置速度标志位、初始四元素、四元素坐标系标志位、初始角速度、初始角速度坐标系标志位、行星引力常数、行星赤道半径、除中心刚体外刚体总数、各刚体是否为正动力学标志位、各刚体父节点编号、各刚体编号、各刚体质量、各刚体相对铰接点质心特性、各刚体铰链类型、各刚体在父节点安装位置、各刚体在父节点安装方位、各刚体铰链坐标的初始转角、各刚体铰链坐标的初始转角变化率。

输入：卫星本体在 J2000 坐标系下当前位置速度、作用在卫星本体上的外力矩在本体系投影、各刚体铰链驱动力矩等。

输出：中心刚体惯性四元素、中心刚体轨道四元素、中心刚体在惯性系的姿态角、中心刚体在轨道系姿态角、中心刚体相对惯性系的角速度在本体系投影、中心刚体相对轨道系的角速度在本体系投影、帆板法线矢量在本体系投影、各刚体的 ID 号、各刚体铰链类型、各刚体坐标的转角、各刚体坐标的转角速度、各刚体坐标的转角加速度。

多体系统动力学仿真模块架构示意图，如图 3-48 所示。

多体动力学仿真模块可以分为 VxWorks 接口层、用户应用层、多体接口层和多体算法层 4 个层次。各个层次的主要内容如下：

1）接口层 DARTSRigidInterface：该层的主要作用是将用户应用层的数据结构按照实时仿真网的接口规范进行封装，构成与航天器工程系统兼容的函数接口形式，调用形式为

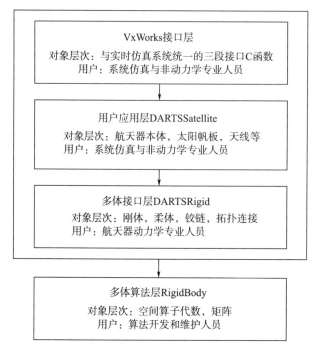

图 3-48　多体系统动力学仿真模块架构示意图

纯 C 语言的三个函数。

2）用户应用层 DARTSSatellite：该层主要是为非航天器动力学专业的用户设置的。该层次将引入轨道坐标系、本体坐标系等航天器姿态动力学的概念，面向卫星姿态动力学与控制仿真的应用。对象定义为本体、太阳帆板、天线等航天器的实体部件，程序实现为一个接口类 DARTSSatellite。接口设置的基本原则为：让用户用最少的、熟知的仿真参数获得仿真。拟定的方案为：系统的拓扑定义，铰链连接定义等放入配置文件（或写入初始化参数表），对于不同仿真对象只要修改对象配置文件即可。用户只需要给出航天器本体的姿态初值信息和附件铰链处的转角初值信息即可仿真，并与已有的单刚体动力学模块相兼容，这样已有的 GNC 算法都不用进行任何修改。

3）多体接口层 DARTSRigid：该层是多体动力学仿真软件的真正接口，用于对象为航天器动力学的专业人员。该层的对象定义为：刚体，柔体，铰链，坐标系，拓扑连接等多体动力学对象。接口定义的基本原则为：用户按多体动力学的标准方式定义仿真对象即可进行仿真，多体定义方式与已有的商业软件 MSC. ADAMS 和 SimMechanics 尽量保持一致。拟定的方案为：参照 SimMechanics 的多体定义方式，并做适应性的简化。存盘文件采用 XML，在今后的功能扩展上可以增加与已有商业软件的导入导出功能。

4）多体算法层 RigidBody：该层的主要用户对象为系统开发和维护人员。对象层次为：空间算子代数，矩阵矢量运算。接口定义的原则是：变量名和函数的命名与数学模型保持一致，减少耦合，易于修改和扩充。该层一般不向用户开放，是系统的最低层。

3.6.7　飞行仿真评估模型

（1）飞行任务仿真评估指标

1）轨道转移飞行仿真评估指标，如表 3 - 14 所示。

表 3 - 14　轨道转移飞行仿真评估指标

序号	指标名称	指标判据
1	远程导引完成标志	航天器与目标之间的相对距离小于规定值，并且航天器与目标之间的相对速度小于规定值
2	远程导引耗时	从远程导引阶段开始，直至远程导引阶段结束，进入近程导引阶段所需要的全部时间
3	远程导引推进剂消耗量	从远程导引阶段开始，直至远程导引阶段结束的推进剂消耗量

2）轨道交会近程导引飞行仿真评估指标，如表 3 - 15 所示。

表 3 - 15　轨道交会近程导引飞行仿真评估指标

序号	指标名称	指标判据
1	近程导引完成标志	航天器与目标之间的相对距离小于规定值，并且航天器与目标之间的相对速度在规定值范围内
2	近程导引时间	从近程导引阶段开始，直至近程导引阶段结束所需要的全部时间
3	近程导引推进剂消耗量	从近程导引阶段开始，直至近程导引阶段结束的推进剂消耗量
4	近程导引相对运动	从近程导引阶段开始，直至近程导引阶段结束，航天器与目标之间的相对位置和相对速度最大值/最小值
5	近程导引变轨次数	从近程导引阶段开始，直至近程导引阶段结束推力器的启动次数和启动总时间
6	其他	根据任务不同，分别给出航天器、目标、太阳和测控站之间的太阳方向角和上下行测控角等

3）位置保持飞行仿真评估指标，如表 3 - 16 所示。

表 3 - 16　位置保持飞行仿真评估指标

序号	指标名称	指标判据
1	位置保持完成标志	航天器与目标之间的相对距离和相对速度在规定值范围内
2	位置保持时间	从位置保持阶段开始，直至位置保持阶段结束所需要的全部时间
2	位置保持相对运动	从位置保持阶段开始，直至位置保持阶段结束，航天器与目标之间的相对位置和相对速度最大值/最小值
3	位置保持变轨次数	从位置保持阶段开始，直至位置保持阶段结束推力器的启动次数和启动总时间
4	位置保持推进剂消耗量	从位置保持阶段开始，直至位置保持阶段结束的推进剂消耗量
5	其他	根据任务不同，分别给出航天器、目标、太阳和测控站之间的太阳方向角和上下行测控角等

4）光照状态飞行仿真评估指标，如表 3 - 17 所示。

表 3-17　光照状态飞行仿真评估指标

序号	指标名称	指标判据
1	光照状态	光照次数、光照时间、阴影时间和星蚀因子
2	β 角	太阳矢量与轨道面的最大最小夹角

5）测控状态飞行仿真评估指标，如表 3-18 所示。

表 3-18　测控状态飞行仿真评估指标

序号	指标名称	指标判据
1	测控可见次数	满足测控条件的测控站可见次数
2	测控可见时间	满足测控条件的测控站可见时间
3	测控高低角	测控可见期间的高低角变化范围最大值、最小值
4	测控方位角	测控可见期间的方位角变化范围最大值、最小值

（2）飞行任务仿真评估模型接口

①测控状态评估模型

输入：测控可见标志、航天器在测控站坐标系下方位角、航天器在测控站坐标系下高低角。

输出：测控可见次数、测控可见累计时间、方位角最小值、方位角最大值、高低角最小值、高低角最大值。

②上下行测控角评估模型

输入：目标星 ECI 位置、攻击星 ECI 位置、测控站 ECI 位置。

输出：上行测控角、下行测控角。

③光照状态评估模型

输入：光照可见标志、β 角。

输出：光照可见次数、光照可见累计时间、阴影累计时间、星蚀因子、β 角最小值、β 角最大值。

④太阳方向角评估模型

输入：目标星 ECI 位置、攻击星 ECI 位置、太阳 ECI 位置。

输出：太阳方向角。

⑤轨道转移飞行评估模型

参数：相对距离指标、相对速度指标、远程标志。

输入：相对距离、相对速度、飞行阶段标志、攻击星质量。

输出：远程导引完成标志、远程导引耗时、远程导引推进剂消耗量。

⑥轨道交会近程导引飞行评估模型

参数：相对距离指标、相对速度最大值指标、相对速度最小值指标、近程标志。

输入：相对距离、相对速度、飞行阶段标志、攻击星质量、发动机点火标志位。

输出：近程导引完成标志、近程导引耗时、近程导引推进剂消耗量、相对位置最小值、相对位置最大值、相对速度最小值、相对速度最大值、推力器的启动次数、启动总时间。

⑦位置保持飞行评估模型

参数：相对距离指标、相对距离误差指标、相对速度最大值指标、相对速度最小值指标、伴飞标志。

输入：相对距离、相对速度、飞行阶段标志、攻击星质量、发动机点火标志位。

输出：位置保持完成标志、位置保持耗时、推进剂消耗量、相对位置最小值、相对位置最大值、相对速度最小值、相对速度最大值、推力器的启动次数、启动总时间。

3.7　本章小结

本章全面介绍了数字化航天器总体设计模型的基本特征、模型组成与功能，以及模型的控制流程。在详细阐述了总体设计流程和总体设计模型开发过程的基础上，针对航天器总体设计模型及其仿真软件，重点介绍了总体设计优化模型、飞行任务规划模型、总体构型设计模型和飞行任务仿真模型的主要内容、设计思路和仿真软件的开发过程与使用方法。通过本章内容介绍，能够使读者对航天器总体设计过程及模型实现有一个全面和深刻的认识。

第4章 数字化航天器平台设计模型

数字化航天器设计不仅应具有总体设计和优化模型以描述航天器的组成、总体性能指标、航天器对内和对外的接口关系，以及重要指标参数设计分析与仿真优化，同时还应具有分系统模型描述航天器分系统组成、性能指标、对内和对外接口关系，以及相关设计分析模型。

数字化航天器平台设计模型是指数字化航天器平台分系统设计模型，是数字化航天器设计的重要组成部分，一般包括结构分系统、机构分系统、热控分系统、控制分系统、电源分系统、测控分系统、数管分系统和数传分系统设计模型。根据数字化总体设计的输入与相关要求，按照数字化设计流程，通过分系统设计模型分析设计计算，获取满足航天器总体设计要求的分系统设计结果。

随着传统航天器分系统设计技术的发展与积累，航天器分系统设计方法和模型已日趋成熟，但分系统的设计方法和模型均处于单独设计状态。因此通过数字化流程集成再造，将各分系统设计模型并入具有网络协同设计环境中，可形成具有协同设计能力的数字化航天器设计模型，从而推动航天器分系统设计能力提升。

4.1 航天器结构分系统设计模型

4.1.1 航天器结构分系统设计任务

航天器结构设计包括两个方面任务：航天器结构设计和静/动力学分析。

航天器结构设计输入包括：

1）运载火箭力学环境条件；

2）航天器总体构型与布局；

3）航天器质量特性；

4）总体对结构分系统质量、可靠性、寿命等指标要求。

航天器结构设计输出包括：

1）航天器结构三维模型；

2）航天器结构配套表及接口数据单；

3）静/动力学分析结果。

4.1.2 航天器结构分系统设计流程

数字化结构分系统设计模型运行在数字化航天器协同设计环境的结构设计节点，设计阶段由结构设计师应用 Pro/E 和 PATRAN/NASTRAN 软件开展必要的建模和分析工作，形成三维模型，再通过设计表单、协同设计环境与总体和其他分系统实现协同设计。Pro/E 建模、结构件设计、装配设计在 Pro/E 软件下进行，有限元模型建立、材料参数设定、非结构质量赋值、力学分析在 PATRAN/NASTRAN 软件下进行。

结构分系统设计流程是在现行的航天器结构分系统设计流程基础上，采用数字化设计方法，使其满足参数优化设计要求而构造的，如图 4-1 所示。

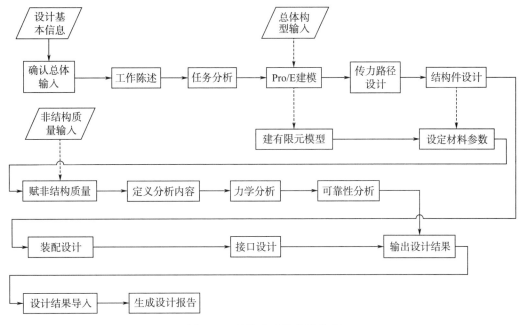

图 4-1　结构分系统设计流程

结构分系统的设计工作以结构设计节点软件为主操作界面进行，在必要时调用 Pro/E 和 PATRAN/NASTRAN 软件进行建模和分析工作。为了实现参数化的结构分系统设计流程，对设计中的每一步工作进行规范，具体工作过程如下：

1）结构设计人员启动结构平台节点软件，在接到任务后方可进行特定航天器的方案设计工作。

2）在设计工作开始前，应有完整的设计基本信息，具体包括项目信息、总体要求、构型布局输入的全部内容，并要从构型布局输入中下载总体的三维骨架模型。

3）在接到设计信息后，设计人员需要分析总体要求和设计指标，并以此为依据制定在整个研制阶段的工作内容（工作陈述）和设计工作的目标（任务分析）。

4）正式的设计工作从 Pro/E 建模开始，需要经历整星建模、传力设计、整星结构设计、装配设计、结构连接设计、接口设计等步骤。

从设计节点软件启动 Pro/E 后即可进行整星的三维建模，以总体提供的骨架模型为基准进行结构分系统的模型建立，在建模过程中各部件的编号严格按照总体要求进行定义，最后输出结构分系统的产品树、各结构件的设计参数和装配设计。在 Pro/E 中完成建模后应在设计节点软件中对结构分系统的组成进行描述，并从 Pro/E 的输出结果中提取产品配套表。

传力设计在设计节点软件中进行描述。

整星结构设计的第一个工作是自动从 Pro/E 的输出结果中提取各产品的设计参数,形成设计参数表,此表包括各结构件的名称、材料、尺寸、质量、寿命和数量 6 个参数;然后针对设计参数表对结构分系统的零部件设计进行描述。

装配设计的工作是在 Pro/E 中定义装配过程并输出结果,然后在节点软件中提取装配过程,必要时还可以启动视频软件浏览装配过程。

结构连接设计关键是要确定采用什么形式和连接件使结构各部分形成一个满足要求的整体。

接口设计需要完成对一般接口设计的描述。

在上述工作完成后,需要提取设计指标,包括设计质量和寿命,此两项指标均以航天器结构设计参数表中的数据为基础自动计算得出,其中质量指标为各结构件的质量和,寿命取各结构件寿命的最小值。

5) 在设计完成后,转入航天器结构分析工作,此工作包括航天器建模、航天器模态分析、设定静/动力工况、静/动力分析和可靠性分析五项内容。

力学分析首先进行有限元建模(PATRAN 环境),模型应从 Pro/E 模型转化,并根据连接关系调整模型。在调整完成后,从航天器结构设计模块中提取材料名称、从设计基本信息模块中提取非结构质量分布,并最终完成有限元模型的建立。

在模型完成后,首先在 PATRAN/NASTRAN 中进行模态分析并输出分析结果;然后在设计节点软件中输入结果并提取图片。

设计静/动力工况在设计节点软件中进行,设计人员根据总体要求设定相应的静/动力分析工况,静/动力工况应考虑安全系数。

静/动力工况设定完成后进行静/动力分析,分析在 PATRAN/NASTRAN 中进行,现根据工况设定载荷,在计算完成后输出结果,最后回到节点设计软件输入计算结果。

结构分系统可靠性根据有限元分析结果进行评估和描述。

6) 在结构设计节点中导入设计结果并自动生成报告。

4.1.3　航天器结构分系统设计模型组成

结构分系统设计模型包括两部分,分别为静/动力学分析子模块和结构设计子模块。

(1) 静/动力学分析子模块

功能:

1) 航天器模态分析;

2) 航天器应力分析;

3) 航天器应变分析;

4) 航天器动态响应分析;

5) 确定航天器结构参数。

输入：

1）航天器总体构型与布局；

2）航天器质量特性；

3）运载火箭力学环境条件；

4）航天器结构材料力学特性。

输出：

1）航天器基频；

2）航天器应力分布；

3）航天器应变分布；

4）航天器动态响应。

（2）结构设计子模块

功能：

1）确定航天器结构关键点；

2）确定航天器结构配套表及接口数据单；

3）确定结构与设备连接形式；

4）确定航天器运输及翻转吊点位置及结构形式。

输入：

1）星间接口要求；

2）航天器总体构型与布局；

3）总体对结构分系统质量、可靠性、寿命等指标要求；

4）整星应力分布；

5）整星应变分布；

6）运输及翻转力学环境要求；

7）航天器设备配套表和接口数据单。

输出：

1）结构分系统组成；

2）传力途径；

3）结构分系统技术指标和部组件技术指标；

4）吊点位置及结构形式；

5）结构分系统设备配套表；

6）结构分系统接口数据单。

4.1.4　数字化航天器结构分系统设计实现

结构分系统的方案论证阶段，三维建模是必不可少环节。结构分系统需要建立的模型包括 Pro/E 模型和 PATRAN/NASTRAN 有限元分析模型。在论证阶段，结构分系统需要总体输入与航天器构型相一致的 Pro/E 模型。模型以 3D 形式表示布局中的设计信息，主要由多个曲面（平面）组成，并由布局中的参数所控制。总体提供的 Pro/E 骨架模型中的信息包括：外形、基准面（点）、结构构型。

PATRAN/NASTRAN 有限元分析模型由结构分系统根据总体的构型要求和结构件布局方案自行建立，在方案设计工作完成后将其提交到数据库。

结构分系统的设计模型由多层子表单组成，如图 4-2 所示，包含设计输入、结构设计分析和设计结果输出三部分内容。设计输入子表单共包括航天器项目信息、总体要求、构型布局要求和结构设计修改意见。结构设计分析包括任务分析、结构构架方案和结构分析。设计结果输出包括根据总体条件进行设计成败判定，如果满足总体指标要求，就提交设计结果模型和报告。

（1）设计基本信息

设计节点设计基本信息表单由总体设计模型节点控制，能够为结构设计师提供进行方案设计的所有信息，包括项目信息、总体要求、总体构型布局、质量分布、设备安装要求等技术指标内容。在结构设计完成设计方案提交后，总体设计模型节点还可以通过设计修改意见表单来反馈修改意见。

（2）结构设计表单

结构设计表单是结构分系统设计的重要内容，结构设计需要通过该表单完成结构分系统设计工作。首先结构设计师根据总体的构型布局和提出的设计基本信息及要求，进行结构分系统工作陈述和任务分析，根据任务建立 Pro/E 模型及 PATRAN 模型，进行传力设计，初步确定结构件的材料、结构尺寸等，开展结构的强度分析、刚度分析、可靠性分析，调整结构尺寸，并反复与总体进行交流，对结构构型方案提出修改意见，并最终确定结构构型方案。根据总体的最终构型方案，进行结构连接设计。最终把结构设计分析的模型和结果通过协同设计环境提交给设计平台。

产品配套表表单设有"设计结果提取"按钮，可以从选定的文件中提取结构分系统的产品信息，并自动生成产品配套表。在此表中，有产品代号、产品名称和所属装配三项信息，可以正确反映结构分系统的组成。

结构分系统传力设计能够对 X、Y、Z 三个方向的传力分别进行设计，其设计模型界面如图 4-3 所示。

为了能够自动提取 Pro/E 软件的输出结果，在结构分系统设计界面下设有装配设计表单，如图 4-4 所示。在此表单下有"装配过程提取"和"装配演示"两个按钮。利用"装配过程提取"按钮可以提取 Pro/E 输出的设计结果，并反映在界面上；利用"装配演示"按钮可以启动视频文件，演示 Pro/E 输出的装配仿真。

（3）设计结果表单

当所有的设计分析内容完成后，进入到设计结果界面。点击"设计模型导入"按钮，提取前面的设计分析计算结果，显示在当前界面下。然后通过点击"报告生成"按钮，自动生成结构分系统的方案设计报告，并可以启动浏览器显示该报告。

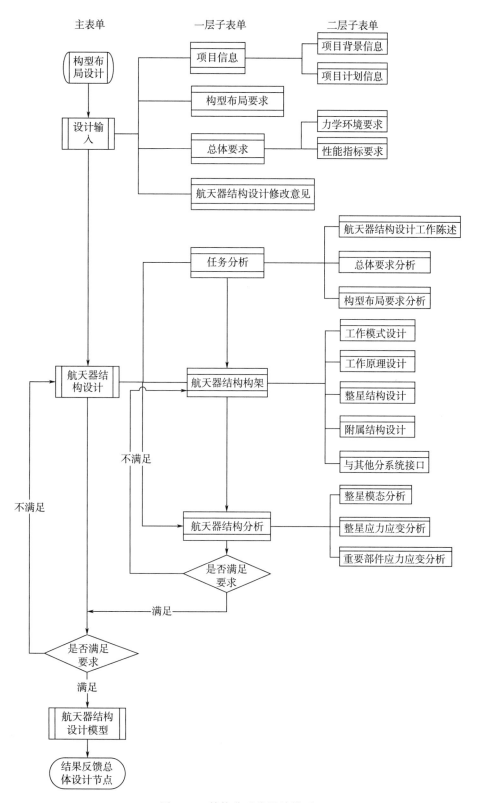

图 4-2　结构分系统设计模型

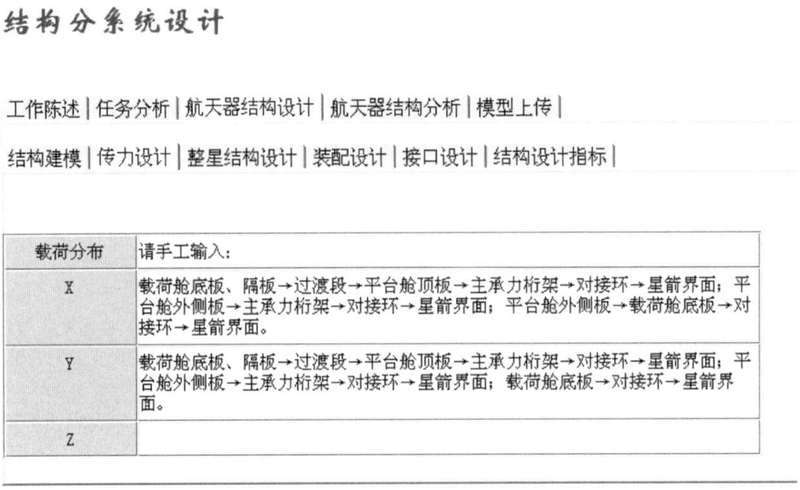

结构分系统设计

工作陈述 | 任务分析 | 航天器结构设计 | 航天器结构分析 | 模型上传 |

结构建模 | 传力设计 | 整星结构设计 | 装配设计 | 接口设计 | 结构设计指标 |

载荷分布	请手工输入：
X	载荷舱底板、隔板→过渡段→平台舱顶板→主承力桁架→对接环→星箭界面；平台舱外侧板→主承力桁架→对接环→星箭界面；平台舱外侧板→载荷舱底板→对接环→星箭界面。
Y	载荷舱底板、隔板→过渡段→平台舱顶板→主承力桁架→对接环→星箭界面；平台舱外侧板→主承力桁架→对接环→星箭界面；载荷舱底板→对接环→星箭界面。
Z	

图 4-3　传力设计模型界面

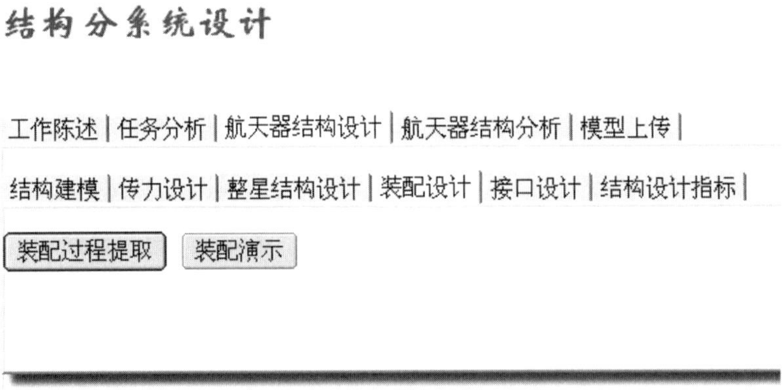

结构分系统设计

工作陈述 | 任务分析 | 航天器结构设计 | 航天器结构分析 | 模型上传 |

结构建模 | 传力设计 | 整星结构设计 | 装配设计 | 接口设计 | 结构设计指标 |

装配过程提取　装配演示

图 4-4　装配设计模型界面

①结构优化设计

结构分系统数字化模型的建立引入了设计参数传递和驱动的功能。为了便于对尺寸进行修改，Pro/E 模型的各零部件一般以参数和参照的形式生成，可以做到修改顶层尺寸后相应的产品自动调整自身的尺寸。在结构分系统设计平台中，Pro/E 模型采用 top-down 的方式建立，以总体提出的构型尺寸为基准，根据结构分系统的舱段配置和零部件配置逐级生成模型。具体的模型建立过程为：结构分系统顶层装配（0-0.asm）→骨架（skel.prt）、布局文件（.lay）→子装配（.asm）和直属件（.prt）→部件（.asm）和零件（.prt）…。

②Pro/E 软件二次开发

Pro/E 是结构设计节点的重要应用软件，主要用来完成结构分系统三维建模、选取材料、计算设计参数等。根据其功能的需要和参数化设计的要求，需要对 Pro/E 软件进行二次开发。其中包括装配仿真模块、质量属性计算模块、输出产品结构树和设计参数、零部件数量统计模块 4 个子模块，模块在装配设计环境下运行。系统的主界面如图 4-5 所示。

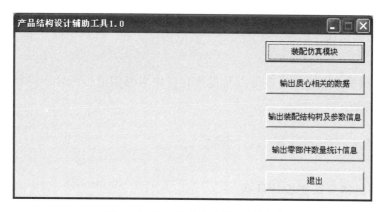

图 4 - 5 Pro/E 结构设计工具界面

1）装配仿真模块。装配仿真的功能是通过选取结构件定义结构分系统的装配顺序，并输出装配顺序文本和装配视频。

利用装配仿真模块定义装配顺序的界面，用户可以根据结构设计进行装配序列的设计。在设计过程中，系统可以对装配序列进行自动诊断，如果出现错误，系统会自动提示用户。设计完成后，系统记录并输出装配序列。最后系统为用户输出装配视频供用户进行动态设计参考。

2）质量属性计算模块。质量属性计算模块主要计算用户指定的零部件的质心坐标，如图 4 - 6 所示。该模块还可以根据用户定义提供本地坐标系下的质心坐标和整星坐标系下的质心坐标，并提供两坐标系的转换矩阵。

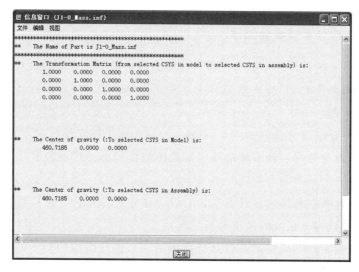

图 4 - 6 质量属性计算结果

3）输出产品结构树和设计参数。输出产品结构树的功能模块是将结构分系统的产品体系提取出来，并形成文本文件，输出的产品树要能显示整个产品的体系，即总装配、子装配、部件装配、零件。

输出设计参数的主要功能是对所建立的三维模型进行分析计算，并输出结果。计算和输出的内容包括各结构件的最大外形尺寸、各结构件质量、材料，以及整个装配体的总质量和设计寿命。

4）零部件数量统计模块。零部件数量统计模块对模型进行统计，得到整个结构设计所有零部件的数量。

4.2 航天器机构分系统设计模型

4.2.1 航天器机构分系统设计任务

航天器机构分系统设计任务包括：航天器机构设计和机构动力学建模分析。

机构分系统设计节点输入：

1）运载火箭力学环境；

2）航天器构型与布局；

3）总体对机构分系统质量、功耗、可靠性指标、寿命等要求；

4）分系统对机构部组件要求。

机构分系统设计节点输出：

1）机构系统组成；

2）机构锁定、展开方案及参数；

3）伺服系统方案及参数；

4）机构动力学模型及分析结果。

4.2.2 航天器机构分系统设计流程

数字化机构分系统设计模型运行在数字化航天器协同设计环境的机构设计节点，设计阶段由机构设计师调用 CAE 分析模型，通过设计表单模型、协同设计环境与总体和其他分系统实现协同工作。

数字化机构分系统设计流程如图 4 - 7 所示，其主要工作流程如下。

1）启动机构设计节点平台，读取航天器总体对机构分系统的设计工作内容、构型布局和指标要求。

2）机构设计师根据总体的设计要求，对设计任务进行分析，从机构成熟产品模型库中选取产品，完成机构分系统的系统构架配置。

3）分别进入到不同的机构产品设计分析表单中，进行机构的初步原理方案设计，确定基本的设计参数，启动 Pro/E 二次开发程序，进行机构构型设计，然后依次进行结构动力学分析，机构展开动力学分析和可靠性分析工作，在每步设计分析过程中的模型和结果均存储到数据库中。

4）在完成所有产品的设计分析工作后，把初步设计和分析结果与总体要求指标进行比较分析，如果不满足要求，则修改具体的设计参数。

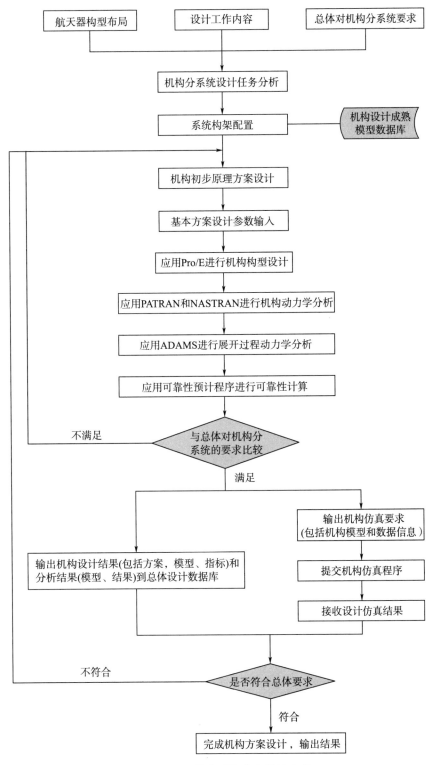

图 4 - 7　机构分系统节点设计流程

5）提取机构设计模型参数和设计仿真要求，提交到机构实时仿真接口模块进行仿真分析计算，然后接受仿真评估结果；同时上述的设计分析结果一同汇总到设计结果模块。

6）设计结果模块根据汇总数据自动生成机构分系统的设计报告，提交给系统总体节点确认，如果设计满足总体要求，完成机构分系统的设计工作，否则修改机构设计方案直到满足总体要求。

4.2.3 航天器机构分系统设计模型组成

航天器机构分系统设计模型包括机构设计子模块和动力学分析子模块两部分。

（1）机构设计子模块

功能：确定航天器机构组成；确定机构锁定展开方案及参数；确定伺服系统方案及参数。

输入：航天器构型布局，静力学分析结果，总体对机构的尺寸、质量、功耗及可靠性分配，分系统对机构要求。

输出：机构组成，机构安装、锁定、展开方案及参数，伺服系统方案及参数。

（2）动力学分析子模块

功能：完成机构动力学建模及分析。

输入：航天器构型布局，机构组成，机构安装、锁定、展开方案及参数，伺服系统方案及参数。

输出：机构动力学模型及参数。

机构分系统的设计仿真模型基于机构分系统的产品分类，包含太阳翼机构、天线机构和连接分离装置的数学仿真模型，但是上述三种产品的仿真模型均是由基本的压紧释放机构、展开锁定机构、驱动机构和连接分离机构四个基本仿真数学模型和结构质量特性组合而成的，所以机构分系统的仿真数学模型组成如图 4-8 所示。

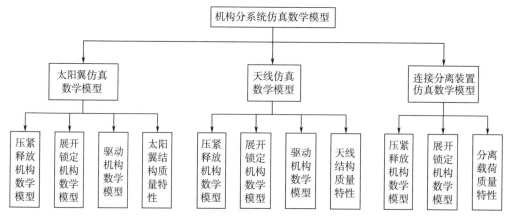

图 4-8 机构分系统仿真数学模型

①压紧与释放机构

1）具体模型。所需的压紧与释放机构具体仿真模型如下：

1）太阳翼压紧与释放机构；

2）天线压紧与释放机构。

2）模型接口。压紧释放机构模型输入：释放指令（0 — 1 开关）；输出：释放状态（0 — 1 开关）；参数：释放延迟时间。

3）数学模型

$$SIGN = \begin{cases} 1 & (k=1) \\ 0 & (k=0) \end{cases}$$

式中　SIGN ——释放状态；

　　　k——释放指令。

②展开机构

1）具体模型。所需的展开机构具体仿真模型如下：

· 太阳翼展开机构模型；

· 天线展开机构模型。

2）模型接口。展开机构模型输入：展开指令（0 — 1 开关），展开部件之间的相对转角；输出：展开结束状态（0 — 1 开关），输出力矩；参数：扭转弹簧刚度系数，扭转弹簧预转角。

3）数学模型

$$T = K_s(\theta_s - \theta)$$

式中　K_s ——扭转弹簧刚度系数 [N·m/（°）]；

　　　θ_s ——扭转弹簧预转角；

　　　θ ——扭转弹簧相连各部件之间的相对转角。

③驱动机构

1）具体模型。所需的驱动机构具体仿真模型如下：

· 太阳翼驱动机构；

· 天线驱动机构。

2）模型接口。驱动机构模型输入：驱动指令（0 — 1 开关），微步距脉冲指令数（待定），步进电机实际输出角度；输出：驱动结束状态（0 — 1 开关），步进电机输出力矩；参数：正余弦电流细分数，电机齿数，齿轮减速比，电机最大输出力矩。

3）数学模型

$$T_1 = T_p\sin(2\pi n/K - ZN\theta) \quad 或 \quad T_2 = T_p\sin(ZN\omega_0 \cdot t - ZN\theta)$$

式中　n ——微步距脉冲数，$n = \text{int}(f_c \cdot t)$，$n = 0, 1, 2, \cdots$；

　　　f_c ——微步距脉冲频率；

　　　ω_0 ——电机输出轴控制转速（捕获或跟踪速率），$\omega_0 = 2\pi \cdot f_c/(KZN)$；

　　　K ——正余弦电流细分数；

Z —— 电机齿数；

N —— 齿轮减速比；

T_p —— 电机最大输出力矩；

θ —— 电机输出轴的空间角位移。

④连接与分离机构

1）具体模型。机械连接与分离机构。

2）模型接口。连接分离机构模型输入：分离指令（0—1开关），分离作用时间；输出：分离结束状态（0—1开关），分离冲量；参数：分离时间 $t_1 \sim t_n$、分离作用力 $F_1 \sim F_n$。

3）数学模型

$$M = \sum_{i=1}^{n} F_i t_i + \left[\frac{t - t_n}{t_{n+1} - t_n} \times (F_{n+1} - F_n) + F_n \right] \times (t - t_n) \quad (t_n \leqslant t \leqslant t_{n+1})$$

式中　M —— 分离冲量；

F_i —— 分离作用力；

t_i —— 分离作用力 F_i 对应的分离时间；

t —— 分离作用时间。

4.2.4　数字化航天器机构分系统设计实现

机构分系统的设计模型由多层子表单组成。其设计实现流程如图 4-9 所示，包含机构设计信息、机构设计和设计结果输出三部分内容。一层设计输入子表单共包括 4 个表单选项按钮，分别是项目信息、总体要求、机构构型布局和设计修改意见。一层机构设计分析子表单共包括 3 个链接文件按钮，分别是机构设计工作陈述、机构系统设计方案和遥测遥控通道设计。其中机构系统设计方案是进行机构设计的主界面，其二层子表单包含方案简介、系统构架、设计分析和指标参数子菜单。在该界面下启动机构设计平台应用程序进行设计分析，并且提取分析数据。设计结果输出一层子表单可以提取前面的设计结果，包括机构系统设计方案、机构系统设计指标、机构分析模型与结果，自动生成设计报告，并且可以提交机构系统仿真要求和接口数据。

航天器机构设计主要完成航天器机构的方案设计、运动和动力学分析、部件配置等任务，具体功能如下：

1）接收项目信息；

2）接收总体设计要求；

3）接收其他分系统限制条件；

4）航天器机构方案设计；

5）机构设备配置；

6）航天器机构的运动和动力学分析；

7）航天器机构设计结果输出；

8）航天器机构设计报告生成。

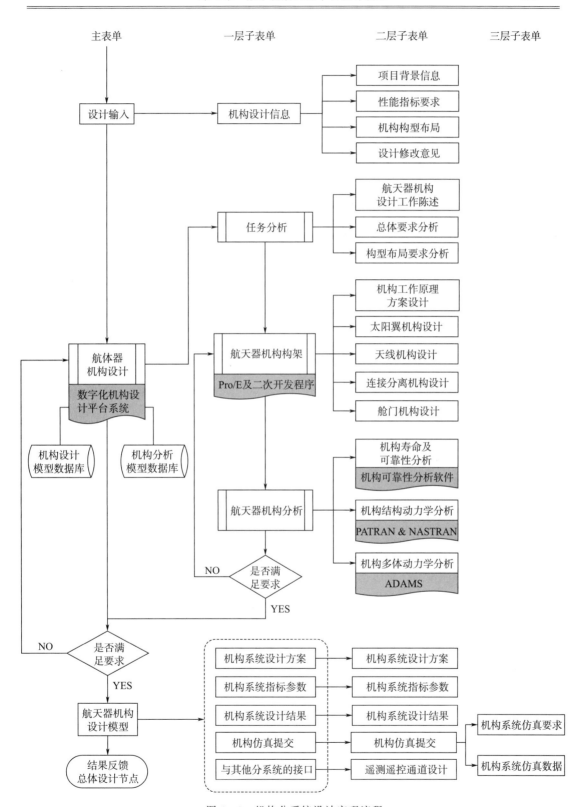

图 4-9　机构分系统设计实现流程

机构分系统设计节点模型主要由设计输入、机构设计、机构分析、设计结果和设计仿真五个主要模块组成。总体通过设计输入模块提出对机构分系统的主要设计指标和要求，设计师利用机构设计模块从成熟产品库中提取已有的设计模型，然后根据总体指标要求进行适应性修改，提出机构的初步设计方案。在完成机构的运动原理和机构设计后，进入机构分析模块，利用二次开发的机构分析应用软件对设计方案进行分析，然后把设计和分析结果汇总到设计结果模块，自动生成设计报告。同时设计仿真模块提取设计参数和提出仿真要求，提交到仿真数据库中进行机构仿真。

（1）设计基本信息表单

设计基本信息表单提供开展机构分系统方案设计的所有信息，主要包括项目背景信息、总体要求和机构构型布局表单等。

（2）机构设计表单

机构设计表单可以从已有设计方案中选择需要继承的方案，采用载入方式将设计库中的数据自动载入到相应表单中。机构设计表单包含工作陈述、机构系统设计方案、遥测遥控通道设计和仿真返回结果等。

机构系统设计方案表单包括任务分析、系统构架、设计分析和指标参数等，任务分析主要介绍机构分系统方案简介和组成等。

系统构架表单包含了机构分系统成熟产品数据库，机构设计师根据总体设计要求，可以从成熟产品库中选择可以继承的产品，然后添加到当前设计中。

机构设计分析采用设计模型导入，可自动载入前期设计模型数据，其包括了太阳翼机构、天线机构、连接分离机构和舱门机构等，采用文本形式描述机构详细设计，并能载入对应的机构设计模型。

比如，太阳电池阵设计分析表单与分析软件连通，满足收拢状态和展开状态分析要求，可实现自动分析及自动数据输入，并能载入太阳翼动力学模型、太阳翼一阶振型、太阳翼二阶振型、太阳翼三阶振型、太阳翼四阶振型、太阳翼五阶振型等相关数据及状态。天线机构、连接分离机构和舱门机构等均具有相对应功能。在完成机构设计分析后，可载入太阳翼机构仿真数据、连接机构仿真数据和舱门机构仿真数据，系统将自动载入机构的仿真输入数据。

指标参数表单可输入各项设计指标结果，并实现机构分系统质量、功耗、寿命和可靠度等指标自动计算。遥测遥控通道设计表单实现机构分系统的遥测遥控设计。

（3）设计结果表单

当所有的设计分析内容完成后，采用设计结果表单，提取前面的设计分析计算结果，显示在当前界面下，并以 Word 形式自动生成机构的方案设计报告。

（4）机构仿真提交

在机构设计完成后，经过总体设计节点确认，可以进行机构仿真提交，显示项目信息。机构仿真提交表单主要确定项目编码、仿真方案名称、仿真方案编码和仿真要求等，并将仿真要求及数据写入数据库。

（5）机构设计与仿真实现

根据机构仿真提交表率，利用平台设计系统，就可以进行数字化机构设计分析与仿真。平台设计系统基于两个支撑数据库，分别是机构设计数据库和分析数据库，分别用于保存和管理太阳翼机构各部件的设计和分析参数。常用的机构零部件三维参数化模型和仿真模型根据机构的型谱存储在模型库中。

数字化机构设计分析与仿真分为设计向导模块（Pro/E 二次开发程序）、结构动力学分析模块（PATRAN 二次开发程序）、多体动力学分析模块（ADAMS 二次开发程序）、设计与分析数据库管理模块以及可靠性预测计算模块等。各模块使用挂入式结构，并采用了不同的工具和技术，最后通过基于 Windows 编程的平台系统有机地集成在一起。平台开发过程中留有开发接口，随着新技术的发展和相关专业的扩充，可以根据需要在现有虚拟模块基础上进行扩充完善，添加新的设计分析功能。

①机构设计向导模块

机构设计向导模块是基于 Pro/E 二次开发技术，并结合 VC＋＋/MFC 编程的程序模块，主要开发机构设计的人机交互界面并实现设计参数化以及装配的自动化等功能。利用设计向导中图形化的界面，可以把机构的设计方法和知识嵌入到应用程序中，机构设计师可以利用该向导快速直接地进行机构产品设计，该程序模块自动连接平台支撑数据库并根据机构产品的装配关系，从成熟部件模型库中读取模型，通过参数驱动零件更新，然后把零件模型读入到 Pro/E 软件中，根据机构产品预先定义好的装配关系，进行虚拟装配。如符合构型要求，即可输出总体装配三维模型和供后续分析模块（PATRAN/NASTRAN）使用的中间数据文件。图 4 - 10 所示为设计向导程序根据设计师输入的要求自动生成的太阳翼机构三维模型。

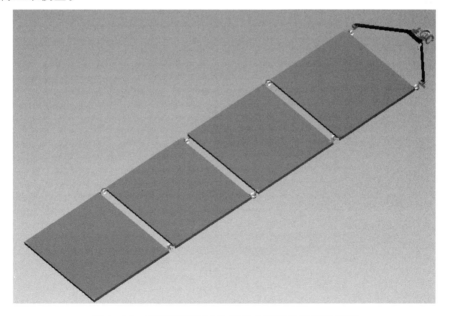

图 4 - 10　向导程序自动生成的太阳翼机构三维模型

②结构动力学分析模块

结构动力学分析模块通过利用结构分析软件 PATRAN 提供的二次开发技术（PCL 语言编程）实现。在启动 PATRAN 软件后，用户通过单击菜单栏的动力学模块启动按钮，打开专门为机构的结构动力学分析设计的用户界面，如图 4 - 11 所示。

图 4 - 11　机构的结构动力学分析对话框

结构动力学分析模块根据机构设计阶段输出的中间数据文件所提供的信息，自动创建对应的结构动力学分析装配模型，包括收拢和展开两种构型的有限元模型，自动划分网格并赋予各种力学和材料属性参数，然后自动进行结构动力学模态分析，并从分析结果文件中自动提取数据，生成结构动力学分析报告，包括分析模型的各种物理信息、材料信息、各阶模态信息和振型图。同时结构动力学分析模块还可以自动输出柔体模型文件（.mnf），用于后续的机构展开过程的多体动力学分析。如图 4 - 12 所示为结构动力学分析模块自动生成的太阳翼有限元模型。

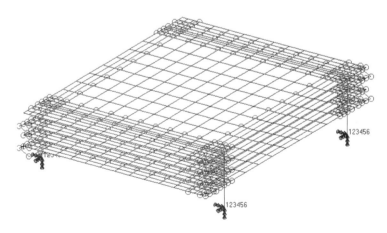

图 4 - 12　结构动力学分析模块自动生成的太阳翼有限元模型

③多体动力学分析模块

多体动力学分析模块通过 ADAMS 软件的二次开发技术实现。设计平台启动 ADAMS 之后，将自动载入由结构动力学分析模块输出的机构的柔体模型文件（.mnf），根据中间文件的信息，从成熟部件分析模型库中调入铰链等部件的分析模型，自动进行虚拟装配、施加约束和驱动，生成机构的柔体和刚体动力学分析模型。

机构设计师也可以利用该模块直接进行机构展开过程的动力学仿真，观察机构展开过程的应力应变。仿真结束后，用户可以通过对专门开发的交互界面的操作，察看各种仿真结果，并生成分析报告。

④可靠性预测模块

可靠性预测模块根据串并联系统可靠度算法编程实现机构系统的可靠度自动预测功能。根据设计阶段所选择的部件类型，从数据库中读取所对应的分系统可靠度或失效率数据，计算整个机构的可靠度。用户也可以自己修改各部件分系统的可靠性数据，进行可靠性计算。点击"复位"之后，各数据项将还原为数据库中的可靠性数据。如图 4 - 13 所示为太阳翼机构的可靠性预测计算模块的用户界面。

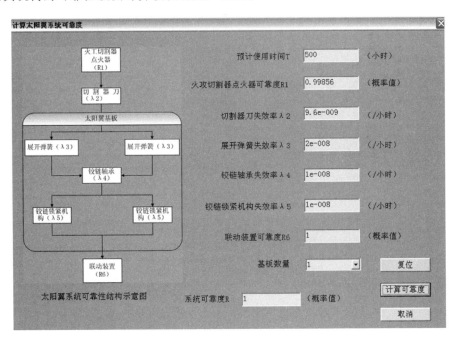

图 4 - 13 太阳翼系统可靠性预测计算界面

⑤支撑数据库管理模块

支撑数据库管理模块包括设计数据库和分析数据库，设计数据库存储各个部件的关键结构尺寸、预载荷和可靠性指标等参数；分析数据库存储各个部件的结构动力学分析参数，每种部件的设计或分析数据库对应一个数据表，它允许有权限的用户对数据库进行删除、插入等修改操作。太阳翼数字化设计分析平台中专门开发用于管理数据库的程序模块，其数据库管理界面如图 4 - 14 所示。

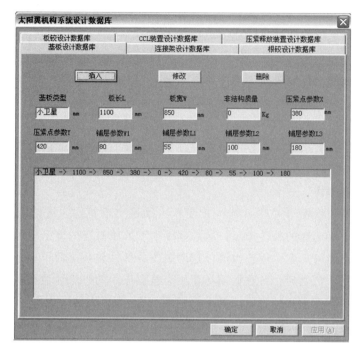

图 4-14　数据库管理界面

　　作为机构设计分析平台的支撑数据库，设计和分析数据库的所有内容完全与平台系统实现绑定和连接。根据工程需要，系统中可能要加入新类型的部件，针对该部件的设计和分析数据库就要增加新的记录。当新的记录增加之后，在机构设计阶段就可以得到新的部件类型选择和相对应的设计分析数据。

　　这种实时更新的功能真正实现了数据库对于平台系统的支持，而不是简单的数据管理。数据库新增部件类型的设计和分析记录之后，再在三维模型库和分析模型库中添加相对应的模型文件，就实现了新的部件类型的自动添加。这大大提高了设计分析平台使用的可扩展性，整个设计分析平台可以随着部件设计的更新实现内容的扩充。

4.3　航天器热控分系统设计模型

4.3.1　航天器热控分系统设计任务

　　航天器热控分系统设计任务包括：散热面选择、航天器热控设计、部组件热控设计和航天器热分析计算。

　　热控分系统设计输入：

　　1）轨道参数；

　　2）运行姿态；

　　3）飞行程序；

　　4）光照条件；

5）构型布局；

6）设备热功耗；

7）仪器设备热控要求；

8）总体对热控系统质量、功耗、可靠性指标、寿命等要求。

热控分系统设计输出：

1）散热面选择；

2）整星热控方案；

3）设备热控方案；

4）热控对布局要求；

5）热控对结构总装要求；

6）热控对遥测系统要求；

7）热分析结果；

8）与其他分系统的接口。

4.3.2　航天器热控分系统设计流程

数字化热控分系统设计模型运行在数字化航天器协同设计环境的热控设计节点，设计阶段由热控设计师采用设计表单进行设计，调用热分析软件完成分析，通过协同设计环境与总体和其他分系统实现协同工作。

热控分系统设计流程如图 4 - 15 所示。

（1）总体相关信息的收集

设计平台收集总体信息中与热控设计相关的内容，以此作为热控分系统设计的基本条件（或输入条件），这些输入信息应包括：

1）在轨任务；

2）轨道参数及姿态状况；

3）构型和仪器设备布局；

4）各仪器设备和部件的材料、尺寸、质量、功耗以及必要的热物理性质、工作周期及工作寿命；

5）各仪器设备和部件的工作温度范围和温度变化速率要求；

6）总装测试、环境模拟试验和发射场地环境条件及其对热控的要求。

（2）设计工况的确定

在整个轨道运行期间，热工况是不断变化的，为确定设计工况，必须明确如下的输入条件：

1）构型；

2）轨道参数及其姿态状况；

3）轨道面与太阳夹角的变化情况；

4）内部热源发热情况。

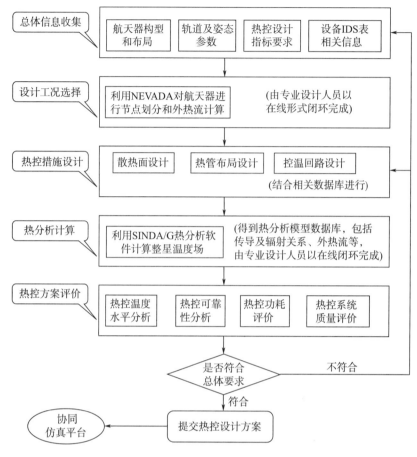

图 4 - 15　热控分系统设计流程

对于高轨道、结构比较规则的航天器或外露部件，外热流分布一般比较简单，可以直接估算出外热流值；但对于低轨道或构型不规则的航天器或外露部件，其外热流分布一般较为复杂，只有通过 NEVADA 专业软件才能获得比较准确的外热流变化规律。然后再结合航天器内热源的变化情况，就可以确定高温工况和低温工况。

（3）热控措施的选择

热设计是通过各种热控措施来实现的。选取热控措施的一般原则是，先考虑使用被动热控方法，再考虑使用主动热控方法。一般来说，是按照下面的顺序进行设计：

1）散热面初步设计；

2）热管的布局设计；

3）控温回路设计。

为进行热量的管理和传递，减少星内仪器设备温度的波动，一般来说航天器都会选被动热控方法。

（4）热分析计算

此处的热分析计算主要是指温度场计算，通过 SINDA/G 专业热分析软件来完成。建立热分析模型前，需提供以下输入参数：

1）仪器设备热容；

2）仪器设备热耗、工作时间和工作模式；

3）航天器外表面接受的热流值；

4）仪器布局、航天器结构、仪器表面热物性参数。

航天器表面的热流值通过 NEVADA 软件计算获得；仪器布局、航天器结构、仪器设备表面热物性参数作为输入条件提供给 NEVADA 软件，以便获得辐射角系数和辐射交换系数，这些系数则作为 SINDA/G 软件的一部分输入条件。经过整理和处理，最后获得极端工况下的温度场结果。

（5）热控设计方案评估

通过以上的热设计和热分析过程，即可获得初步的热控设计方案，接下来就是对该方案进行评估，评估主要是从以下几个方面进行：

1）热控分系统质量分析；

2）热控分系统可靠性分析；

3）热控分系统所需补偿的加热功率；

4）航天器的温度场分布。

将评估结果与总体要求进行比较，如果不满足要求，则返回"热控措施的选择"这一阶段重新分析和进行热控方案的完善和调整，调整后的方案仍遵循以上流程进行验证评估，如果热控方案经过多次调整后，均有一项或多项指标不满足总体要求，则向总体提出，要求总体放宽设计指标，若结果满足指标要求则将热控初步方案提交给总体并提出相关的要求。

（6）确定热设计方案并提交总体

将热控初步设计方案和相关的设计要求提交给总体，经总体最终确定认可后，则直接形成正式的热控设计方案，最终提交给仿真平台。

4.3.3　航天器热控分系统设计模型组成

航天器热控分系统设计模型由指标分析子模块、热控设计子模块和热分析子模块三部分组成。

（1）指标分析子模块

功能：根据总体和其他分系统对热控系统设计要求，以及航天器构型布局和飞行轨道等设计条件进行综合，提出热控分系统设计技术要求。

输入：总体对热控设计要求，航天器构型布局，航天器功耗分配，飞行程序，各分系统对热控要求。

输出：热控技术要求。

（2）热控设计子模块

功能：根据各设备对热控要求，明确热控技术要求，确定热控分系统工作模式，提出热控方案。

输入：轨道参数，运行姿态，飞行程序，光照条件，构型布局，设备热功耗，仪器设备热控要求。

输出：散热面选择，航天器热控方案，设备热控方案，工作模式。

（3）热分析子模快

功能：进行热变形、热应力、热流分析、热辐射等整星热分析，为航天器热控设计提供验证与优化。

输入：航天器构型布局，设备热功耗，材料热特性，热辐射特性，热传导特性，空间环境条件，热控方案，轨道参数，运行姿态，飞行程序，光照条件。

输出：外热流分析结果，航天器温度场分析结果，热应力场分析结果，热应变场分析结果。

①散热面设计模型

为简化问题，建立散热面模型时，通常如下假设：

1）对于某一多层隔热材料及散热面来说，投射到表面上的热流强度均匀；

2）隔热材料内壁面温度相等，取作航天器内部环境温度；

3）散热面内外壁面温度相等。

首先对于航天器多层隔热材料，采用当量辐射模式，通过多层隔热材料的漏热率为

$$q_{imL} = \delta \varepsilon_{imep}(T_{imH}^4 - T_{imC}^4) \qquad (4-1)$$

式中 q_{imL} ——通过多层隔热材料的漏热率（W/m²）；

δ ——斯忒藩-玻耳兹曼常数；

ε_{imeq} ——多层隔热材料当量辐射率；

T_{imH} ——多层隔热材料内壁面温度（K）；

T_{imC} ——多层隔热材料外壁面温度（K）。

其中

$$\varepsilon_{imeq} = \frac{\varepsilon_{imin}}{(n+1)(2 - \varepsilon_{imin})} \qquad (4-2)$$

式中 ε_{imin} ——多层隔热材料中每层材料的辐射率；

n ——多层隔热材料的层数。

对于多层隔热材料外表面，由能量守恒定律可得

$$Q_{imR} = Q_{imL} + Q_{imS} \qquad (4-3)$$

式中 Q_{imR} ——多层外表面向空间辐射的能量（W）；

Q_{imL} ——通过多层外表面漏热量（W）；

Q_{imS} ——多层外表面吸收的空间外热流（W）。

对于某一多层外表面其外热流均匀，故式（4-3）可变为

$$\delta \varepsilon_{imout} T_{imC}^4 = q_{imL} + \alpha q_{imS} \qquad (4-4)$$

式中 ε_{imout} ——多层隔热材料外表面辐射率；

α ——多层隔热材料外热流吸收率，其中包括太阳外热流、地球红外辐射外热流等。

将式（4-1）、式（4-4）联立可得

$$q_{imL} = \frac{\delta \varepsilon_{imeq} T_{imH}^4 - \dfrac{\varepsilon_{imeq}}{\varepsilon_{imout}} \alpha q_{imS}}{1 + \dfrac{\varepsilon_{imeq}}{\varepsilon_{imout}}} \qquad (4-5)$$

其次，对于散热面，同样根据能量守恒定律可得

$$\delta \varepsilon_{radout} T_{radC}^4 = q_{radL} + \alpha q_{radS} \qquad (4-6)$$

式中　q_{radL} ——通过散热面的散热率（W/m²）；

　　　　ε_{radout} ——散热面外层辐射率；

　　　　T_{radC} ——散热面外壁面温度（K）。

最后，根据航天器整星热平衡即可求出散热面面积的大小。

②可靠性模型

如图 4-16 所示，从可靠性的角度上讲，热控系统是由涂层、隔热材料、热量收集传输系统、蓄热装置、排热装置（辐射器或散热面）组成的串联系统，其系统可靠度

$$R_s(t) = \prod_{i=1}^{n} R_i(t) \qquad (4-7)$$

式中　$R_s(t)$ ——串联系统的可靠度；

　　　　$R_i(t)$ ——串联系统各单元的可靠度。

图 4-16　热控系统可靠性框图

4.3.4　数字化航天器热控分系统设计实现

按照热控系统设计工作流程，热控分系统设计模型如图 4-17 所示，主要包括设计基本信息、热控分系统设计以及设计结果等三个部分，这些内容与热控节点模型要求的对应如下：

1）总体信息收集对应设计基本信息；

2）设计工况选择、热控措施设计、热分析计算及热控方案评价对应热控分系统设计；

3）提交热控设计方案对应热控设计结果与设计结果提交。

热控设计主要实现热控分系统设计输入、热控分系统设计、热控分系统设计输出等三类功能。热控分系统设计输入和输出功能，主要由表单完成。热控分系统设计功能表单和数学模型相嵌套完成设计任务。设计节点的功能又分为设计、评估、辅助三类。

①设计类功能

1）散热面大小与位置设计；

2）主动加热配置与功率分配；

3）热管布置。

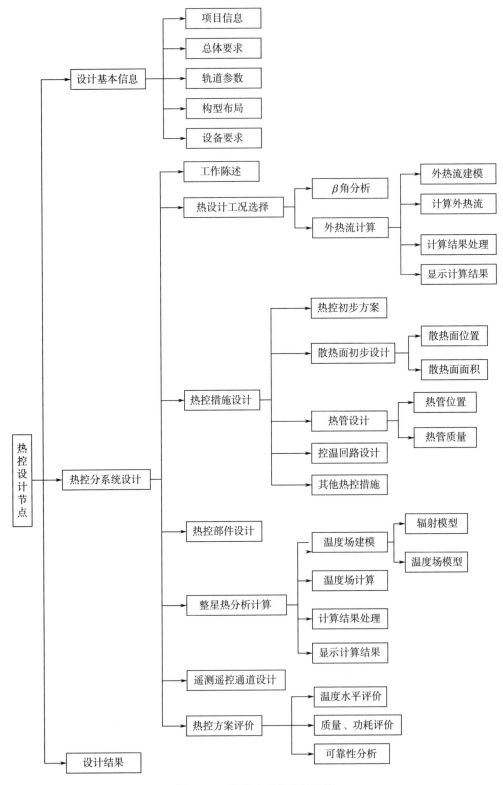

图 4 - 17　热控分系统设计模型

②评估类功能

1）质量评估；

2）可靠性评估。

③辅助类功能

1）对象、资源、热分析数据的导入；

2）设计与分析结果的导出；

3）模型参数的计算与导出。

（1）设计基本信息表单

热控分系统设计基本信息表单，能够接收设计任务和设计基本信息，主要由总体以及其他分系统提供，具体包括项目信息、总体要求、轨道参数、构型布局和设备要求。其中项目信息和总体要求来自于总体节点，轨道参数来自于轨道设计节点，构型布局来自构型布局节点。热控设计时要检查这些设计基本信息参数，以便能完成设计任务。

（2）热控分系统设计表单

热控分系统设计界面如图 4 - 18 所示。其中，工作陈述子表单根据总体以及其他节点提供的设计基本信息，对热控基本工作进行简要说明，描述热控分系统设计任务的主要情况。

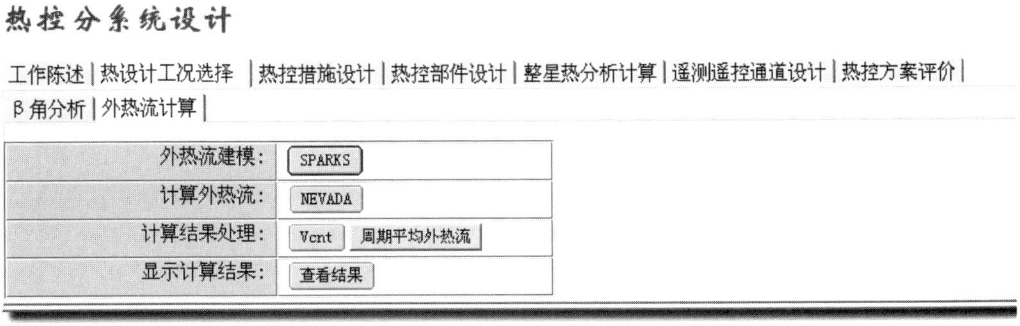

热控分系统设计

工作陈述 | 热设计工况选择 | 热控措施设计 | 热控部件设计 | 整星热分析计算 | 遥测遥控通道设计 | 热控方案评价 | β 角分析 | 外热流计算 |

外热流建模：	SPARKS
计算外热流：	NEVADA
计算结果处理：	Vcnt　周期平均外热流
显示计算结果：	查看结果

图 4 - 18　热控分系统设计表单界面

热设计工况选择表单包括 β 角分析以及外热流计算两部分内容，外热流计算包含外热流建模、外热流计算、计算结果后处理与计算结果显示四个部分。

对于热控分系统来说，到达航天器表面的太阳辐照热流和地球反照热流均与 β 角密切相关，为完成外热流分析，首先必须了解 β 角的变化情况和规律。β 角为轨道面与阳光矢量之间的最小夹角，其范围为 $-90°$ 到 $90°$，为确定设计工况，需要对卫星的 β 角进行分析。

在 β 角分析完毕后，需要对卫星外热流进行详细分析。根据卫星构型布局，进行合理简化后，采用 SPARKS 建立卫星外热流模型。利用热分析软件 VEGAS 进行外热流计算，计算完毕后利用研制开发的专用后处理软件 Vcnt 对外热流进行处理，并计算出周期平均外热流。

（3）整星热分析计算表单

整星热分析计算表单包括温度场建模、温度场计算、计算结果后处理与计算结果显示四个部分。其中温度场建模与温度场计算由专业热分析软件 NEVADA 和 SINDA/G 共同完成。

利用 NEVADA 建立整星的辐射模型，然后建立温度场模型（如图 4-19 所示），利用 SINDA/G 进行温度场计算，计算完毕后，采用专用后处理软件 rltproc 对计算结果进行后处理。

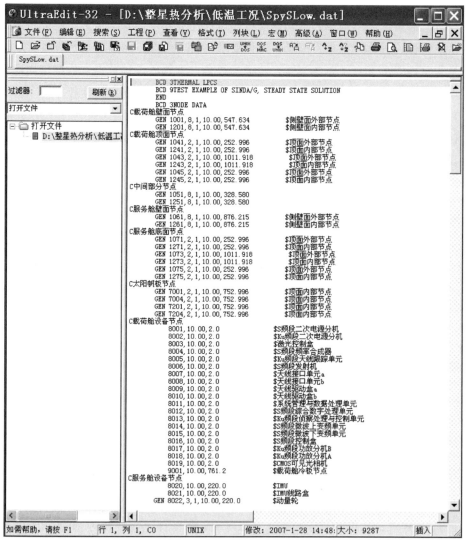

图 4-19　温度场模型

（4）接口设计表单

热控设备选择完毕后，进行热控系统评估，评估完成后进入遥测遥控通道设计，通过这些通道对航天器热设备完成遥测遥控设计，如图 4-20 所示。

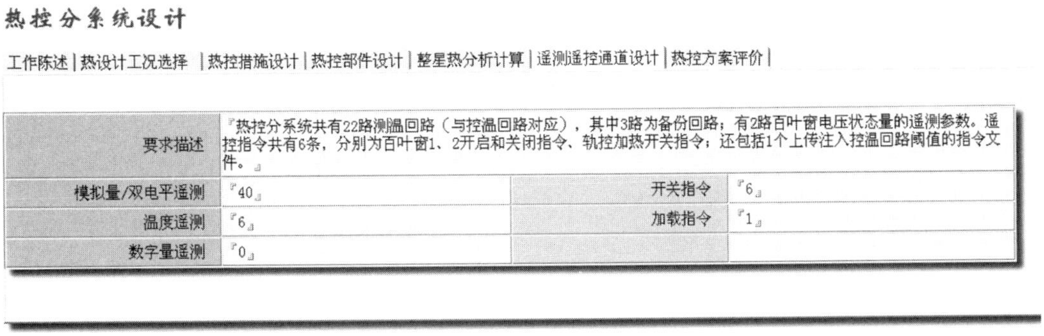

热控分系统设计

工作陈述 | 热设计工况选择 | 热控措施设计 | 热控部件设计 | 整星热分析计算 | 遥测遥控通道设计 | 热控方案评价 |

要求描述	『热控分系统共有22路测温回路（与控温回路对应），其中3路为备份回路；有2路百叶窗电压状态量的遥测参数。遥控指令共有6条，分别为百叶窗1、2开启和关闭指令、轨控加热开关指令；还包括1个上传注入控温回路阈值的指令文件。』		
模拟量/双电平遥测	『40』	开关指令	『6』
温度遥测	『6』	加载指令	『1』
数字量遥测	『0』		

图 4 - 20　热控节点遥测遥控设计

（5）方案评估表单

在热控方案初步完成后，需要对热控方案进行评价，以确保其满足总体对热控的要求；若调整后也不能满足总体设计要求，需要及时与总体进行沟通，重新开始新的设计。热控方案评价主要包括整星温度场分析、热控分系统质量功耗评价及热控分系统可靠性分析三个方面的内容，如图 4 - 21 所示。

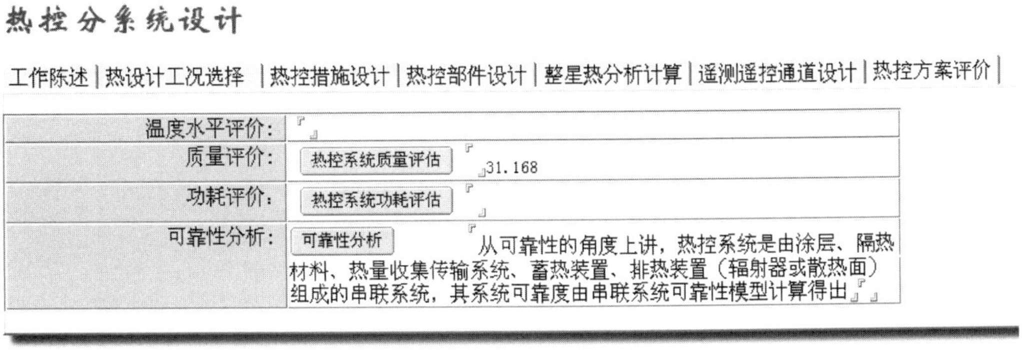

热控分系统设计

工作陈述 | 热设计工况选择 | 热控措施设计 | 热控部件设计 | 整星热分析计算 | 遥测遥控通道设计 | 热控方案评价 |

温度水平评价：	『　　』
质量评价：	热控系统质量评估　『31.168』
功耗评价：	热控系统功耗评估　『　』
可靠性分析：	可靠性分析　『从可靠性的角度上讲，热控系统是由涂层、隔热材料、热量收集传输系统、蓄热装置、排热装置（辐射器或散热面）组成的串联系统，其系统可靠度由串联系统可靠性模型计算得出』

图 4 - 21　热控方案评价

（6）设计结果表单

热控设计部分全部完成后，进入设计结果部分，可导入设计模型，并可自动生成设计报告，并查看和打印输出具体设计报告，如图 4 - 22 所示。

（7）航天器热控分系统设计应用软件

应用程序内嵌于协同设计平台，主要完成设计任务，这里介绍一下热控分系统设计几个主要方面的应用软件，后面设计过程中就不再详细论述。

①散热面设计

该功能程序主要用于完成航天器散热面设计，并将设计完成后的结果形成设计报告。该模块主要由散热面位置与材料选择、读取设计条件、设计计算以及设计输出组成，具体如图 4 - 23 所示。

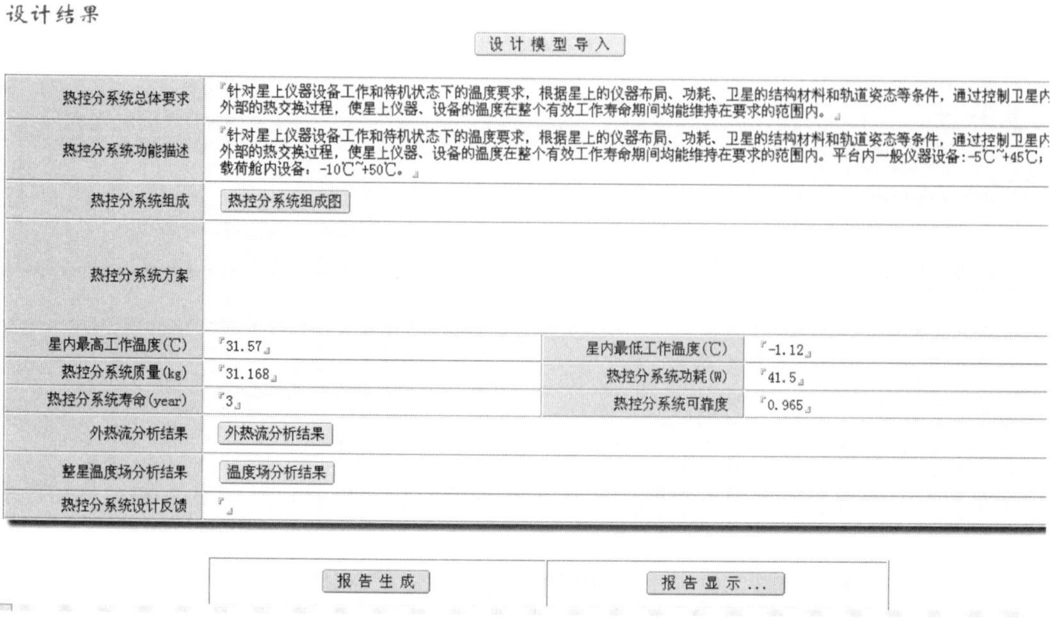

设计结果

图 4-22　热控节点设计结果界面

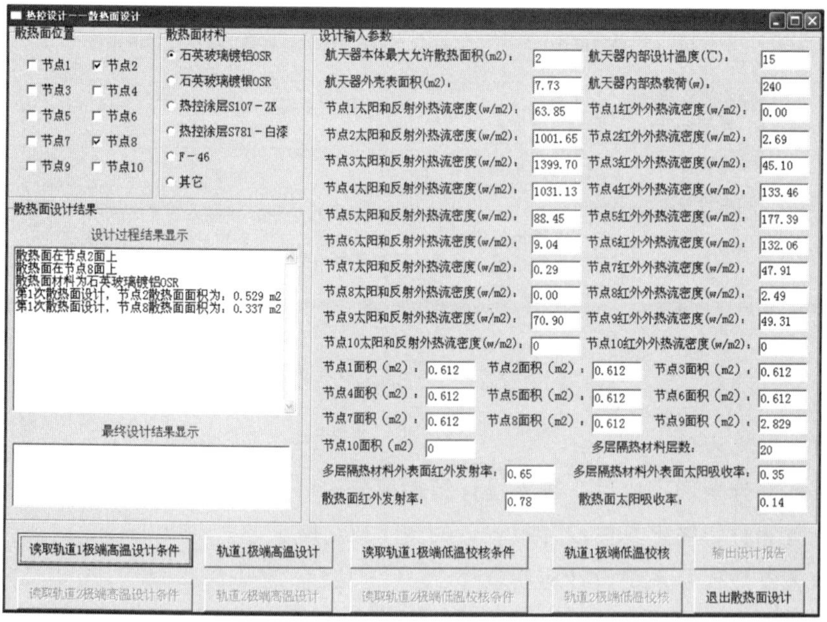

图 4-23　散热面设计功能程序界面

使用该功能程序时，首先选择散热面位置与材料，读取散热面设计条件，其中包括极端工况下航天器表面外热流，其来源于专业热分析软件的外热流分析结果。在设计输入条件完成后，进行极端高温工况下散热面设计，得出一个初步散热面大小和位置，然后进行极端低温工况下散热面校核，看散热面是否满足设计要求，满足要求则输出设计报告，否则重新调整设计。

②主动加热配置设计

该功能程序主要用于航天器控温回路选取，并将选取完成后的结果进行评估，得出设计结论。该模块主要由平台设计、有效载荷设计及设计评估组成，具体如图 4-24 所示。

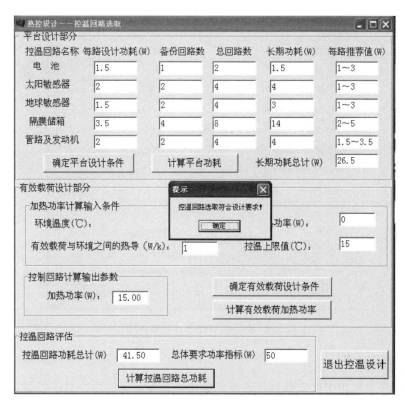

图 4-24　控温回路选取功能程序界面

对于一些在我国航天器设计中的通用设备，如电池、太阳敏感器、地球敏感器、隔膜贮箱、肼管路及发动机等的控温回路设计方法，因其热控设计相对比较成熟，在设计伊始，可直接选取在其上面加设控温回路，控温回路的功率也可以采用成熟的设计值。而对于有效载荷部分，需进行热分析后确定控温回路控温功率大小。设计完成后，计算航天器控温回路总功耗，并与总体要求的功率指标进行比较评估，得出最后的设计结果。

③热管设计

该功能程序主要用于航天器热管布局设计，并将设计完成后的结果形成设计报告。该模块主要由热管布局设计、热管属性计算和设计输出组成。

根据航天器类型和布局形式，选取热管安装形式、安装类型，确定安装位置，根据热控设计经验和理论，确定需要的热管根数、热管安装间距和热管长度。在热管布局设计完成后，进行热管属性计算，得出热管总数目以及热管总质量，最后输出设计结果。

④可靠性设计

该功能程序主要用于航天器热控系统可靠性设计，并将设计完成后的结果进行评估，得出设计结论。该模块主要由平台设计、有效载荷设计及设计评估组成，具体如图 4 - 25 所示。首先根据热管设计、控温回路设计功能程序的设计结果，计算热控系统中热管和控温回路可靠度，然后计算航天器百叶窗机构的可靠度，最后计算整个热控系统的可靠度，并与总体提出的可靠度指标进行评估，得出热控系统可靠性设计结果。

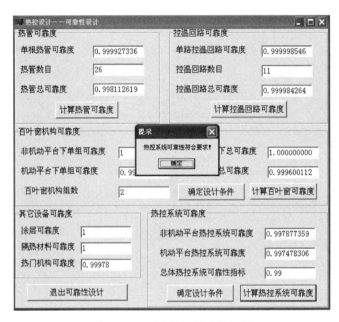

图 4 - 25　可靠性设计功能程序

⑤热控设计评估

该功能程序主要用于航天器热控系统质量评估，主要评估热控系统质量是否满足设计要求。该模块主要由计算热控系统质量、热管质量评估、热控分系统质量评估和评估报告输出组成，具体如图 4 - 26 所示。

根据热管设计质量、热控硬件质量和热控表面材料质量计算出热控分系统质量，进行热管质量评估，最后进行热控分系统质量评估，判断是否满足总体技术要求。

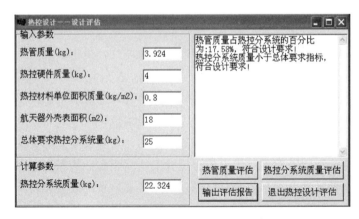

图 4 - 26　热控设计评估功能程序

4.4　航天器控制分系统设计模型

4.4.1　航天器控制分系统设计任务

航天器控制分系统设计任务包括：航天器动力学分析、确定航天器控制模式、确定控制分系统组成、确定控制分系统技术指标及各子系统技术指标、控制子系统方案设计和提出控制分系统对航天器总体和其他分系统接口要求。

航天器控制分系统设计输入：

1）任务轨道参数；

2）航天器质量特性；

3）航天器模态参数；

4）航天器总体构型布局；

5）机构方案及参数；

6）轨道控制策略；

7）总体对控制系统质量、功耗、可靠性指标、寿命等要求。

航天器控制分系统设计输出：

1）控制分系统组成；

2）航天器控制模式；

3）控制子系统方案；

4）控制分系统技术指标及各子系统技术指标；

5）控制分系统设备配套表；

6）控制分系统接口数据单。

4.4.2　航天器控制分系统设计流程

数字化控制分系统设计模型运行在数字化航天器协同设计环境的控制设计节点，设计阶段由控制设计师采用设计表单模型进行设计，调用底层控制分系统数学模型完成分析，通过协同设计环境与总体和其他分系统实现协同工作。

数字化控制分系统主要流程包括设计输入、分系统设计和设计输出三个部分，通过迭代设计方式完成数字化设计，其主要流程如图 4 - 27 所示。

4.4.3　航天器控制分系统设计模型组成

航天器控制分系统设计模型功能：

1）环境扰动力与力矩计算；

2）整星角动量平衡分析；

3）确定航天器控制模式；

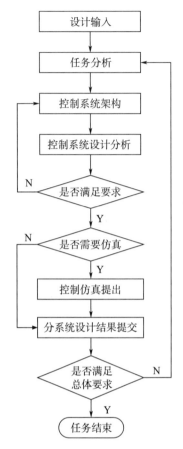

图 4 - 27　控制分系统设计流程

4）确定控制分系统组成；

5）确定控制分系统技术指标及各子系统技术指标；

6）控制子系统方案设计；

7）提出控制分系统对航天器总体和其他分系统接口要求。

航天器控制分系统设计模型输入：

1）任务轨道参数；

2）轨道控制策略；

3）带柔性附件的姿态动力学模型及参数；

4）柔性多体动力学模型及参数；

5）有效载荷工作模式；

6）有效载荷工作条件；

7）总体对控制系统质量、功耗、可靠性指标、寿命等要求；

8）航天器设备配套表和接口数据单。

航天器控制分系统设计模型输出：

1）航天器控制模式；

2）控制分系统组成；

3）控制分系统技术指标及各子系统技术指标；

4）控制子系统方案；

5）控制分系统设备配套表；

6）控制分系统接口数据单。

航天器控制分系统视航天器情况，有的包括推进，把其作为控制分系统下面的子系统；有的不包括推进，将其单独作为推进分系统。为简便起见且不失一般性，这里着重介绍姿态控制分系统。航天器姿态控制分系统设计模型由姿态控制器、执行机构（以反作用飞轮和推力器为例）、姿态动力学模型、姿态运动学模型和姿态测量模型组成，如图 4-28 所示。

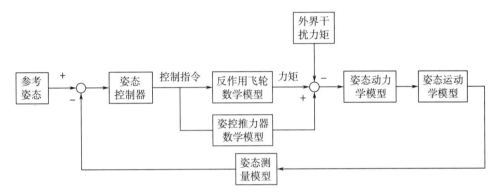

图 4-28　姿态控制系统设计模型构成图

航天器控制分系统设计模型根据不同航天器控制分系统组成不同，涉及多种设计模型。限于篇幅，这里仅介绍航天器姿态动力学模型。在不考虑航天器的柔性特征时，其姿态动力学方程可以由欧拉方程得到。设航天器相对其体坐标系原点的动量矩为

$$\boldsymbol{H} = \boldsymbol{I}_t \boldsymbol{\omega} + \sum_{i=1}^{n} \boldsymbol{h}_j = \boldsymbol{h}_c + \boldsymbol{h}_{RW} \tag{4-8}$$

式中　$\boldsymbol{\omega}$ ——航天器本体相对惯性空间的角速度；

$\boldsymbol{h}_c$ ——飞轮组无航天器本体相对转动时系统的总动量矩；

$\boldsymbol{I}_t$ ——包括了航天器本体与飞轮组对体坐标系原点的总惯性张量；

$\boldsymbol{h}_{RW}$ ——飞轮组相对于航天器本体的相对转动产生的角动量增量。

以航天器本体坐标系为计算坐标系，对式（4-8）求导得

$$\dot{\boldsymbol{h}}_c + \boldsymbol{\omega} \times \boldsymbol{h}_c + \dot{\boldsymbol{h}}_{RW} + \boldsymbol{\omega} \times \boldsymbol{h}_{RW} = \boldsymbol{T}_{mag} + \boldsymbol{T}_d + \boldsymbol{T}_g \tag{4-9}$$

式中　$\boldsymbol{T}_g$ ——引力梯度力矩；

$\boldsymbol{T}_d$ ——作用于星体的外部扰动力矩；

$\boldsymbol{T}_{mag}$ ——磁力矩器提供的控制力矩。

将上式写为矩阵形式

$$\boldsymbol{I}_t \dot{\boldsymbol{\omega}} + \tilde{\boldsymbol{\omega}} \boldsymbol{I}_t \boldsymbol{\omega} + \dot{\boldsymbol{h}}_{RW} + \tilde{\boldsymbol{\omega}} \boldsymbol{h}_{RW} = \boldsymbol{T}_{mag} + \boldsymbol{T}_d + \boldsymbol{T}_g$$

又可写成

$$\boldsymbol{I}_t \dot{\boldsymbol{\omega}} + \tilde{\boldsymbol{\omega}} \boldsymbol{I}_t \boldsymbol{\omega} + \tilde{\boldsymbol{\omega}} \boldsymbol{h}_{RW} = \boldsymbol{T}_m + \boldsymbol{T}_d + \boldsymbol{T}_g \qquad (4-10)$$

其中

$$\boldsymbol{T}_m = -\dot{\boldsymbol{h}}_{RW} + \boldsymbol{T}_{mag}$$

即为航天器的姿态控制力矩，其中 $-\dot{\boldsymbol{h}}_{RW}$ 为飞轮组产生的控制力矩。

将航天器本体角速度用欧拉角速度表示，采用 3-1-2 坐标旋转顺序，则轨道坐标系到航天器本体坐标系的转换矩阵为

$$
[A_{br}] = \begin{bmatrix} \cos\theta & 0 & -\sin\theta \\ 0 & 1 & 0 \\ \sin\theta & 0 & \cos\theta \end{bmatrix} \begin{bmatrix} 1 & 0 & 0 \\ 0 & \cos\varphi & \sin\varphi \\ 0 & -\sin\varphi & \cos\varphi \end{bmatrix} \begin{bmatrix} \cos\psi & \sin\psi & 0 \\ -\sin\psi & \cos\psi & 0 \\ 0 & 0 & 1 \end{bmatrix}
$$

$$
= \begin{bmatrix} \cos\theta\cos\psi - \sin\varphi\sin\theta\sin\psi & \cos\theta\sin\psi + \sin\varphi\sin\theta\cos\psi & -\sin\theta\cos\varphi \\ -\sin\psi\cos\varphi & \cos\varphi\cos\psi & \sin\varphi \\ \sin\theta\cos\psi + \sin\varphi\sin\psi\cos\theta & \sin\theta\sin\psi - \sin\varphi\cos\theta\cos\psi & \cos\varphi\cos\theta \end{bmatrix}
$$

$$(4-11)$$

其中，ψ、φ、θ 分别为航天器本体的偏航、滚转和俯仰角。

航天器本体角速度的表达式为

$$
\begin{cases}
\omega_x = \dot{\varphi}\cos\theta - \dot{\psi}\cos\varphi\sin\theta - \omega_0(\sin\psi\cos\theta + \sin\varphi\sin\theta\cos\psi) \\
\omega_y = \dot{\theta} + \dot{\psi}\sin\varphi - \omega_0\cos\psi\cos\varphi \\
\omega_z = \dot{\varphi}\sin\theta + \dot{\psi}\cos\varphi\cos\theta + \omega_0(\sin\varphi\cos\theta\cos\psi - \sin\theta\sin\psi)
\end{cases}
\qquad (4-12)
$$

其中，ω_0 为轨道角速度。航天器运行于椭圆轨道上，假定航天器本体的欧拉角、欧拉角速度都是小量，则式（4-12）又可简化为如下形式

$$\omega_x = \dot{\varphi} - \omega_0\psi$$

$$\omega_y = \dot{\theta} - \omega_0$$

$$\omega_z = \dot{\psi} + \omega_0\varphi \qquad (4-13)$$

引力梯度力矩的表达式可以写为

$$\boldsymbol{T}_g = \frac{3\mu}{R^5}(\boldsymbol{R} \times \boldsymbol{I}\boldsymbol{R}) \qquad (4-14)$$

其中，μ 为地球引力常数，$\boldsymbol{R}$ 为地心到航天器质心的矢径。在 3-1-2 的欧拉角旋转顺序下，$\boldsymbol{R}$ 在航天器本体坐标系中的各分量可以写为

$$
\boldsymbol{R} = \begin{bmatrix} R_x \\ R_y \\ R_z \end{bmatrix} = \begin{bmatrix} R\cos\varphi\sin\theta \\ -R\sin\varphi \\ -R\cos\varphi\cos\theta \end{bmatrix} \qquad (4-15)
$$

将式（4-14）写为矩阵形式为

$$
\begin{bmatrix} T_{gx} \\ T_{gy} \\ T_{gz} \end{bmatrix} = \frac{3\mu}{R^5} \begin{bmatrix} 0 & R\cos\varphi\cos\theta & -R\sin\varphi \\ -R\cos\varphi\cos\theta & 0 & -R\cos\varphi\sin\theta \\ R\sin\varphi & R\cos\varphi\sin\theta & 0 \end{bmatrix} \begin{bmatrix} I_x & -I_{xy} & -I_{xz} \\ -I_{xy} & I_y & -I_{yz} \\ -I_{xz} & -I_{yz} & I_z \end{bmatrix} \begin{bmatrix} R\cos\varphi\sin\theta \\ -R\sin\varphi \\ -R\cos\varphi\cos\theta \end{bmatrix}
$$

$$(4-16)$$

在欧拉角和欧拉角速度都为小量的情况下，式（4 - 16）可以简化为

$$
\begin{bmatrix} T_{gx} \\ T_{gy} \\ T_{gz} \end{bmatrix} = 3\omega_0^2 \begin{bmatrix} (I_z - I_y)\varphi - I_{xy}\theta + I_{yz} \\ (I_z - I_x)\theta - I_{xy}\varphi - I_{xz} \\ I_{xz}\varphi + I_{yz}\theta \end{bmatrix}
$$

$$(4-17)$$

将动力学方程（4 - 10）中的各项分别写为矩阵形式有

$$
\boldsymbol{I}_t \dot{\boldsymbol{\omega}} = \begin{bmatrix} I_x & -I_{xy} & -I_{xz} \\ -I_{xy} & I_y & -I_{yz} \\ -I_{xz} & -I_{yz} & I_z \end{bmatrix} \begin{bmatrix} \ddot{\varphi} - \omega_0\dot{\psi} \\ \ddot{\theta} \\ \ddot{\psi} + \omega_0\dot{\varphi} \end{bmatrix}
$$

$$(4-18)$$

$$
\tilde{\boldsymbol{\omega}} \boldsymbol{I}_t \boldsymbol{\omega} = \begin{bmatrix} 0 & -(\dot{\psi} + \omega_0\varphi) & \dot{\theta} - \omega_0 \\ \dot{\psi} + \omega_0\varphi & 0 & -(\dot{\varphi} - \omega_0\psi) \\ -(\dot{\theta} - \omega_0) & \dot{\varphi} - \omega_0\psi & 0 \end{bmatrix} \begin{bmatrix} I_x & -I_{xy} & -I_{xz} \\ -I_{xy} & I_y & -I_{yz} \\ -I_{xz} & -I_{yz} & I_z \end{bmatrix} \begin{bmatrix} \ddot{\varphi} - \omega_0\dot{\psi} \\ \ddot{\theta} \\ \ddot{\psi} + \omega_0\dot{\varphi} \end{bmatrix}
$$

$$(4-19)$$

$$
\begin{bmatrix} T_{gx} \\ T_{gy} \\ T_{gz} \end{bmatrix} = 3\omega_0^2 \begin{bmatrix} (I_z - I_y)\varphi - I_{xy}\theta + I_{yz} \\ (I_z - I_x)\theta - I_{xy}\varphi - I_{xz} \\ I_{xz}\varphi + I_{yz}\theta \end{bmatrix}
$$

$$(4-20)$$

$$
\tilde{\boldsymbol{\omega}} \boldsymbol{h}_{RW} = \begin{bmatrix} -h_y(\dot{\psi} + \omega_0\varphi) + h_z(\dot{\theta} - \omega_0) \\ h_x(\dot{\psi} + \omega_0\varphi) - h_z(\dot{\varphi} - \omega_0\psi) \\ h_x(w_0 - \dot{\theta}) + h_y(\dot{\varphi} - \omega_0\psi) \end{bmatrix}
$$

$$(4-21)$$

$$
\boldsymbol{T}_m = \begin{bmatrix} T_{mx} \\ T_{my} \\ T_{mz} \end{bmatrix}, \quad \boldsymbol{T}_d = \begin{bmatrix} T_{dx} \\ T_{dy} \\ T_{dz} \end{bmatrix}
$$

将以上各式代入式（4 - 10），并假设航天器本体坐标轴沿航天器本体的主惯量轴，或惯性积与惯性矩相比为小量，可以忽略惯性积的影响，则可得航天器的姿态动力学方程为

$$
\begin{cases} I_x\ddot{\varphi} + \omega_0(I_y - I_x - I_z)\dot{\psi} + 4\omega_0^2(I_y - I_z)\varphi - h_y(\dot{\psi} + \omega_0\varphi) + h_z(\dot{\theta} - \omega_0) = T_{mx} + T_{dx} \\ I_y\ddot{\theta} + 3\omega_0^2(I_x - I_z)\theta + h_x(\dot{\psi} + \omega_0\varphi) - h_z(\dot{\varphi} - \omega_0\psi) = T_{my} + T_{dy} \\ I_z\ddot{\psi} + \omega_0(I_x + I_z - I_y)\dot{\varphi} + \omega_0^2(I_y - I_x)\psi - h_x(\dot{\theta} - \omega_0) + h_y(\dot{\varphi} - \omega_0\psi) = T_{mz} + _{dz} \end{cases}
$$

$$(4-22)$$

以上动力学方程还可以进一步简化，式中 h_x、h_y 和 h_z 为飞轮组相对航天器本体的动量矩在航天器本体坐标中的分量，可以写为以下形式

$$h_{RW} = I_{RW}\Omega \tag{4-23}$$

设飞轮组共有 N 个飞轮，$I_{RW} = \mathrm{diag}(I_{w1} \quad I_{w2} \quad \cdots \quad I_{wN})$ 为飞轮组的轴向转动惯量矩阵，其每一个元素为相应飞轮的轴向转动惯量，$\Omega = \mathrm{diag}(\Omega_1 \quad \Omega_2 \quad \cdots \quad \Omega_N)$，其中 $\Omega_i(i=1，2，\cdots，N)$ 为飞轮的转速。通常 I_{wi} 比航天器本体的转动惯量小得多，即有

$$\frac{I_{wi}}{I_q} \ll 1 (q = x, y, z) \tag{4-24}$$

故动力学方程又可以简化为

$$\begin{cases} I_x\ddot{\varphi} + \omega_0(I_y - I_x - I_z)\dot{\psi} + 4\omega_0^2(I_y - I_z)\varphi - h_z\omega_0 = T_{mx} + T_{dx} \\ I_y\ddot{\theta} + 3\omega_0^2(I_x - I_z)\theta = T_{my} + T_{dy} \\ I_z\ddot{\psi} + \omega_0(I_x + I_z - I_y)\dot{\varphi} + \omega_0^2(I_y - I_z)\psi + h_x\omega_0 = T_{mz} + T_{dz} \end{cases} \tag{4-25}$$

式（4-25）即是最后的航天器的姿态动力学方程。可见，滚动-偏航通道的动力学方程是耦合的，而俯仰通道的动力学方程是独立的，其姿态控制系统可以单独设计。

4.4.4 数字化航天器控制分系统设计实现

数字化航天器控制分系统设计实现流程如图 4-29 所示。

控制分系统设计实现由设计输入、控制分系统设计、控制仿真、设计输出等表单组成。根据不同航天器的具体要求和特点，通过这些表单以及其下层表单，输入相应约束，调用相应模型和算法，进行控制分系统设计。设计输入主表单包括项目信息、总体要求、构型要求、轨道要求、控制分系统设计修改意见。控制分系统设计表单包括任务分析、控制分系统架构、控制系统分析计算。任务分析表单包括工作陈述、总体要求分析、构型及轨道要求分析；控制分系统架构包括控制模式设计、工作原理设计、系统设备配套、与其他分系统接口等；控制系统分析计算包括姿态控制精度分析、轨道控制精度分析、制导导航控制精度分析、综合精度分析等。控制仿真表单有仿真任务提出和仿真结果反馈表单等。

（1）设计输入表单

设计输入表单由项目信息、总体要求、构型布局输入和轨道输入等组成，如图 4-30 所示。

（2）控制分系统设计与仿真表单

控制分系统设计与仿真表单由工作陈述、任务分析、系统配置、姿态控制/推进/导航等子系统、遥测遥控通道设计、仿真结果等组成，通过这些表单的选择与调用，逐步完成控制分系统设计与仿真。比如，选择调用任务分析表单，就可进行轨道机动、姿态机动等任务分析，如图 4-31 所示。又比如，选择调用仿真结果表单，即可显示相关的设计仿真结果，如图 4-32 所示。

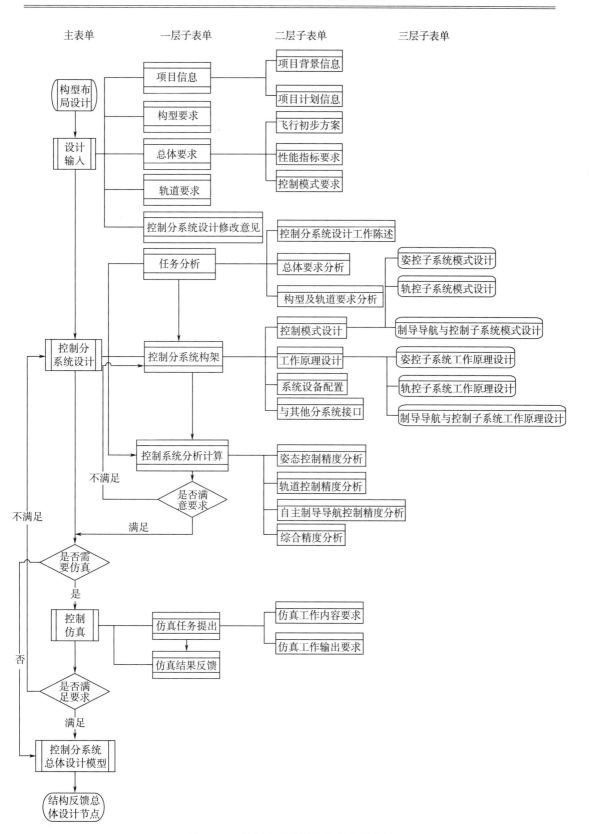

图 4 - 29 控制分系统设计模型实现流程

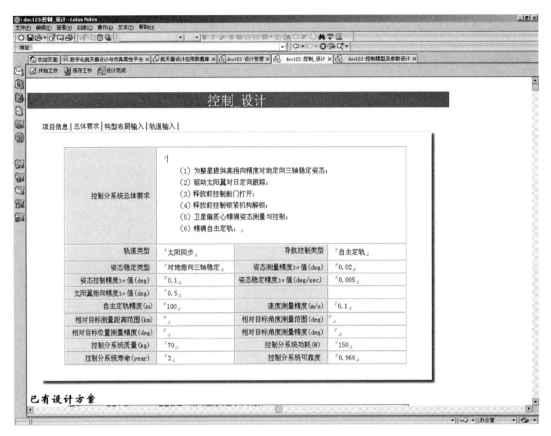

图 4-30　设计输入

控制分系统设计

工作陈述 | 任务分析 | 系统配置 | 姿态控制子系统设计 | 推进子系统设计 | 自主制导导航子系统设计 | 遥测遥控通道设计 | 仿真结果 |

轨道机动任务分析	『轨道机动要求控制系统能够根据轨道控制策略程序执行控制过程，包括建立轨道控制发动机工作姿态，控制轨控发动机开关机，轨控发动机工作期间的姿态保持稳定，轨道控制完成之后正常运行姿态的捕获。』
姿态机动任务分析	『轨道机动飞行器要求控制系统能够实现从正常运行姿态到指定姿态的轨道机动，以及从任何姿态到正常运行姿态和安全模式的姿态机动。』
实现控制精度的系统任务分析	『轨道机动飞行器采用三轴稳定，正常运行期间对地定向三轴稳定，在轨道发动机工作期间惯性空间三轴稳定，处于安全模式时对日定向自旋稳定。因此，要求姿态敏感器能够提供地球水平/垂直基准、太阳视线基准和惯性基准。』
保证姿态稳定的系统任务分析	『对地指向可采用三轴稳定；地球敏感器提供当地垂线基准（俯仰和滚动）；太阳或星敏感器用作第三轴基准和姿态确定；反作用飞轮、动量轮或控制力矩陀螺用于精确指向和节省推进剂；反作用控制系统用于粗控制和动量卸载，磁力矩器也可卸载动量；惯性测量部件用于机动和姿态确定。对惯性定向可采用三轴稳定进行重定向。』

图 4-31　任务分析

姿态测量精度(deg)	Pitch:『1』	Yaw:『1』	Roll:『1』
姿态控制精度(deg)	Pitch:『1.95406』	Yaw:『1.9712962』	Roll:『1.9034928』
姿态控制稳定度	『0.00180606』		
使用模型	～ xiaochupian.mdl		
姿态控制结果曲线	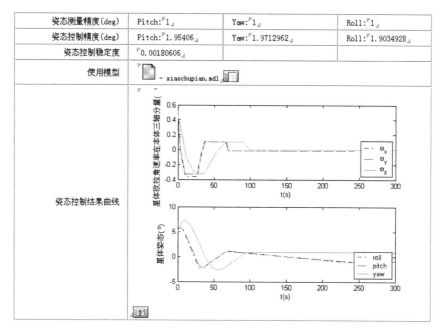		

图 4 - 32　设计结果曲线显示

（3）设计结果表单

设计人员按照控制分系统设计实现流程完成相应设计工作后，利用设计结果表单就能得到设计结果，并可输出打印相关控制分系统设计报告。设计结果和设计报告界面分别如图 4 - 33 和图 4 - 34 所示。

图 4 - 33　设计结果

图 4-34 设计报告

4.5 航天器电源分系统设计模型

4.5.1 航天器电源分系统设计任务

航天器电源分系统设计任务包括：确定电源分系统组成、航天器电源负载统计分析、确定电源分系统技术指标及各子系统技术指标、电源子系统方案设计、轨道能量平衡分析和提出电源分系统对航天器总体和其他分系统接口要求。

电源分系统设计输入：

1）航天器光照条件；

2）太阳电池片损伤通量；

3）航天器总体构型布局；

4）航天器工作模式；

5）总体对电源分系统质量、功耗、可靠性指标、寿命等要求；

6）航天器设备配套表和接口数据单。

电源分系统设计输出：

1）电源分系统组成；

2）电源分系统工作模式；

3）负载轨道曲线；

4）电源分系统技术指标及各子系统技术指标；

5) 电源分系统设备配套表；

6) 电源分系统接口数据单。

4.5.2　航天器电源分系统设计流程

数字化电源分系统设计模型运行在数字化航天器协同设计环境的控制设计节点，设计阶段由电源设计师采用设计表单进行设计，调用底层电源应用软件和底层数学模型完成分析，通过协同设计环境与总体和其他分系统实现协同工作。

航天器电源分系统的设计可分为两个层次。

第一层次是航天器电源分系统的总体设计，即根据航天任务需求及其他有关制约因素，确定电源分系统的设计方案。主要内容有根据任务需求及其制约因素进行电源分系统任务分析、选择并确定配置方案、功率统计及分析、确定太阳阵构型、确定太阳阵组成和外形尺寸及质量、确定蓄电池组组成及相关参数、确定电源控制设备功能并预估相关参数等几项工作。这一层次的设计是从航天器电源分系统的总体设计角度出发，根据卫星任务的功率需求（峰值功率、平均功率、寿命初期和寿命末期的功率需求）、轨道光照条件、卫星姿态、寿命、辐射损伤、电源部件的性能退化及太阳电池和蓄电池本身的外特性等制约因素，找出卫星电源分系统在性能、质量、体积、可靠性和成本等方面的相对较优的设计结果。有时需要根据实际情况，对这些指标进行综合分析和权衡后做出选择。

第二层次的设计为电源分系统的部件设计，根据第一层次设计对电源分系统各部件提出的指标，对太阳电池阵、蓄电池组、电源控制设备、电源变换器和配电设备进行部件级和电路级的设计，取得更加详细的设计参数。这一层次的设计是由电源分系统部件的制造厂商完成的。与第一层次的设计相比，这一层次设计的制约因素要少。

电源分系统设计流程如图 4 - 35 所示。其中，总体任务需求及设计指标分析主要有轨道光照条件分析、负载功率需求分析以及总体制约条件分析等内容；资料调研、设计数据库查询主要有对国内外电源研制水平的调研，以及以往其他型号设计经验、设计指标、部件参数及飞行数据的查询等内容；电源拓扑结构及配置方案选择主要是根据具体飞行任务对各种拓扑结构及配置方案的优劣进行比较，从而确定一种适宜的拓扑结构及配置方案；电源参数设计计算、接口关系确定则是进行具体的设计计算，主要包括计算太阳电池阵功率和蓄电池组容量，计算太阳电池串并联数量，给出太阳电池阵面积、质量等参数，计算蓄电池组串并联数量，给出蓄电池组尺寸、质量及放电深度等参数，能量平衡分析计算，太阳电池阵和蓄电池组及其他部件温度预估，编制电源分系统遥测参数及遥控指令表，确定与其他分系统机电热接口关系等内容；设计结果仿真、方案评估、方案优化是指通过计算软件与设计平台的接口将设计结果送交仿真，通过仿真对具体设计方案作出评价并进行优化选择，仿真结果也可以作为方案描述的一部分用以充实方案；之后的设计评审是根据专家的审查意见修改、确定最终的方案。设计计算有时会影响到方案选择，仿真和评审环节也会影响到方案选择和设计计算环节。

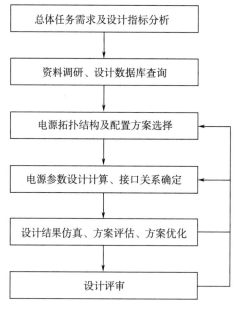

图 4 - 35 电源分系统设计流程

4.5.3 航天器电源分系统设计模型组成

航天器电源分系统基本结构形式按功率调节方式可以划分为两大类型。峰值功率跟踪 PPT（Peak Power Tracking）方式和直接能量传输 DET（Direct Energy Transfer）方式，如图 4 - 36 所示。

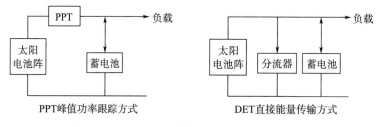

图 4 - 36 电源分系统两种基本的功率调节方式

PPT 方式有母线调节和母线不调节两种基本的拓扑结构形式。DET 方式可分为母线不调节、母线全调节（如图 4 - 37 所示）、光照区母线全调节、混合型母线调节（如图 4 - 38 所示）四种拓扑结构形式。因此 DET 方式比 PPT 方式普遍。DET 方式的功率调节控制单元包括分流调节器、蓄电池充电调节器 BCR 和放电调节器 BDR。

常见的分流调节器有三种类型：模拟线性分流器、数字分流器和 PWM 开关分流器。从分流调节器与太阳电池阵的连接方式上，又可把分流调节分成两种方式：一种是分流器与整个太阳电池阵并联的全分流方式，另一种是把分流器与部分太阳电池阵并联的部分分流方式。

蓄电池充电调节器有两种类型：一种是降压型的，母线电压比蓄电池组电压高，母线

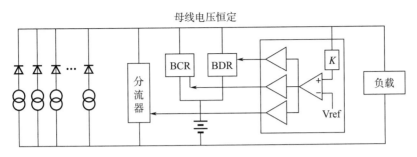

图 4 - 37　母线全调节方式电源分系统拓扑结构

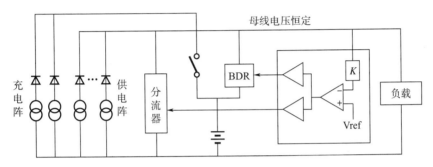

图 4 - 38　混合母线调节方式电源分系统拓扑结构

对蓄电池组充电时，BCR 进行降压变换；另一种是升压型的，母线电压低于蓄电池组电压，母线对蓄电池组充电时，BCR 进行升压变换。在 DET 方式的电源分系统中，蓄电池充电调节器有两种基本的工作模式。当太阳电池阵的输出功率能够满足负载的需求，但是不能满足所设定的充电电流的需求时，分流器不工作，由 BCR 调节充电电流的大小，以稳定母线电压，此时 BCR 的作用类似于分流器，这种工作模式称为母线电压调节模式。另一种模式是，太阳电池阵输出的功率足以供给负载和蓄电池组充电。此时 BCR 按设定的充电速率给蓄电池组充电，分流器工作并稳定母线电压。这种模式称为充电电流调节模式。

太阳电池阵设计模型包括太阳电池阵面积计算模型、太阳电池阵串联数量计算模型、太阳电池阵并联数量计算模型等。

1）太阳电池阵面积计算模型：计算太阳对太阳电池阵的太阳入射角，计算地影时间，根据航天器功率需求，蓄电池充电功率，选择太阳电池片，计算太阳电池阵面积。

2）太阳电池阵串联数量计算模型：太阳电池阵串联数量由寿命末期单片电池最大功率点的电压值和母线电压上限值所决定。

3）太阳电池阵并联数量计算模型：太阳电池阵并联数量由寿命末期单片电池最大功率点的电流值和母线电压上限值及太阳电池阵输出功率所决定。

蓄电池组设计模型包括蓄电池组电能量计算模型、蓄电池组串联数量计算模型等。

1）蓄电池组电能量计算模型：考虑了放电调节器效率后的蓄电池长期负载供电能量和蓄电池短期负载补充供电能量之和，根据工程需要，选择已有的蓄电池。

2) 蓄电池组串联数量计算模型：根据单体蓄电池额定容量和单体蓄电池额定工作电压，考虑了蓄电池最大放电深度、线路损失系数和备份单体电池数，计算蓄电池组串联数量。

电源控制设备的功能包括对太阳电池阵的调节、蓄电池组的充放电控制及电源分系统的检测等。电源控制器设计模型确定电源控制设备功能并预估相关参数。

（1）轨道光照条件分析

对于太阳电池阵-蓄电池组联合供电体制，轨道光照条件决定着太阳电池阵的构型和尺寸以及蓄电池组的设置规模和充放电控制方式，轨道光照条件分析是进行电源设计的基本条件。轨道光照条件分析是对轨道面上的太阳入射角、太阳电池阵的太阳入射角和地影时间的变化规律进行分析。

以太阳同步轨道光照条件分析为例，航天器太阳电池阵的构型及其相对于太阳的实际方位决定了被太阳电池截获的太阳光量，因而也决定了太阳电池阵的输出功率。太阳电池阵在航天器上的构型布局通常有三种方法：1）太阳电池片敷贴在航天器表面，只有采用自旋稳定的航天器才使用这种方法；2）三轴稳定控制方式中，航天器轨道采用晨昏轨道时，太阳电池阵布置在轨道平面内；3）三轴稳定控制方式中，航天器轨道采用降交点地方时为10点钟的轨道时，太阳电池阵布置在垂直于轨道面的方向上。以在整个轨道周期内，太阳始终垂直照射太阳电池阵时所接收的太阳入射能量为1，对轨道面太阳入射角 β 不同时，固定展开式太阳电池阵可能接收到的最大太阳入射能量计算如图 4-39 所示。

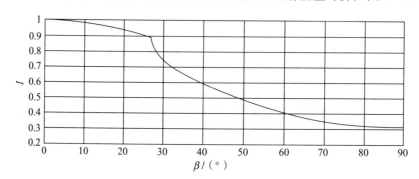

图 4-39　轨道面太阳入射角不同时太阳阵可能接收的最大入射能量

从图 4-39 可以看出，太阳阵可能接收的最大入射能量相对于轨道面太阳入射角的变化是递减的。在轨道面太阳入射角不超过 27.03°时，这一般对应于降交点地方时在 6：00 左右的晨昏轨道，选择位于轨道平面内的固定展开式太阳电池阵，太阳阵可能接收的最大入射能量为垂直照射时的 90%以上，因此是一种十分理想的选择；而当轨道面太阳入射角超过 50°时，这一般对应于降交点地方时在 9：00 以后的轨道，太阳电池阵接收到的最大太阳入射能量还不到垂直照射时的 50%，此时应当考虑采用垂直于轨道平面的对日定向展开式太阳电池阵的设计，以获得较大的太阳阵接收能量。

首先计算太阳电池阵的太阳入射角。太阳电池阵布置在垂直于轨道面的方向上时，太阳和轨道面的夹角是指太阳光在轨道上的投影与太阳光的夹角，太阳光入射角的大小直接

影响到太阳电池阵的电源输出功率。太阳与轨道面的夹角的计算模型为

$$r = \arcsin(\cos i \sin\delta - \sin i \cos\delta \sin\alpha \cos\Omega + \sin i \cos\delta \cos\alpha \sin\Omega) \qquad (4-26)$$

式中　r ——太阳与轨道面的夹角；

　　　i ——轨道倾角；

　　　α 和 δ ——太阳的赤径和赤纬；

　　　Ω ——轨道的升交点赤经。

太阳电池阵所要求的是太阳与轨道面法线方向的夹角即太阳电池阵的太阳入射角 β。入射角 β 和太阳与轨道面的夹角的关系为：$\beta = 90° - r$。

其次计算地影时间。对于太阳同步轨道，受晒因子计算模型为：

$$k_s = \frac{1}{2} + \frac{1}{\pi}\arcsin\left(\frac{\cos\alpha}{\sin\beta}\right) \qquad (4-27)$$

式中　k_s ——受晒因子；$\beta = \pi/2$ 时轨道处在地影中弧段的一半（即半遮蔽角）。

则在一个轨道周期内进入地影的时间 T_{shade} 为

$$T_{\text{shade}} = 2\pi(1 - k_s)\sqrt{\frac{(R+h)^3}{\mu}} \qquad (4-28)$$

（2）负载功耗及工作模式分析

负载功率需求分析是研究在航天器整个寿命期内负载功率需求变化情况，如长期功率、短期功率、峰值功率、峰值功率持续时间的变化过程和负载工作时间的调配方法等，目的是一方面提高电源分系统的能量利用效率，另一方面减轻电源分系统及卫星总体的设计压力。

在对航天器负载功率需求进行分析的基础上，研究特定航天器电源分系统的设计特点，把对电源分系统的功率需求转化为对太阳电池阵、蓄电池组和电源控制装置的要求等子问题，通过解决这些子问题来得到电源分系统的详细设计方案。

1）把各种负载按其各自的优先级别和主要特点进行分类，便于能够以逻辑的方式进行处理；

2）对于各种不同的轨道运行阶段和工作模式进行扫描和筛选，为各种负载在任务运行时间表中安排一个可行的最优位置；

3）把负载工作所需的各种约束条件以规则的形式加以描述，作为调配负载时的参考条件。

这些方法的有机结合及运用，有助于更快地完成负载功率的需求分析和负载功率的合理调配。

（3）蓄电池组参数计算

蓄电池组所需供电能量计算模型为

$$P_L = (P_{ECL} \cdot t_{ECL} + P_F \cdot t_F)/\eta_D \qquad (4-29)$$

式中　P_L ——考虑了放电调节器效率后的蓄电池长期负载供电能量和蓄电池短期负载补充供电能量之和；

　　　P_{ECL} ——地影期长期负载功率；

t_{ECL} ——最大地影持续时间；

P_F ——短期负载功率；

t_F ——短期负载工作时间；

η_D ——放电调节器效率。

蓄电池组串联数量计算模型为

$$N_s = P_L / (V_d \cdot \text{DOD}_{\text{MAX}} \cdot C_s \cdot K_L) + n \qquad (4-30)$$

式中　N_s ——蓄电池串联数；

V_d ——单体蓄电池额定工作电压；

DOD_{MAX} ——蓄电池最大放电深度；

K_L ——线路损失系数；

n ——备份单体电池数；

C_s ——单体蓄电池额定容量。

（4）太阳电池参数计算

首先根据航天器需求计算太阳电池阵输出功率 P

$$P = P' + P_1 \qquad (4-31)$$

式中　P ——太阳电池阵输出功率；

P' ——光照期所需负载功率；

P_1 ——光照期蓄电池充电功率。

蓄电池充电功率按下式计算

$$P = \frac{P_L t_D}{t_C \eta_C \eta_D \eta_{BC}} \qquad (4-32)$$

式中　t_D ——蓄电池放电时间；

t_C ——蓄电池充电时间；

η_C ——充电控制器效率；

η_D ——蓄电池充放电效率。

太阳电池阵的设计应满足航天器寿命末期的供电需求。因此，太阳电池阵串联数量由寿命末期单片电池最大功率点的电压值和母线电压上限值所决定，太阳电池阵并联数量由寿命末期单片电池最大功率点的电流值和母线电压上限值及太阳电池阵输出功率所决定。

太阳电池阵串联数量计算模型为

$$N_{\text{SCS}} = \frac{V_{\text{bus}} + V_{\text{dio}} + V_{\text{line}}}{V_{\text{eolmp}}} \qquad (4-33)$$

式中　N_{SCS} ——太阳电池阵串联数量；

V_{bus} ——母线电压上限值；

V_{dio} ——隔离二极管压降；

V_{line} ——太阳电池阵供电线路压降；

V_{eolmp} ——寿命末期单片电池最大功率点电压；

其中 V_{eolmp} 计算模型为

$$V_{eolmp} = [V_{bmp} + T_{vmp}(T_{op} + T_{o})]F_{zv} \cdot F_{hv} \cdot F_{rav} \tag{4-34}$$

式中　V_{bmp} ——单片电池最大功率点电压；

　　　　T_{vmp} ——电压温度系数；

　　　　T_{op} ——太阳电池工作温度；

　　　　T_{o} ——标准温度；

　　　　F_{zv} ——电压装配损失因子；

　　　　F_{hv} ——电压环境损失因子；

　　　　F_{rav} ——电压随机失效损失因子。

太阳电池阵并联数量计算模型为

$$N_{SCP} = \frac{(1+\alpha)PA}{I_{eolmp}V_{bus}} \tag{4-35}$$

式中　N_{SCP} ——太阳电池阵并联数量；

　　　　α ——太阳电池阵功率设计裕度；

　　　　A ——太阳电池阵面积；

　　　　I_{eolmp} ——寿命末期单片电池最大功率点电流。

其中 I_{eolmp} 计算模型为

$$I_{eolmp} = [I_{bmp} + T_{imp}(T_{op} + T_{o})]F_{zi} \cdot F_{hi} \cdot F_{rai} \cdot K_{ss} \tag{4-36}$$

式中　I_{bmp} ——单片电池最大功率点电流；

　　　　T_{imp} ——电压温度系数；

　　　　T_{op} ——太阳电池工作温度；

　　　　T_{o} ——标准温度；

　　　　F_{zi} ——电压装配损失因子；

　　　　F_{hi} ——电压环境损失因子；

　　　　F_{rai} ——电压随机失效损失因子；

　　　　K_{ss} ——光强损失因子。

太阳电池阵的面积计算模型为

$$A = A_{Rsc} \cdot N_{SCS} \cdot N_{SCP} / F_{p} \tag{4-37}$$

式中　A ——太阳电池阵面积；

　　　　A_{Rsc} ——单片太阳电池面积；

　　　　F_{p} ——太阳电池阵布片系数。

（5）电源控制设备功能及参数确定

电源控制设备的功能包括对太阳电池阵的调节、蓄电池组的充放电控制及电源分系统的检测等。

①分流调节器

太阳电池阵的输出特性受温度、光照、辐照损失等因素的影响很大。例如，太阳电池阵刚出地影时，温度较低，它的开路电压很高，如果不分流，则其工作点电压可能过高而损坏负载；另外航天器的负载并非恒定不变，负载的变化也会引起太阳电池阵工作点的漂移。因此有必要使用分流调节器调节太阳电池阵的输出功率，稳定它的工作点，把母线电压调节到预先设定的范围内，使负载能够平稳、安全、可靠地从太阳电池阵获取能量。

脉冲宽度调制型开关分流器工作过程：误差放大器对输入的母线电压和参考电压进行比较放大，输出的误差信号用以产生控制开关功率管的 PWM 信号。PWM 信号控制流经功率管的平均电流，由此达到调制母线电压的目的。开关功率管工作在截止和导通状态。当分流管导通时，太阳电池阵被短路，无功率输出，母线电压由滤波器维持。当分流管截止时，太阳电池阵为母线供电，同时补充滤波器释放的能量。因为分流管工作在截止区和饱和区，所以分流管的发热量较小，开关分流器同时具有质量相对较轻、体积小、效率高等优点。

当太阳电池阵输出功率较大时，由多个开关分流器组成顺序开关分流调节器。采用脉宽调制信号控制各级分流开关管的通断，使相应分阵电流分流或输出到母线上，通过调整太阳电池阵输出到母线上的电流，达到稳定母线电压的目的。相邻两分流级之间设置控制死区以保证任意时刻只有一级处于开关调节状态，在控制死区，母线电压调节由滤波电容的充放电完成。分流开关管全部导通时，可将太阳电池阵全部分流。为降低母线纹波电压，减少滤波电容的数量，应选用高频开关管。用于消除开关管通断产生的冲击电流的电感、用于测量每个分流电路分流电流的采样电阻取值均应较小。为防止短路故障的发生，分流开关管和隔离二极管均应采取 2 只串联互为备份的可靠性措施，电容应串接熔断管，同时要有母线过压保护措施。

②充电调节器

充入电量与放出电量的比值，即充电系数，对镍氢蓄电池的平衡温度、电池性能及循环寿命有较大影响。因此，充电控制方法非常重要。镍氢蓄电池常用的充电控制方法有压力控制和电量控制两种。温度补偿限压充电原理是利用充电电压是充电状态函数的特性，预先设置一个充电终压，达到充电终压时结束充电；考虑到电池电压还是温度的函数，为了补偿温度的影响，设置的充电终压要对温度进行修正；另外电池性能也会随使用时间而下降，设置的充电终压也要相应改变。这样就要设置一组曲线即 V - T 曲线来满足充电控制要求。但镍氢蓄电池接近充电结束时，会发生副反应导致充电效率下降，充电电能变为热能使电池温度升高，温度补偿限压充电的方法不能准确地控制镍氢蓄电池的充电状态。压力控制充电方法是利用镍氢蓄电池内部氢气压力放电时线性下降、充电时线性上升并在满电荷时保持稳定的特性，在电池压力容器上贴布压力应变片或压力传感器来测量电池内部压力，以控制充电状态。这种方法在灵敏度、精度以及数据修正等方面存在很多问题，一般仅作为辅助方法使用。电量控制充电方法是将放电电流对时间积分得出放电容量，通过计算机判别以及必要时地面遥控等手段，综合其他因素根据放电容量对蓄电池进行充电，因而可以比较准确地控制充电系数，是一种较好的充电控制方法。

充电控制采用电量控制为主、压力控制为辅的方案。在电量控制中，充电分为三个阶段进行。第一阶段充电阵电流全部用来充电；第二阶段，当补充了 85%～90% 的电

量后，充放电系数达到 0.93 时，改为低倍率充电；第三阶段，当充放电系数达到 1.03
时，充电电流转为涓流。随着飞行时间的延长，电池性能的衰减，以上各阶段的充放电
系数可以通过遥控指令进行调整，以适应不同条件的要求。同时以电池组最高临界温度
作为极限充电保护，若电池组温度达到设定温度，则充电电流转向涓流。

在输入电流过流、输出电流过流、蓄电池达到充电末期温度等情况下充电保护电路实
施保护措施。充电调节器的效率应达到 91%。

③放电调节器

放电调节器由脉宽调制信号控制的开关电源及保护电路等组成。选择升压型电源变换
器，目的在于优化蓄电池组的设计。为实现模块化设计，将脉宽调制信号电路设计为一个
模板，功率电路按功率量级进行模块化设计，用两个或多个效率达到 91% 的放电调节器模
块满足本任务的放电调节要求。为提高放电调节器的效率，应选用高频开关管。应在输入
电流过流、母线电压过压、蓄电池电压过低等情况下，采用保护电路实施保护措施。

电源控制设备的详细设计由电源研制单位完成。电源总体方案设计阶段，只需给出总
体设计所需要的机、电、热预估参数即可。因此可参照已有型号相同类型、相同功率的设
备模型，为总体提供相应参数。通过构建电源控制设备模型的数据库架构，设计人员可在
数据库中进行设备模型选择，调出相关参数供总体设计参考使用。

4.5.4　数字化航天器电源分系统设计实现

数字化航天器电源分系统设计表单，主要包括设计输入、分系统设计、分系统仿真提
交和设计输出等表单。其中设计输入表单主要包括项目信息、构型要求、总体要求、轨道
要求、电源分系统设计修改意见等部分，其中项目信息包括项目背景信息、项目计划信息
等，总体要求包括飞行初步方案、性能指标要求、功率要求等；分系统设计表单包括任务
分析、分系统架构、分系统分析计算等，其中任务分析包括工作陈述、总体要求分析、构
型与轨道要求分析，分系统架构包括工作模式设计、工作原理设计、系统设备配置、与其
他分系统接口等；分系统仿真提交主要包括仿真要求与仿真结果反馈；设计输出主要包括
设计数据载入、设计报告生成等。

数字化设计平台中的电源分系统模型要求实现设计输入、电源分系统设计、设计输出
等三项功能。

（1）设计输入基本信息表单

设计输入基本信息表单主要包括项目信息、总体设计要求和轨道条件等，通过这些表
单规范电源分系统设计所需的全部约束信息。比如，总体设计要求通过如图 4-40 所示表
单界面进行确定。

（2）电源分系统设计表单

电源分系统设计表单主要包括轨道光照条件分析、负载功率需求分析、电源方案设
计、遥测信息及遥控指令设计、提出对总体及其他分系统的约束条件或设计保障要求等功
能。其首个设计表单界面如图 4-41 所示，其下一层次界面通过点击功能框逐级实现。

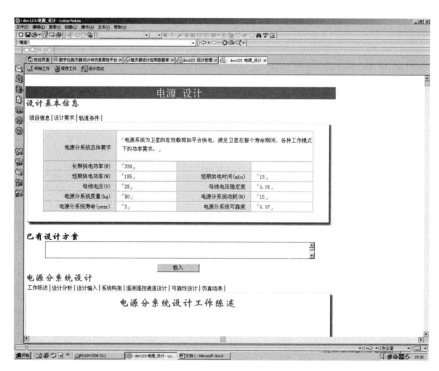

图 4 - 40　总体设计要求表单界面

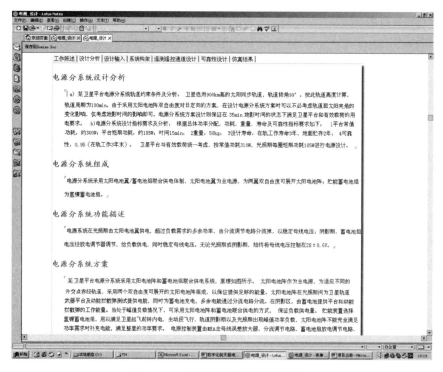

图 4 - 41　电源分系统设计表单界面

设计分析主要包括电源分系统设计分析、电源分系统组成、电源分系统功能描述、电源分系统方案等内容；除电源分系统的质量要求、功耗要求、可靠度要求和寿命要求外，还包括一些在 IDS 表中不能完全反映的内容，并且需要进行必要叙述的内容，如对电源分系统转内电至太阳电池帆板展开的时间要求、机动轨道的特殊要求等。

设计输入包括对总体要求和轨道条件进行分析后得出的电源分系统设计所需指标参数。

系统构架包括太阳电池阵、蓄电池组、电源控制器三部分的部件参数设计。

进行太阳电池阵设计时，首先通过太阳电池阵设计输入表单可在数据库中选择太阳电池片类型，在太阳电池阵其他设计参数中输入相应数值，然后通过设计工具软件进行太阳电池阵参数计算。

太阳电池片类型数据库有 Si 太阳电池和 GaAs 太阳电池，并可根据需要进行扩充。太阳电池阵设计结果通过其设计输出表单（如图 4 - 42 所示）输出。

图 4 - 42　太阳电池阵设计输出

进行蓄电池组设计时，首先通过蓄电池组设计输入表单在蓄电池类型库选择蓄电池，其他设计参数中在表单中输入，然后采用设计工具软件进行蓄电池组参数计算。

蓄电池类型数据库包含了 CdNi、NiH_2 及 LiIon 蓄电池，并能根据需要扩充蓄电池类型数据库。

蓄电池组参数计算后，计算结果显示在蓄电池组设计输出表单中，如图 4 - 43 所示。由于蓄电池组的结构参数和热参数等属于电源部件设计，总体设计时较难给出准确数值，因此在这里构建了蓄电池组模块参数数据库，数据来源于已有型号。在蓄电池容量和串并联数量确定以后，可以在蓄电池组模块参数数据库选择相近的蓄电池组模块参数作为蓄电池组设计输出结果。由于航天器的电压种类较少，蓄电池组模块内的单体电池串联数量相近，蓄电池组模块参数数据库的数据可以涵盖一般工程任务的需求。通过蓄电池组模块的并联，可以满足各种功耗水平的任务需求。

图 4-43　蓄电池组设计输出

在电源总体设计确定了电源控制器的控制功能和控制方式后，电源控制器的详细设计也属于电源部件设计的内容，因此在这里构建了电源控制器模块参数数据库，数据内容参考了已有型号，如图 4-44 所示。电源控制器的规模取决于航天器的功率量级，选择相近功率量级的电源控制器，可以为总体提供接近工程实际的模块参数。

电源分系统其他诸如遥测遥控通道设计（主要包括遥测遥控数量及类型），可靠性设计（主要包括可靠性设计措施）和仿真（主要包括仿真要求和仿真结果）等，均可通过点击电源分系统设计表单中的对话框，逐层逐级通过表单调用相关模型和算法完成。

（3）电源分系统设计输出表单

电源分系统设计输出表单包括设计模型导入、电源分系统供电完成情况、电源分系统方案描述、极端条件下电源分系统能量平衡分析结果、电源对总体要求的设计结果满足程度、遥测信息及遥控指令输出和设计报告生成等。

通过设计模型导入，显示相应的设计结果。主要包括电源分系统总体要求、电源分系统功能描述、电源分系统组成、电源分系统方案及有关的设计参数指标，如图 4-45 所示。

图 4-44　电源控制器设计

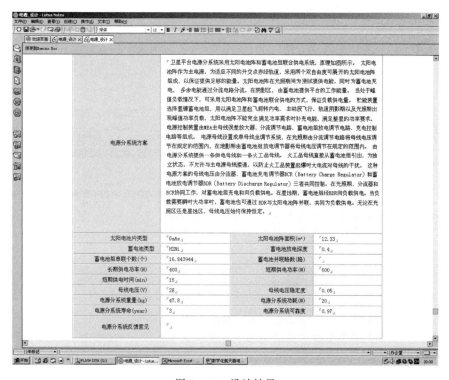

图 4-45　设计结果

设计报告可直接生成并显示与打印输出，如图 4 - 46 所示。

图 4 - 46　设计报告生成

（4）航天器电源分系统设计应用软件

电源分系统设计工具软件是在 MATLAB 上编制的，主要包括太阳电池阵辅助设计软件和蓄电池参数辅助设计软件。

①太阳电池阵参数辅助设计软件

太阳电池阵参数辅助设计软件完成太阳电池阵相关参数的计算，主要包括太阳电池片串并联数量和太阳电池阵面积等。

太阳电池阵参数辅助设计软件输入界面由以下 5 个部分组成：

1）太阳电池片参数部分：包括太阳电池片开路电压、太阳电池片短路电流、太阳电池片最佳功率点电压、太阳电池片最佳功率点电流、最佳功率点电压温度系数和最佳功率点电流温度系数；

2）长期负载功率和充电功率部分：包括长期负载功率和蓄电池所需充电功率；

3）各种损失因子部分：包括组合损失因子、测量误差因子和紫外及辐照衰减损失因子；

4）母线电压及管压降、线压降部分：包括母线电压、输电线压降、隔离二极管压降和串联调整管压降；

5）影响太阳电池阵设计的相关参数部分：包括在轨最高工作温度、单片太阳电池尺寸、布片系数、设计裕度和太阳入射角。

太阳电池阵参数辅助设计软件输出界面包括太阳电池阵串联片数、太阳电池阵并联片数、太阳电池阵总片数、太阳电池阵总面积及最大设计输出功率等。

太阳电池阵参数辅助设计软件输出如图 4 - 47 所示。

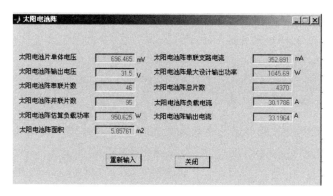

图 4 - 47　太阳电池阵参数辅助设计软件输出

②蓄电池参数辅助设计软件

蓄电池参数辅助设计软件完成蓄电池相关参数的计算，主要包括蓄电池长期负载供电能量和蓄电池短期负载补充供电能量之和以及蓄电池串联数量、组合质量等。

蓄电池参数辅助设计软件输入界面由以下变量组成：地影期长期负载、蓄电池补充放电功率、放电调节器效率、母线电压、蓄电池额定电压、最大地影时间、短期负载持续时间、蓄电池放电深度、蓄电池能量效率、蓄电池额定容量、线路损失系数、备份单体电池数等。

蓄电池参数辅助设计软件输出由以下内容组成：地影期放电能量、补充放电能量、蓄电池总放电能量、蓄电池串联数、蓄电池组质量等。

4.6 航天器测控分系统设计模型

4.6.1 航天器测控分系统设计任务

航天器测控分系统设计任务包括：选择测控体制、确定测控分系统工作模式、确定测控分系统组成、确定测控分系统技术指标及各子系统技术指标、测控子系统方案设计和提出测控分系统对航天器总体和其他分系统接口要求。

航天器测控分系统设计输入：

1）测控网台站参数；

2）任务轨道参数；

3）轨道测控条件；

4）航天器控制模式。

航天器测控分系统设计输出：

1）测控体制；

2）测控分系统工作模式；

3）测控分系统组成；

4）测控分系统技术指标及各子系统技术指标；

5）测控子系统方案；

6）测控分系统设备配套表；

7）测控分系统接口数据单。

4.6.2 航天器测控分系统设计流程

航天器测控分系统设计模型运行在数字化航天器协同设计环境的测控设计节点。设计阶段由测控设计师采用设计表单进行设计，调用底层测控应用软件和数学模型完成分析，通过协同设计环境与总体和其他分系统实现协同工作。

测控分系统的设计过程包括任务分析、确定设计约束条件、系统设计、设计验证和设计修改等环节。这些环节不是简单的顺序过程，而是一个反复迭代过程，通过迭代实现系统的优化设计。测控分系统设计的流程简图见图 4 - 48。

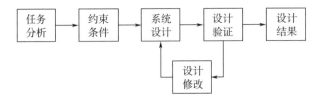

图 4 - 48 测控分系统设计流程简图

（1）任务分析

在测控分系统设计过程中，首先需要进行任务分析，明确任务需求，确定测控分系统方案。对于测控分系统而言，主要包括三个方面的任务：

1）跟踪测轨：对航天器的轨道进行测量，得到符合精度要求的航天器轨道参数，同时实现在地面测控网可见弧段内对于航天器的跟踪。

2）遥测：提供星地间下行信息传输通道，获取航天器的相关信息（包括各系统温度量、状态量、模拟量和数字量等各类遥测参数信息，航天器自主管理的信息，以及星上时间等），以便地面掌握航天器的飞行状态和工作情况，为实施遥控提供判据。

3）遥控：提供星地间上行信息传输通道，根据航天器的需要，对姿态轨道、有效载荷和其他分系统的工作模式进行控制，使其完成规定的操作和实现规定的功能。

（2）确定设计约束条件

航天器作为一个大系统，任何一个分系统的设计都必然受到一些相关约束条件的限制。这些约束条件是开展分系统具体设计的前提，必须首先确定。测控分系统的设计需要确定的约束条件有：

1）航天器总体约束条件：根据航天器任务要求，确定测控分系统性能指标（包括接收要求、发射要求、测距要求和遥控遥测要求等）和测控分系统可靠性指标，航天器轨道参数等。

2）机电热接口要求：测控分系统作为航天器服务系统之一，必须符合航天器对测控分系统的机、电和热接口要求。目前航天器的研制过程中，利用航天器设计建造规范来规定机、电和热接口的一般要求。

3）分系统间约束条件：测控分系统与数据管理系统、电源系统之间的接口关系，包括与数管分系统间的遥控和遥测视频信号接口；与电源分系统间的供电方式接口，如采用一次电源供电还是二次电源供电等。

4）地面约束条件：地面测控网的布局、遥控和遥测的能力（包括副载波频率、码速率、处理能力和数据格式等方面的适应能力）、跟踪测轨能力等都是测控分系统设计的约束条件。

（3）测控分系统设计

在设计约束条件确定后，便可以进入测控分系统具体设计阶段。这里需要完成的主要工作有：

1）确定测控体制，即星载应答机种类；载波调制方式；副载波调制方式；测距方式；测速方式；遥测体制；遥控体制等；

2）确定分系统的功能和组成，给出分系统的具体完成的详细功能和设备组成及连接方式；

3）系统工作模式：确定航天器在不同阶段、不同情况下的分系统各设备的工作模式。

4）指标分配：根据测控分系统的组成，对测控分系统的指标要求进行分配。明确系统中各设备的指标，以便开展设备级设计。

5）与其他分系统接口：通过与其他分系统协调，完成与其他分系统具体接口的确定。

6）信道预算：通过分析计算，验证星地信道接口指标的正确性和匹配性，为确定测控分系统的性能指标提供依据。

7）设计优化：通过设计优化可以降低测控分系统的难度，提高系统的效率和可靠性。

（4）设计验证

设计验证主要是验证分系统设计的正确性和合理性，以便对分系统设计进行优化和修改。传统的验证方法主要是通过各种试验完成，具体包括：分系统测试，航天器电性能测试，环境试验，电磁兼容试验，星地测控回路试验等。

4.6.3　航天器测控分系统设计模型组成

根据数字化航天器设计与仿真柔性平台的指导思想，为实现充分继承已有型号成功经验、设计过程可视化，可以按功能将数字化测控分系统设计模型分成系统设计、与总体设计平台接口、型号设备模型资源数据库三个部分。系统设计部分是测控分系统设计模型的核心，它负责完成测控分系统设计任务分析、体制选择、工作原理、系统组成、详细参数设计、信道分析计算等工作。

测控信道预算是测控系统设计中的一个关键环节，其主要目的是根据设计出的结果进行信道链路余量的预计，根据计算结果判断设计能否满足任务要求。在测控信道预算中应用的参数和变量繁多、冗杂，以往的设计中大多采用手工计算，准确性差，效率低。为提高设计工作的效率采用了该工具软件。

（1）上行信道

航天器总的接收信噪谱密度比 $S/\Phi\mid_{up}$，由下式给出

$$S/\Phi\mid_{up} = \mathrm{EIRP}\mid_g + L_{TP} + L_{SP}\mid_u + L_a + L_P + \frac{G}{T}\mid_s - k \qquad (4-38)$$

式中　$S/\Phi\mid_{up}$——航天器总的接收信噪谱密度比，dBHz；

$\mathrm{EIRP}\mid_g$——地面站有效发射功率，dBW；

L_{TP}——发射天线指向损失，dB；

$L_{SP}\mid_u$——空间损失，dB；

L_a——大气衰减，dB；

L_P——发射和接收两天线间的极化损失，dB；

$G/T\mid_s$——航天器接收系统性能指数，dBi/K；

k——玻耳兹曼常数，-228.60 dBW/（Hz·K）。

式（4-38）中的 $L_{SP}\mid_u$，由下式给出

$$L_{SP}\mid_u = 20\lg R + 20\lg f_{up} + 32.44 \qquad (4-39)$$

式中　R——航天器和地面天线之间的距离，km；

f_{up}——上行载波频率，MHz。

式（4-39）中的 R 可由下式给出

$$R = \frac{R_e + h}{\cos\varepsilon}\cos\left[\varepsilon + \sin^{-1}\left(\frac{R_e}{R_e + h}\cos\varepsilon\right)\right] \qquad (4-40)$$

式中　R_e——地球平均半径，6 371 km；

h——航天器离地球表面的高度，km；

　　ε ——地面天线仰角，(°)。

　　式 (4-38) 中的 $G/T\mid_s$ 值，由下式给出

$$G/T\mid_s = G_r + L_s - 10\lg T_{RS} \tag{4-41}$$

式中　G_r ——航天器天线增益，dBi；

　　　L_s ——航天器天线至接收机输入端的损失，dB；

　　　T_{RS} ——接收机输入端的等效噪声温度，K。

　　式 (4-41) 中的 L_s ，由下式给出

$$L_S = L_W + L_h + L_F + L_d \tag{4-42}$$

式中　L_W ——宽带匹配网络损失，dB；

　　　L_h ——混合接头损失，dB；

　　　L_F ——馈线损失，dB；

　　　L_d ——应答机双工器损失，dB。

　　对近地航天器，式 (4-41) 中的 T_{RS} ，由下式给出

$$T_{RS} = T_1(1 - 1/L_S) + (F - 1)T_0 \tag{4-43}$$

式中　T_1 ——馈线环境温度，K；

　　　F ——接收机噪声系数，无量纲；

　　　T_0 ——接收机环境温度，K。

　　航天器总的接收功率 P_{RS} ，由下式给出

$$P_{RS} = \frac{S}{\Phi}\mid_{up} + 10\lg\Phi_S \tag{4-44}$$

式中　Φ_S ——接收机噪声谱密度，dBW/Hz。

　　在上行主侧音、次侧音和遥控同时工作情况下，航天器接收的载噪谱密度比 $\frac{S}{\Phi}\mid_{cs}$ ，由下式给出

$$\frac{S}{\Phi}\mid_{cs} = \frac{S}{\Phi}\mid_{up} + L_{MU} \tag{4-45}$$

式中　L_{MU} ——上行载波调制损失，dB。

L_{MU} 由下式给出

$$L_{MU} = 20\lg[J_0(m_{Ru})J_0(m_{ru})J_0(m_{TC})] \tag{4-46}$$

式中　m_{Ru} ——上行主侧音调制指数，rad；

　　　m_{ru} ——上行次侧音调制指数，rad；

　　　m_{TC} ——上行遥控调制指数，rad。

　　航天器接收的载波功率 P_{cs} ，由下式给出

$$P_{cs} = \frac{S}{\Phi}\mid_{cs} + 10\lg\Phi_S \tag{4-47}$$

　　上行载波余量 M_{cs} ，由下式给出

$$M_{cs} = \frac{S}{\Phi}\mid_{cs} - \frac{S}{\Phi}\mid_{csreq} \tag{4-48}$$

式中　$\dfrac{S}{\Phi}\big|_{csreq}$——载波捕获需要的载噪谱密度比，dBHz。由下式给出

$$\frac{S}{\Phi}\bigg|_{csreq}=\frac{S}{N}\bigg|_{c}+10\lg 2B_{L0} \tag{4-49}$$

式中　$\dfrac{S}{N}\big|_{c}$——锁相环路内需要的载噪比，dB；

　　　$2B_{L0}$——锁相环路噪声门限带宽，Hz。

遥控性能余量 M_{TC}，由下式给出

$$M_{TC}=\frac{S}{\Phi}\bigg|_{TC}-\frac{S}{\Phi}\bigg|_{TCreq} \tag{4-50}$$

式中　$\dfrac{S}{\Phi}\big|_{TC}$——遥控的信噪谱密度比，dBHz；

　　　$\dfrac{S}{\Phi}\big|_{TCreq}$——遥控解调需要的信噪谱密度比，dBHz。

式（4-50）中的 $\dfrac{S}{\Phi}\big|_{TC}$，由下式给出

$$\frac{S}{\Phi}\bigg|_{TC}=\frac{S}{\Phi}\bigg|_{up}+L_{TC} \tag{4-51}$$

式中　L_{TC}——遥控调制损失，dB。可表示为

$$L_{TC}=10\lg\left[2J_1^2(m_{TC})J_0^2(m_{Ru})J_0^2(m_{ru})\right] \tag{4-52}$$

式（4-50）中的 $\dfrac{S}{\Phi}\big|_{TCreq}$，由下式给出

$$\frac{S}{\Phi}\bigg|_{TCreq}=\frac{E_b}{\Phi}\bigg|_{TC}+10\lg f_{bTC}+L_{TCD} \tag{4-53}$$

式中　$\dfrac{E_b}{\Phi}\big|_{TC}$——由比特差错率决定的遥控码元能量和噪声谱密度比，dB；

　　　f_{bTC}——遥控比特率，bps；

　　　L_{TCD}——设备损失，dB。

上行主侧音的 $\dfrac{S}{\Phi}\big|_{Ru}$，由下式给出

$$\frac{S}{\Phi}\bigg|_{Ru}=\frac{S}{\Phi}\bigg|_{up}+L_{Ru} \tag{4-54}$$

式中　L_{Ru}——主侧音调制损失，dB。可表示为

$$L_{Ru}=10\lg\left[2J_1^2(m_{Ru})J_0^2(m_{ru})J_0^2(m_{TC})\right] \tag{4-55}$$

上行次侧音的 $\dfrac{S}{\Phi}\big|_{ru}$，由下式给出

$$\frac{S}{\Phi}\bigg|_{ru}=\frac{S}{\Phi}\bigg|_{up}+L_{ru} \tag{4-56}$$

式中　L_{ru}——次侧音调制损失，dB。可表示为

$$L_{ru} = 10 \lg \left[2 J_1^2(m_{ru}) J_0^2(m_{Ru}) J_0^2(m_{TC}) \right] \tag{4-57}$$

（2）下行信道

地面站总的接收信噪谱密度比 $\dfrac{S}{\Phi}\big|_{down}$，由下式给出

$$\frac{S}{\Phi}\Big|_{down} = \text{EIRP}\big|_S + L_{RP} + L_{SP}\big|_d + L_a + L_P + \frac{G}{T}\Big|_g - k \tag{4-58}$$

式中　$\dfrac{S}{\Phi}\big|_{down}$ ——地面站总的接收信噪谱密度比，dBHz；

　　　$\text{EIRP}\big|_S$ ——航天器有效发射功率，dBW；

　　　L_{RP} ——地面天线指向损失，dB；

　　　$\dfrac{G}{T}\big|_g$ ——地面接收系统性能指数，dBi/K；

　　　$L_{sp}\big|_d$ ——空间损失，dB；

　　　L_a，L_P，k ——同前述。

式（4-58）中的 $\text{EIRP}\big|_S$，由下式给出

$$\text{EIRP}\big|_S = P_t + G_t + L_w + L_d + L_f + L_h \tag{4-59}$$

式中　P_t ——航天器发射机输出功率，dBW；

　　　G_t ——航天器天线增益，dBi；

　　　L_w、L_d、L_f、L_h ——同前述。

式（4-58）中的 $L_{SP}\big|_d$，由下式给出

$$L_{SP}\big|_d = 20 \lg R + 20 \lg f_{down} + 32.44 \tag{4-60}$$

式中　f_{down} ——下行载波频率，MHz；

　　　R ——同前述。

地球表面处的功率通量密度 $\text{PFD}\big|_g$，由下式给出

$$\text{PFD}\big|_g = \text{EIRP}\big|_S - 20 \lg R - 10.99 + L_a \tag{4-61}$$

地面站总的接收功率 P_{Rg}，由下式给出

$$P_{Rg} = \frac{S}{\Phi}\Big|_{down} + 10 \lg \Phi_g \tag{4-62}$$

式中　Φ_g ——地面接收系统噪声谱密度，dBW/Hz。

在下行主侧音、次侧音和遥测同时工作情况下，地面站接收的载噪谱密度比 $\dfrac{S}{\Phi}\big|_{cg}$，由下式给出

$$\frac{S}{\Phi}\Big|_{cg} = \frac{S}{\Phi}\Big|_{down} + L_{MD} \tag{4-63}$$

式中　L_{MD} ——下行载波调制损失，dB。可表示为

$$L_{MD} = 20 \lg \left[J_0(m_{RD}) J_0(m_{rD}) J_0(m_{TM}) J_0(m_{TCR}) J_0(m_N) \right] \tag{4-64}$$

式中　m_{RD} ——下行主侧音调制指数，rad；

　　　m_{rD} ——下行次侧音调制指数，rad；

m_{TM} ——遥测调制指数，rad；

m_{TCR} ——下行残留遥控调制指数，rad；

m_N ——上行噪声调制指数，rad。

地面站接收的载波功率 P_{cg} ，由下式给出

$$P_{cg} = \frac{S}{\Phi}\Big|_{cg} + 10\lg\Phi_g \qquad (4-65)$$

下行载波性能余量 M_{cg} ，由下式给出

$$M_{cg} = \frac{S}{\Phi}\Big|_{cg} - \frac{S}{\Phi}\Big|_{cgreq} \qquad (4-66)$$

式中　$\dfrac{S}{\Phi}\Big|_{cgreq}$ ——地面站为确保载波测速精度要求的载噪谱密度比，dBHz。由下式给出：

$$\frac{S}{\Phi}\Big|_{cgreq} = \frac{S}{N}\Big|_c + 10\lg 2B_{L0} \qquad (4-67)$$

遥测性能余量 M_{TM} ，由下式给出

$$M_{TM} = \frac{S}{\Phi}\Big|_{TM} - \frac{S}{\Phi}\Big|_{TMreq} \qquad (4-68)$$

式中　$\dfrac{S}{\Phi}\Big|_{TM}$ ——遥测的信噪谱密度比，dBHz；

$\dfrac{S}{\Phi}\Big|_{TMreq}$ ——遥测解调需要的信噪谱密度比，dBHz。

式 (4-68) 中的 $\dfrac{S}{\Phi}\Big|_{TM}$ ，由下式给出

$$\frac{S}{\Phi}\Big|_{TM} = \frac{S}{\Phi}\Big|_{down} + L_{TM} \qquad (4-69)$$

式中　L_{TM} ——遥测解调损失，dB。可表示为

$$L_{TM} = 10\lg[2J_1^2(m_{TC})J_0^2(m_{RD})J_0^2(m_{rD})J_0^2(m_{TCR})J_0^2(m_N)] \qquad (4-70)$$

式 (4-68) 中的 $\dfrac{S}{\Phi}\Big|_{TMreq}$ ，由下式给出

$$\frac{S}{\Phi}\Big|_{TMreq} = \frac{E_b}{\Phi}\Big|_{TM} + 10\lg f_{bTM} + L_{TMD} \qquad (4-71)$$

式中　$\dfrac{E_b}{\Phi}\Big|_{TM}$ ——由比特差错率决定的遥测码元能量和噪声谱密度比，dB；

f_{bTM} ——遥测比特率，bps；

L_{TMD} ——设备损失，dB。

双向测距要求在地面站上行载波上调制有测距主、次侧音信号。当航天器接收到上行载波信号时，测距主、次侧音信号经载波解调、滤波、幅度控制，再调制在航天器下行载波上。在航天器上，测距滤波器带宽内的测距主、次侧音信号噪声比常常是负值。在这种情况下，下行测距信道还将受残留遥控信号和上行噪声支配。

下行总的主侧音测距信噪谱密度比 $\frac{S}{\Phi}\mid_{RT}$ ，由下式给出

$$\frac{S}{\Phi}\mid_{RT}=\frac{S}{\Phi}\mid_{Ru}+\frac{S}{\Phi}\mid_{Rd}-10\lg(10^{\frac{1}{10}\frac{S}{\Phi}\mid_{Ru}}+10^{\frac{1}{10}\frac{S}{\Phi}\mid_{Rd}}) \qquad (4-72)$$

式中　$\frac{S}{\Phi}\mid_{Rd}$ ——下行主侧音信噪谱密度比，dBHz。

$$\frac{S}{\Phi}\mid_{Rd}=\frac{S}{\Phi}\mid_{down}+L_{Rd} \qquad (4-73)$$

式中　L_{Rd} ——下行主侧音调制损失，dB。

$$L_{Rd}=10\lg[2J_1^2(m_{Rd})J_0^2(m_{rd})J_0^2(m_{TM})J_0^2(m_{TCR})J_0^2(m_N)] \qquad (4-74)$$

主侧音测距性能余量 M_R ，由下式给出

$$M_R=\frac{S}{\Phi}\mid_{RT}-\frac{S}{\Phi}\mid_{Rreq} \qquad (4-75)$$

式中　$\frac{S}{\Phi}\mid_{Rreq}$ ——主侧音提取需要的信噪谱密度比，dBHz。

$$\frac{S}{\Phi}\mid_{Rreq}=\frac{S}{N}\mid_R+10\lg2B_{L0R} \qquad (4-76)$$

式中　$\frac{S}{N}\mid_R$ ——主侧音环路内需要的载噪比，dB；

$2B_{L0R}$ ——主侧音环路噪声门限带宽，Hz。

下行总的次侧音测距信噪谱密度比 $\frac{S}{\Phi}\mid_{rT}$ ，由下式给出

$$\frac{S}{\Phi}\mid_{rT}=\frac{S}{\Phi}\mid_{ru}+\frac{S}{\Phi}\mid_{rd}-10\lg(10^{\frac{1}{10}\frac{S}{\Phi}\mid_{ru}}+10^{\frac{1}{10}\frac{S}{\Phi}\mid_{rd}}) \qquad (4-77)$$

式中　$\frac{S}{\Phi}\mid_{rd}$ ——下行次侧音信噪谱密度比，dBHz。

$$\frac{S}{\Phi}\mid_{rd}=\frac{S}{\Phi}\mid_{down}+L_{rd} \qquad (4-78)$$

式中　L_{rd} ——下行次侧音调制损失，dB。

$$L_{rd}=10\lg[2J_1^2(m_{rd})J_0^2(m_{Rd})J_0^2(m_{TM})J_0^2(m_{TCR})J_0^2(m_N)] \qquad (4-79)$$

次侧音测距性能余量 M_r ，由下式给出

$$M_r=\frac{S}{\Phi}\mid_{rT}-\frac{S}{\Phi}\mid_{rreq} \qquad (4-80)$$

式中　$\frac{S}{\Phi}\mid_{rreq}$ ——次侧音提取需要的信噪谱密度比，dBHz。

$$\frac{S}{\Phi}\mid_{rreq}=\frac{S}{N}\mid_r+10\lg2B_{L0r} \qquad (4-81)$$

式中　$\frac{S}{N}\mid_r$ ——次侧音环路内需要的载噪比，dB。

$2B_{L0r}$ ——次侧音环路噪声门限带宽，Hz。

4.6.4　数字化航天器测控分系统设计实现

　　航天器测控分系统设计实现框图如图 4－49 所示。首先在任务分析模块中通过任务分析明确任务需求；继而与总体和其他分系统协商确定设计的输入和约束条件，其中包括航天器总体技术要求，机、电、热等系统间接口，地面测控系统及航天器其他方面要求；完成这两项工作后，便可以基于前面的分析，调用已有成功型号的数字化模型，通过适应性修改得到新的设计；也可以在详细设计模块中重新开始设计。设计中主要包括分系统工作原理、分系统组成、分系统构架、参数设计、EMC 和可靠性设计等几部分，另外还包括一个设计工具模块（测控信道分析计算）来实现设计优化，可根据工具模块的计算结果对

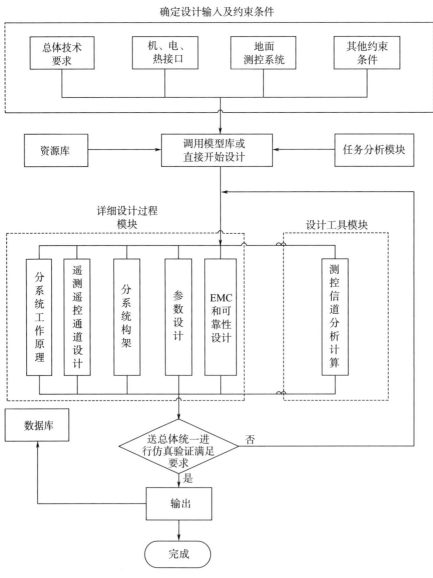

图 4－49　测控分系统设计实现

设计进行修正。设计完成后将设计结果和仿真信息、要求送平台总体，参加总体规定的仿真任务。若仿真结果满足设计要求则直接输出，送航天器数据库完成设计。若不满足要求则返回详细设计模块，针对仿真结果中的不满足项重新设计。重复该过程直到满足设计要求。

测控分系统设计从内容上包括设计模块、仿真接口模块和设备模型资源库。设计模块具有完成设计和与总体节点交互数据的功能；仿真接口模块包括仿真任务提交和仿真结果获取；设备模型资源库包括分系统设备的性能参数和机电热特性等指标。测控分系统设计模型包括设计基本信息、测控分系统设计、测控分系统设计结果等三大部分，具体的层次结构如图 4 - 50 所示。

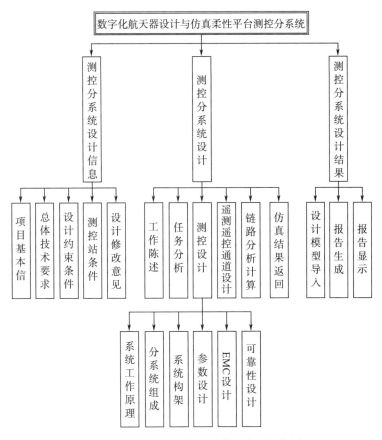

图 4 - 50　测控分系统设计模型分层结构图

（1）设计基本信息表单

测控分系统设计基本信息实际就是总体的设计输入条件，具体包括项目信息、总体技术要求、设计约束条件、测控站条件和设计修改意见。项目信息反映项目的名称、代号、责任人、起止时间等基本情况；总体技术要求是最主要的设计输入，即总体对分系统的设计要求，包括测控体制、测轨精度、上下行码速率、系统的质量功耗寿命等基本要求；设计约束条件主要是轨道、构型等可能对测控分系统设计产生影响的项目；测控站条件主要反映测控站的信息，包括任务可以使用的测控站/船及其 EIRP、G/T 值等信息。设计基本信息表单如图 4－51 所示。

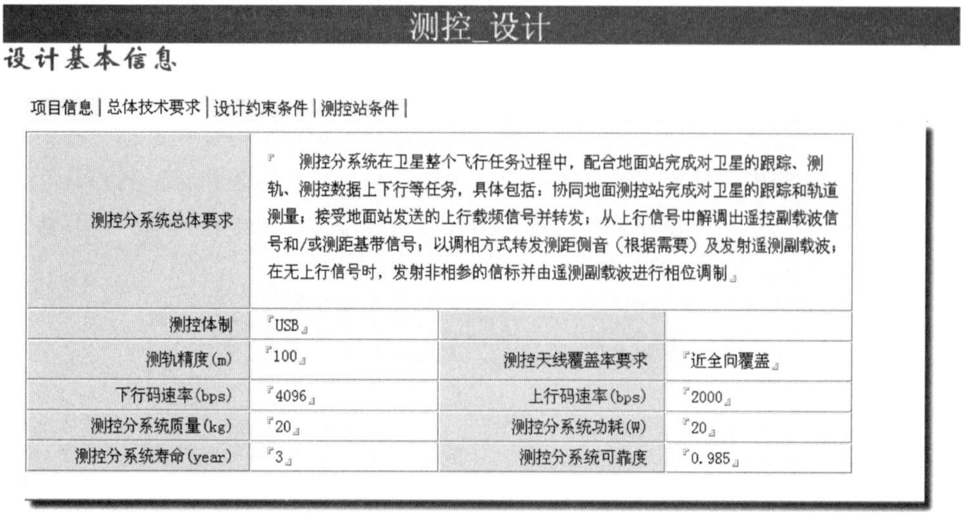

测控_设计

设计基本信息

项目信息 | 总体技术要求 | 设计约束条件 | 测控站条件 |

测控分系统总体要求	『 测控分系统在卫星整个飞行任务过程中，配合地面站完成对卫星的跟踪、测轨、测控数据上下行等任务，具体包括：协同地面测控站完成对卫星的跟踪和轨道测量；接受地面站发送的上行载频信号并转发；从上行信号中解调出遥控副载波信号和/或测距基带信号；以调相方式转发测距侧音（根据需要）及发射遥测副载波；在无上行信号时，发射非相参的信标并由遥测副载波进行相位调制。』		
测控体制	『USB』		
测轨精度(m)	『100』	测控天线覆盖率要求	『近全向覆盖』
下行码速率(bps)	『4096』	上行码速率(bps)	『2000』
测控分系统质量(kg)	『20』	测控分系统功耗(W)	『20』
测控分系统寿命(year)	『3』	测控分系统可靠度	『0.985』

图 4－51　设计基本信息—总体技术要求

（2）测控分系统设计表单

测控分系统设计部分是分系统方案的实际设计阶段，这部分由工作陈述、任务分析、测控设计、遥测遥控通道设计和测控分系统分析计算五部分构成。测控设计工作陈述是一个字符型变量，其内容反映测控分系统设计的指导思想、设计原则和设计流程等内容。测控任务分析反映测控分系统的任务、功能和相关约束条件对设计的影响分析等。

测控设计是分系统设计内容的主要体现部分，它向下又分成系统工作原理、分系统组成、系统构架、参数设计、EMC 设计和可靠性设计六个子表单。系统工作原理项以说明性文字的方式阐述测控分系统在轨的工作原理、工作模式等内容，在设计工作中由设计者输入。分系统组成项要求设计者以说明性文字的方式描述测控分系统的组成，与之对应的是系统构架项，可以选择设备模型资源库中已有的设备构成系统。在系统工作原理、组成和构架都确定后便是系统的相关参数设计了，这在参数设计项中完成。参数设计部分要给出测控分系统设计的具体参数值，分成系统参数设计、应答机参数设计和天线参数设计三部分。

遥测遥控通道设计主要给出测控分系统有关遥测参数和遥控指令的需求，包括要求描述不同类型遥测参数、遥控指令等变量。

测控分系统分析计算部分是在设计过程中或完成后对设计结果进行初步验证的部分。它包括两部分功能：一是通过按钮调用应答机性能射频仿真软件，对应答机进行仿真分析以确认设计能否满足要求；二是测控信道链路预算，其工作流程为：首先提取计算数据，将测控信道预算所需的设计数据提取出来，并在本部分的表单中显示；然后数据输出，将这些数据发送到指定目录下的文本文件“TTCLinkInput.TXT”中；接下来调用信道链路计算应用程序进行计算；最后将计算结果显示在本部分的设计界面中。

测控分系统设计表单如图 4-52 所示。通过选择表单中的功能框依次进入不同的功能和性能设计表单；通过调用底层设备模型资源数据库和分析工具软件，完成相应设计。图 4-52 实际展示的是测控设计功能模块中的系统参数设计表单。

测控分系统设计

工作陈述 | 任务分析 | 测控设计 | 遥测遥控通道设计 | 测控系统分析计算 | 仿真返回数据 |

系统工作原理 | 分系统组成 | 系统构架 | 参数设计 | EMC设计 | 可靠性设计 |

系统参数 | 应答机参数 | 天线参数 |

基本测控体制	1.USB	其他测控方式	6.无
测距体制	侧音测距	测距码特性	无
遥控的比特率(bps)	2000	遥测码速率(bps)	4096
遥控误码率	0.000001	遥测误码率	0.000001
遥控编码方式	PCM	遥测编码方式	PCM
遥控副载频率(kHz)	8	遥测副载波频率(kHz)	65.536
遥控调制方式	PCM-DPSK-PM	遥测调制方式	PCM-DPSK-PM
遥控调制指数	1	遥测调制指数	1
遥控设备损失(dB)	6.6	遥测设备损失(dB)	3.5
遥控接收的Eb/N0(dBHz)	9.4	遥测接收的Eb/N0(dBHz)	9.4
主侧音频率(kHz)	100	次侧音频率(kHz)	16
上行主侧音调制指数	0.6	上行次侧音调制指数	0.42
下行主侧音调制指数	0.32	下行次侧音调制指数	0.27
地面站EIRP(dBW)	64	地面站接收性能指数G/T	15
地面接收系统噪声谱密度(dBW/Hz)	-190	地面站载波所需信号噪声谱密度比(dBHz)	40
地面站主测距音所需信号噪声谱密度比(dBHz)	33	地面站次测距音所需信号噪声谱密度比(dBHz)	33
轨道高度(km)	2000	最大作用距离(km)	4906
上行空间衰减(dB)	172	下行空间衰减(dB)	173
测控分系统质量(kg)	9.5	测控分系统功耗(W)	15
测控分系统寿命(year)	3	测控分系统可靠度	0.986

图 4-52　测控分系统设计—系统参数设计

（3）设计结果

设计结果部分是分系统设计结果的输出部分，其作用是将前面测控分系统设计的具体结果主要部分输出并显示，如图 4-53 所示；同时，将设计结果以网页的形式生成测控分系统方案设计报告，既可显示在界面上，也可随时打印输出。设计报告主要包括总体要求，以表格形式给出总体的技术指标要求；测控工作陈述；测控分系统任务分析；系统工作原理；测控分系统组成；测控分系统性能指标，以表格形式给出性能指标设计结果和分配情况；EMC 设计；可靠性设计；信道预算，根据信道预算应用软件的计算结果将计算条件和结果以表格形式给出设计报告生成，如图 4-54 所示。

数据加载	分析计算	结果显示
上行接收信号噪声谱密度比(dBHZ)	8.973688e+001	地面站总的接收功率(dBW)	-1.131411e+002
上行总的接收功率(dB)	-9.873475e+001	下行载波性能余量(dB)	1.793495e+001
上行载波余量(dB)	4.518514e+001	遥测性能余量(dB)	3.808837e+001
遥控性能余量(dB)	3.550167e+001	主侧音性能余量(dB)	1.156571e+001
地面站总的接收信噪谱密度比(dBHZ)	6.164887e+001	次侧音性能余量(dB)	7.988857e+000

图 4-53　测控分系统设计—分析结果显示

图 4-54　设计结果—设计报告生成

（4）仿真信息

仿真任务提交部分包括项目信息、仿真基本信息、仿真任务三个子表单，仿真基本信息项将设计结果的系统构架和仿真需要的参数送平台总体。仿真任务项中包括了对仿真的要求，图 4-55 是仿真任务提交表单，图 4-56 是仿真结果反馈表单。

图 4 - 55　仿真任务提交

测控分系统设计

工作陈述 | 任务分析 | 测控设计 | 遥测遥控通道设计 | 测控系统分析计算 | 仿真返回数据 |

图 4 - 56　仿真返回数据

（5）信道预计算软件

信道预计算软件集成在测控分系统设计平台中，接收设计平台的设计结果进行计算，并将设计结果送设计平台显示。其具体实现方法为：设计平台将软件计算需要的数据存储到链路预算输入文本文件中，应用软件从该文本中读取数据进行计算。计算结果存到计算结果数传文本文件中，设计平台读取该文件进行显示输出。二者间的关系一一对应。具体的输入输出变量如下：

①输入变量

1）轨道半长轴　Or - SemiMajorAxis；

2）轨道偏心率　Or - Eccentricity；

3）地面站 EIRP　StationEITP；

4）上行频率 1　TTCUpFrequency1；

5）测控接收天线增益（dB）　TTCRecieveAntennaPlus；

6）接收机噪声系数　TTCReceiverNF；

7）上行主侧音调制指数　TTCUpMainToneIndex；

8）上行次侧音调制指数　TTCUpSubToneIndex；

9）遥控调制指数　TTCTCModulationIndex；

10）载波捕获需要的信号噪声谱密度比　TTCCarrierCapRequireSN0R；

11）遥控的比特率（bps）　TTCTCBitRate；

12）接收的 Eb/N0（dBHz）　TTCDemodulationOutputEb/N0；

13）遥控设备损失（dB）　TCDeviceLost；

14）发射功率（dBW）　TTCDownPower；

15）测控发射天线增益（dB）　TTCTransmitAntennaPlus；

16）下行频率 1　TTCDownFrequency1；

17）地面站接收性能指数 G/T　StationGTR；

18）下行主侧音调制指数　TTCDownMainToneIndex；

19）下行次侧音调制指数　TTCDownSubToneIndex；

20）遥测调制指数　TTCTMModulationIndex；

21）地面站载波所需信号噪声谱密度比　StationCarrierRequireSN0R；

22）遥测码速率（bps）　TTCTMBitRate；

23）遥测接收的 Eb/N0（dBHz）　TTCTMEb/N0；

24）遥测设备损失　TMDeviceLost；

25）地面站主测距音所需信号噪声谱密度比　StationMainToneRequireSN0R；

26）地面站次测距音所需信号噪声谱密度比　StationSubToneRequireSN0R；

27）地面接收系统噪声谱密度　StationN0；

28）接收机门限值（dBHz）　TTCReceiverThreshold；

29）门限环路噪声带宽（Hz）　TTCReceiverThresholdLoopBW；

30）接收的 Eb/N0（dBHz）　TTCDemodulationOutputEb/N0；

31）测距信道带宽（Hz）　TTCRangeLoopBW；

32）星上接收机输入端等效噪声温度　TTCET。

②输出变量

1）上行接收信号噪声谱密度比　TTCUpSN0R；

2）上行总的接收功率　TTCSatReceivePower；

3）上行载波余量　TTCSurplusUpCarrier；

4）遥控性能余量　TTCSurplusUpTC；

5）地面站总的接收信噪谱密度比　TTCDownSN0R；

6）地面站总的接收功率　TTCStationReceivePower；

7）下行载波性能余量　TTCurplusDownCarrier；

8）遥测性能余量　TTCSurplusTM；

9）主侧音性能余量　TTCMainToneSurplus；

10）次侧音性能余量　TTCSubToneSurplus。

在该软件与设计平台联调通过后其运行结果如图 4 - 57 所示。

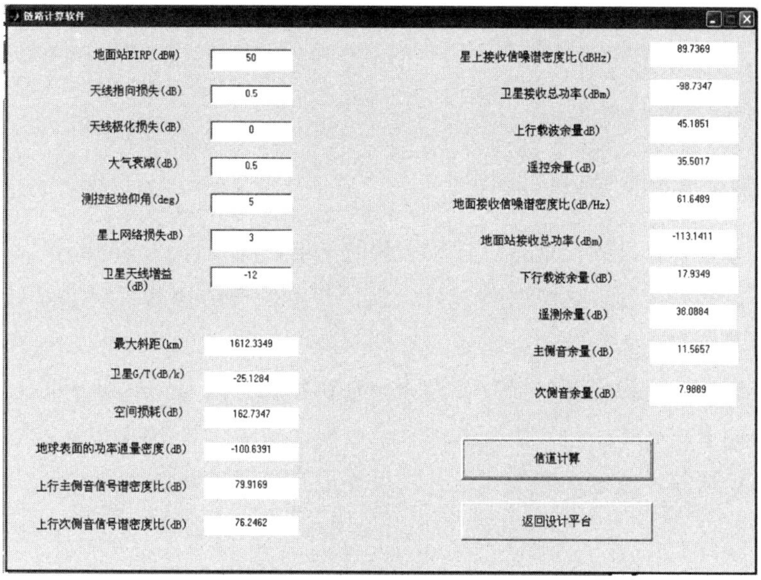

图 4 - 57　信道预计算软件界面

4.7　航天器数管分系统设计模型

4.7.1　航天器数管分系统设计任务

航天器数管分系统设计任务包括：确定数管分系统组成、确定数管分系统工作模式、确定数管分系统技术指标及各子系统技术指标、子系统方案设计和提出数管分系统对航天器总体和其他分系统接口要求。

航天器数管分系统设计输入：

1）飞行程序；

2）遥测要求；

3）遥控要求；

4）数传要求；

5）星上时要求；

6）程控要求；

7）星载软件要求；

8）总体对星务系统质量、功耗、可靠性指标、寿命等要求。

航天器数管分系统设计输出：

1）遥测参数表；

2）遥测参数采集要求；

3）遥控和遥测格式及接口；

4）工作模式；

5）遥控单元方案及参数；

6）中央处理单元方案及参数；

7）远置单元方案及参数；

8）与其他分系统的接口。

4.7.2　航天器数管分系统设计流程

航天器数管分系统设计模型运行在数字化航天器协同设计环境的数管设计节点，设计阶段由数管设计师采用设计表单进行设计，调用底层数管应用软件和数学模型完成分析，通过协同设计环境与总体和其他分系统实现协同工作。

数管分系统设计流程主要包括数管设计信息和要求的输入、数管分系统设计、数管分系统设计结果输出，另外还包括数管设计平台数据库的建立和访问，以及数管仿真任务的建立、提交和反馈等，通过反复迭代设计，最终得到设计结果，如图4-58所示。

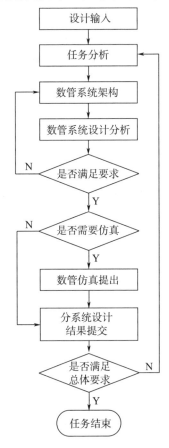

图 4-58　数管分系统设计流程

（1）设计信息和要求的输入

数管分系统设计输入主要是用来接收数管分系统设计的相关信息和要求，包括数管分系统设计的项目信息、设计要求、修改意见等，其中项目信息主要包括项目名称、项目代号、项目负责人、计划经理、项目启动时间、项目完成时间；而设计要求包括总体要求和分系统要求，分系统要求包括控制分系统要求、电源分系统要求、热控分系统要求、测控分系统要求及机构分系统要求等；修改意见是根据上一轮设计后总体或其他分系统对设计结果的意见反馈，以进行设计的改进和完善。

（2）数管分系统设计平台架构

数管分系统设计流程包括数管分系统概述、数管分系统工作模式分析、数管分系统组成、数管分系统构架、数管分系统性能指标分析、数管分系统 EMC 设计、数管分系统环境适应性设计、数管分系统可靠性设计等几部分。

（3）数据库的建立和访问

数管分系统设计平台以航天器设计平台资源数据库和设计数据库作为数管分系统设计的支撑环节，设计数据库主要存放在研数管分系统设计数据，包括数管分系统设计输入信息、数管分系统架构过程中产生的各种数据，以及数管分系统设计输出产生的各设计文档及数管分系统初步设计方案等，这部分内容来源于数管分系统设计人员，同时数管分系统设计人员可以根据自身权限对该数据库中的某些数据进行适当修改，对于在此过程中定型的设计内容可以作为设计结果导入在资源数据库中，供其他设计人员进行共享。

（4）数管设计输出

数管分系统设计的输出设计主要将数管分系统架构中生成的设计结果进行整合，生成某一项目的数管分系统设计报告，包括总体对数管分系统的要求、数管分系统概述、数管分系统工作模式分析、数管分系统组成、数管分系统性能指标、数管分系统软件配置、数管分系统 EMC 设计、数管分系统环境适应性设计、数管分系统可靠性设计等。同时数管设计平台输出的另一重要内容就是将各设计阶段的数据等以模型、变量、表单等形式存入数据库中，以方便协同设计调用。

（5）数管设计与仿真接口

当数管分系统设计初步方案完成后，如果需要对数管分系统设计方案进行仿真，则数管分系统设计平台就必须向总体提出仿真要求，然后设计平台总体负责将数管分系统需要仿真的数据通过设计平台与仿真平台间的接口提交仿真平台，仿真平台仿真结束后将仿真结果反馈给设计平台总体，然后设计平台总体再将仿真结果反馈给数管分系统设计平台。数管分系统的仿真接口主要包括向总体提出仿真任务要求和接收总体仿真结果的反馈，其中仿真任务要求的提出，以仿真任务的形式提供给设计平台总体节点，包括仿真任务的项目信息、仿真参数、仿真任务的提交等；数管分系统仿真结果以仿真报表的形式反馈给数管分系统设计人员，设计人员根据反馈结果对数管分系统设计方案进行适当修改。

4.7.3　航天器数管分系统设计模型组成

数管分系统设计包括工作模式分析、功能分析、分系统组成、EMC 设计、环境适应性设计、可靠性设计、分系统架构、性能指标分析。分系统架构又包括硬件配置和软件配置，性能指标又包括数管分系统配置后的质量、功耗、可靠性，以及各种指令通道数、遥测通道数等参数值。

（1）数管分系统工作模式设计

由于航天器的飞行任务及数管分系统配置的不同，使得航天器在轨运行时，需要根据不同的飞行阶段制定相应的工作模式。

（2）数管分系统组成设计

航天器不同的飞行任务决定了数管分系统不同的功能与组成要求。对于数管分系统而言，一般包括中心计算机、远置单元、遥控单元、遥测单元及数据总线等，不过对于某些小卫星则多采用星务管理系统，取消了一般数管系统独立的远置单元，而是将其功能融入到星务计算机中。

（3）数管分系统功能设计

数管分系统功能设计内容包括一般功能和特定功能，其中一般功能主要包括遥测量的采集、编码、调制、转发等功能，遥控指令的接收、解调、解码、识别、转发功能，星上时间的基准、校时功能，在轨任务计划和调度功能，在轨设备管理、故障对策功能，重要数据的存储和转发功能，以及在轨自主管理功能等。其特定功能部分可以根据不同的任务要求进行制定。

（4）数管分系统架构设计

数管分系统架构包括硬件设备的选择和软件模块的配置，其中硬件设备的选择主要是根据上述结论分析以及数管分系统的组成确定，通过对数据库中的已有设备模型进行选择，组成数管分系统，数据库中的设备模式的属性包括了某设备的机、电、热特性以及设备某些性能指标，这些技术指标是进行设计的基础和进行分析的依据。

数管软件配置主要是根据数管分系统的配置和航天器任务要求，提出完成在轨任务要求数管分系统所需各种软件功能模块的配置情况，通过该软件配置模块将数管分系统的软件配置进行统计和输入。

（5）数管分系统可靠性设计

数管分系统可靠性设计的主要内容就是通过对数管分系统进行可靠性建模和分析计算，对总体所提供的数管分系统可靠性指标进行分配，计算出数管分系统各组成单元的可靠性指标要求，为各组成单元的可靠性设计提出可靠性要求，同时通过可靠性设计也可以发现数管分系统可靠性的薄弱环节，为可靠性设计提供依据，可以起到事半功倍的效果，而且通过可靠性设计可以进行数管分系统可靠性预计、故障树预计及 FMECA 分析等，为地面测试和在轨飞行时的故障定位和故障对策的制定提供依据。

（6）数管分系统 EMC 设计

数管分系统 EMC 设计主要是对数管分系统与其他分系统间以及数管分系统内部各设

备间的电磁兼容性进行设计，包括设备的接地设计、屏蔽设计、滤波设计等，以便消除设备间的各种传导和辐射干扰，保证设备的正常运行。

（7）数管分系统环境适应性设计

数管分系统环境适应性设计主要是对航天器运行的空间环境分析，包括对可能影响数管分系统工作和性能的航天器的飞行轨道、空间电磁场分布、高空大气以及太阳活动引起的高能粒子或高能宇宙射线等的分析。通过这些分析，为了避免空间环境对数管分系统造成损坏，应采取必要的防护措施，包括选用抗辐照元器件、采用硬件和软件的冗余设计、增加防辐照金属板，以及对设备布局进行合理安排等。

（8）数管分系统性能指标分析

数管分系统性能指标分析模块主要是利用 MATLAB 软件开发了一个性能指标分析的应用程序，并利用输入输出接口文件实现数管分系统设计平台与应用程序间的信息交换，包括数管分系统设计平台设计数据的读取、设计指标的分析计算、分析结果的反馈。

（9）数管分系统设计资源数据库

数管分系统设计资源数据库提供了已有型号中组成数管分系统的各设备的机、电、热参数，以及各设备自身的性能指标。设备的机、电、热参数主要包括数管分系统各设备的质量、外形尺寸、质心坐标、转动惯量、寿命、可靠性、工作电压、电压稳定性、纹波电压、功耗、材料类型、表面处理、吸收率、发射率、工作温度上限、工作温度下限、工作状态热功耗、热容等。设备的性能指标主要包括遥测单元 CPU 类型、主频、PROM 容量、RAM 容量、遥测码型、码速率、帧长、格式长、字长、模拟量遥测、双电平遥测、数字量遥测通道，远置单元 CPU 类型、主频、PROM 容量、RAM 容量、ON/OFF 指令电流驱动能力、ON/OFF 指令脉冲宽度、ON/OFF 指令数量、加载指令、双电平量通道、模拟量通道、数字量通道、A/D 转换器分辨力、模拟电压下限、模拟电压上限，中心计算机 PROM 容量、EPROM、RAM 容量、CPU 类型、CPU 主频，遥控单元 CPU 类型、主频、PROM 容量、RAM 容量、漏指令率、误指令率、虚指令率、遥控码型、码速率、离散指令、加载指令通道、输出脉冲宽度、遥控单元模拟量遥测、遥控单元双电平遥测、遥控单元数字量遥测、遥控单元指令总线类型、冗余方式、耦合方式、总线传输速率、可连接远程终端数量、总线时钟频率、特征阻抗等。

4.7.4　数字化航天器数管分系统设计实现

数字化航天器数管分系统设计实现主要通过各层设计表单调用相关模型和参数等完成。数管分系统设计表单将设计输入、设计分析过程中生成的设计结果进行整合，生成某一项目的数管分系统设计结果模型和设计报告，其中内容主要包括总体对数管分系统的要求、数管分系统概述、数管分系统工作模式分析、数管分系统组成、数管分系统性能指标、数管分系统软件配置、数管分系统 EMC 设计、数管分系统环境适应性设计、数管分系统可靠性设计等。数管分系统设计实现如图 4 - 59 所示。

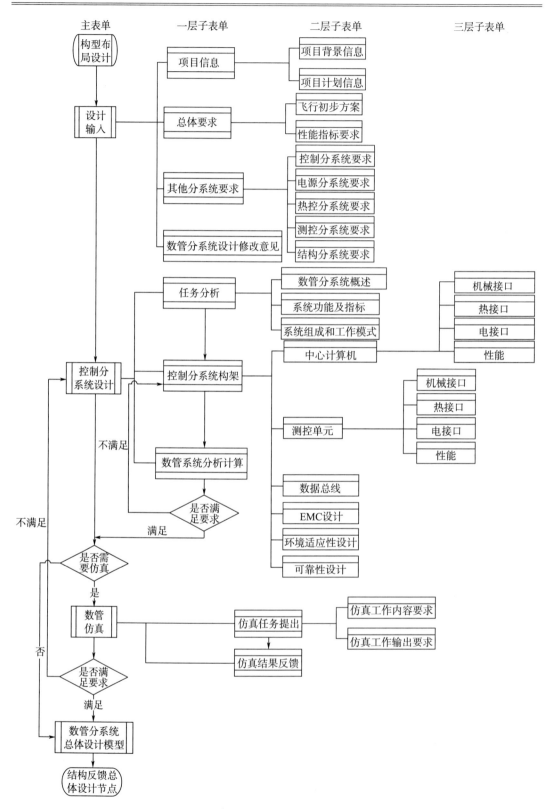

图 4 - 59　数管分系统设计实现

（1）设计输入表单

根据设计流程和设计模型进行设计节点软件开发，首先进行设计输入表单的实现。设计输入表单由各类设计输入界面组成，包括了项目信息、设计要求和修改意见，而设计要求又包括总体要求和各分系统要求，分别由不同输入界面予以表征。比如总体要求则由图 4 - 60 所示界面予以表征和输入。这部分功能就是获取数管分系统设计的输入信息和要求，为下一步分系统设计提供依据。

图 4 - 60　数管设计平台总体要求输入界面

（2）数管分系统设计表单

数管分系统设计表单是设计平台的主要部分，也是进行数管分系统设计的核心部分，主要是根据获取的相关信息进行数管分系统的方案设计，包括数管分系统概述、分系统工作模式分析、分系统功能分析、分系统组成分析、分系统软硬件配置、分系统性能指标分析、EMC 设计、可靠性设计等。具体设计时，通过选择设计表单中各功能设计框进入相应功能设计表单，再根据对话框提示，调用资源数据库相应模型和参数，完成相应功能设计。比如，分系统硬件配置设计由如图 4 - 61 所示设计表单界面完成；而性能指标分析则由如图 4 - 62 所示设计表单界面完成。

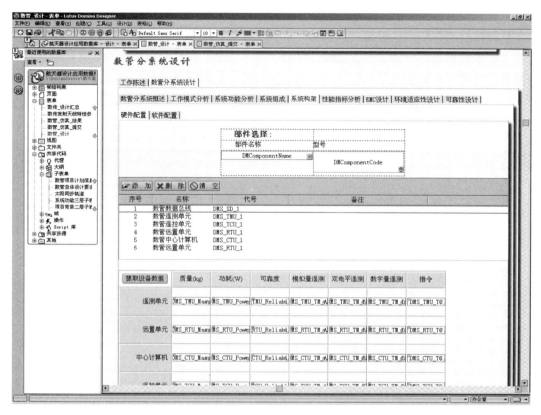

图 4 - 61　分系统架构中的硬件设备配置界面

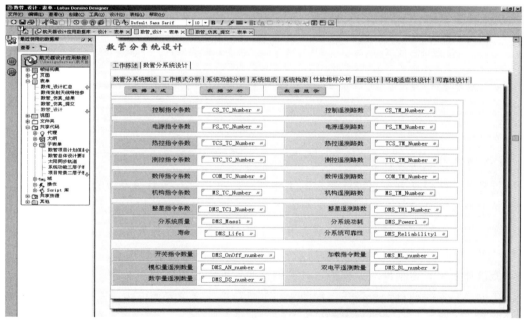

图 4 - 62　分系统架构中的性能指标分析模块界面

（3）数管分系统设计输出

设计平台的输出节点主要将上述过程中生成的设计结果进行整合，生成某一项目的数管分系统设计报告，包括总体对数管分系统的要求、数管分系统概述、数管分系统工作模式分析、数管分系统组成、数管分系统性能指标、数管分系统软件配置、数管分系统EMC 设计、数管分系统环境适应性设计、数管分系统可靠性设计等，如图 4 - 63 所示。

图 4 - 63 设计输出界面

（4）数管分系统参数复核应用软件

数管设计分析计算软件的主要功能就是在利用上述输入接口文件获取输入数据后，对数管分系统设计的参数值进行分析复核计算，包括复核数管分系统的质量、功耗、可靠性指标是否满足总体要求，计算数管分系统方案中设计的各类指令和遥测参数等是否满足总体和各分系统的要求，对于不满足的情况给出提示，以供设计人员重新修改设计，使数管设计方案满足总体和各分系统的要求，最后分析计算软件将分析计算的结果，按照输出文件接口协议，写入输出接口文件。数管分系统应用软件分析流程如图 4 - 64 所示，设计应用软件输出界面如图 4 - 65 所示。

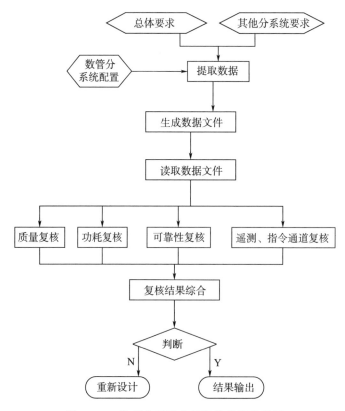

图 4-64 数管分系统应用软件分析流程图

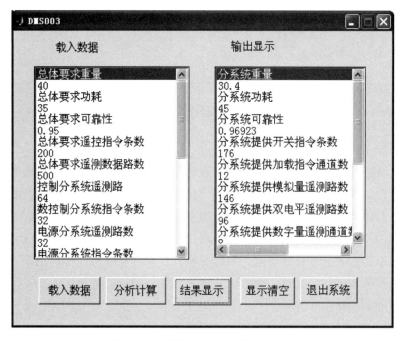

图 4-65 数管分系统应用软件输出

4.8　本章小结

　　航天器平台是由多个分系统组成的有机整体，各分系统由若干子系统或设备组成。数字化协同设计的技术基础是对航天器的组成和各部分之间的相互联系、相互依存、相互作用和相互制约的关系有清晰的理解。利用数字化航天器设计平台实现航天器设计过程就是一个定义、分析、设计、综合和优化的反复迭代过程。

　　本章全面介绍了数字化航天器平台各分系统的设计任务、设计流程、设计模型组成和数字化设计实现。通过本章内容介绍，能够使读者对航天器平台设计过程及模型实现有一个全面和深刻的认识。

第5章 数字化航天器设计应用

数字化航天器设计理念、思路和方法,对于提高航天器设计水平、缩短研制周期、降低研制成本,具有重要的促进作用。但再好的理念、思路和方法,只有通过应用实践,才能充分显现出来。

在前述数字化航天器设计基本理论知识、数字化航天器设计模型和仿真软件的基础上,本章以在轨故障检测飞行器为例,对如何利用数字化航天器设计与仿真平台系统开展数字化航天器设计做一简要介绍,以便读者进一步了解数字化航天器设计的过程和重要性。

5.1 用例总体概述

在轨故障检测飞行器是在轨服务与维护系统的重要组成部分,其任务是对在轨故障卫星进行抵近观察,检测和确认在轨卫星发生的故障,进而实现模块更换、在轨加注等维修维护服务。在轨故障检测飞行器平时在轨长时间待命飞行,接到任务后通过大范围或长距离机动,与故障卫星实现轨道交会,支持有效载荷完成对目标的成像检测和在轨服务操作。在轨故障检测飞行器是一种新型航天器,具有模块化、大机动、高智能和多任务等特点。

在轨故障检测飞行器具备大范围轨道机动和高精度制导、导航与控制能力。根据任务要求,在轨故障检测飞行器由控制、电源、结构、机构、热控、测控、数传和数管等分系统组成。在轨故障检测飞行器作为数字化设计应用实例,具有典型性。

数字化航天器系统设计平台的设计控制流程如图 5-1 所示。设计输入为某一航天器方案设计项目的技术要求,设计输出为数字化航天器方案设计模型及自动生成的航天器总体方案设计报告、轨道方案设计报告、构型布局方案设计报告及其他分系统总体方案设计报告。

整个控制流程依据现行的航天器方案设计流程制定,并结合了协同设计的特点。控制流程主要包括三部分,第一部分为总体初步设计,主要完成任务分析、轨道设计、构型布局设计和指标分配等方案设计工作,串联进行,为分系统总体方案设计工作提供总体要求及轨道、构型布局输入条件;第二部分为分系统总体方案设计,并行开展电源、控制、结构、机构、热控、测控、数传、数管分系统总体方案设计,设计结果返回总体节点确认;第三部分为总体设计方案汇总与仿真验证,主要完成总体设计方案综合、系统仿真任务提交及系统方案确认工作,最终生成经仿真确认的航天器总体设计方案。

整个控制流程存在两个层次的循环迭代,均由总体设计节点控制。第一层次的设计迭代为分系统级,在轨道设计、构型布局设计及其他分系统设计工作完成后,提交总体设计节点审查,审查通过则进入下一阶段工作,审查不通过则签署修改意见,退回相应设计节点进行设计完善,然后再次提交;第二层次的设计迭代为系统级,在整个设计流程完成之

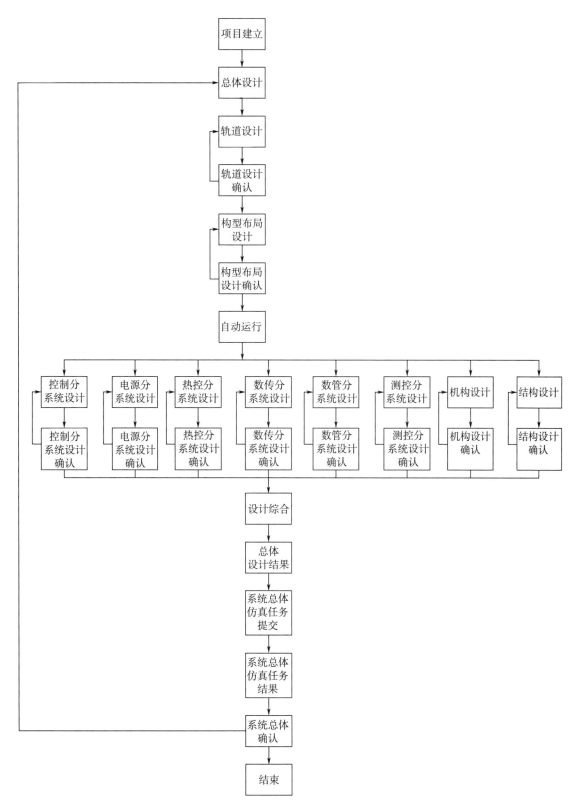

图 5-1　系统设计控制流程示意图

后，由总体设计节点对设计与仿真结果进行审核，审核通过则形成设计模型和总体设计方案，完成航天器的方案设计工作，审核不通过则回到总体初步设计，修改完善总体指标及对其他节点的设计要求，开始下一轮的设计工作。

5.2 总体设计要求

5.2.1 项目建立

工作项目建立为整个设计工作的起点。利用数字化航天器设计与仿真平台主菜单，完成项目信息、项目背景、技术要求等外部输入条件的录入工作，并依据本书前述主菜单功能模块设计表单，启动整个设计过程。

5.2.2 设计过程

任务分析的输入为用户任务要求，用户任务要求的提出可以有两种形式：一种是基于用户某方面的需要提出研制某种航天器，由研制部门提出方案，经与用户协商后申报立项，批准后开始研制；一种是由用户提招标书，研制部门经分析提出方案投标，中标后开始研制。在数字化航天器设计平台中，用户任务要求一般以文档形式体现。任务分析输出为初始轨道、有效载荷约束条件、航天器工程系统约束条件、航天器使用要求等。任务分析过程如图 5-2 所示。

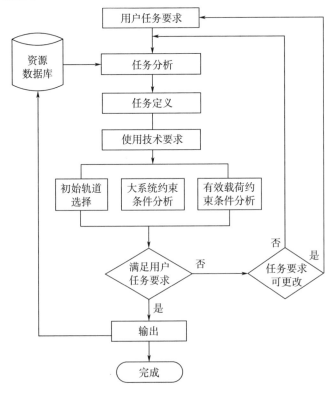

图 5-2 任务分析过程示意图

总体初步设计的输入为任务分析结果、有效载荷约束条件、航天器工程系统约束条件、轨道设计结果；输出为航天器总体功能及指标、各分系统功能及指标要求等，为后续的构型布局设计及各分系统设计提供总体输入条件，如图 5-3 所示。

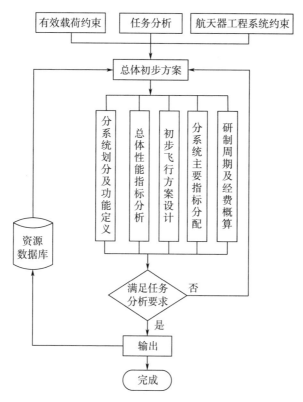

图 5-3 总体初步设计过程示意图

5.2.3 设计输入

任务分析及总体初步设计的设计输入主要来自于项目建立设计过程的输出结果，后续设计迭代过程中其他设计节点对总体指标要求的反馈也作为任务分析及总体初步设计的设计输入。具体包括：

1）用户技术要求；

2）任务合同书；

3）分系统反馈意见。

5.2.4 设计输出

任务分析的设计输出主要包括如下内容。

（1）使用要求分析

根据用户任务合同书、技术要求，明确本航天器在轨应用中的用途，这是进行任务分析的依据。使用要求分析通过点击相应设计表单的功能框，根据提示在相应位置通过叙述性文字表述。

在轨故障检测飞行器主要用于对太阳同步轨道的故障卫星进行检测与救援服务，其主要的使用要求包括：

1）作用范围为 500～1 200 km 高度之间的太阳同步轨道上的故障卫星；

2）能够在地面测控系统的引导下由待命轨道机动转移至距目标 15 km 处，然后实现对空间目标的自主捕获、跟踪与测量；

3）能够在距离空间目标 15 km 范围内实现对其的逼近、伴飞；

4）能够实现对空间目标的近距离的光学成像，还能利用携带的有效载荷实现对目标状态进行检测与故障诊断。

（2）大系统接口条件分析

根据大系统要求和航天器使用要求，通过点击设计表单中的"大系统接口条件"功能框，确定大系统组成和主要设计参数，为数字化航天器设计提供尺寸、力学环境、测控等限制条件。大系统接口条件通过叙述性文字和定量参数指标描述，主要包括大系统描述、运载能力、运载包络尺寸、运载力学环境、测控体制、数传体制、测控站指标、数据接收站指标等。

大系统包括航天器、运载火箭、作战指挥系统、地面测控系统等四部分。由大系统接口条件分析，确定各大系统接口要求。如表 5-1 和表 5-2 所示，运载火箭采用长征四号运载火箭，测控采用通常使用的 S 波段测控，数传采用 S 波段数传。

表 5-1 运载要求

运载能力/kg	1 500		
最大包络直径/m	3.3	最大包络高度/m	3.5
纵向过载系数/g	4	横向过载系数/g	3
纵向频率/Hz	18	横向频率/Hz	35
扭转频率/Hz	35		
测控体制	USB	数传体制	S

表 5-2 测控站要求

测控站名称	经度	纬度	最低仰角/（°）	EIRP	G/T
青岛	120.292 5	36.191 4	5	69	
厦门	117.974	24.596	5	69	
东风	100.222	40.913	5	71	
渭南	109.544	34.468	5	69	
喀什	75.9	39.4	5	71	

（3）有效载荷接口要求分析

根据数字化航天器使用要求及有效载荷要求，通过点击设计表单中"有效载荷接口要求"功能框，形成有效载荷接口要求模型，定义有效载荷的功能、用途、主要性能指标及对平台的承载、提供功率、安装尺寸等限制条件。由于有效载荷种类多样，有效载荷接口要求模型主要采用叙述性文字描述。对在轨故障检测飞行器来说，主要描述有：

有效载荷为故障检测分系统和目标测量分系统，包括故障检测处理设备、激光雷达、微波雷达、光学相机等。

有效载荷总重 240 kg，长期功耗为 67 W，短期功耗为 366 W。

总体初步设计的设计输出主要包括如下内容。

（1）系统功能分析

通过总体初步设计输出表单的任务分析子表单，根据用户技术要求、有效载荷要求及使用要求，进行数字化航天器系统功能的分析，建立系统功能模型确定系统功能。

（2）确定系统组成

通过总体初步设计输出表单的任务分析子表单，根据使用要求及系统功能，进行数字化航天器系统组成的分析，建立系统组成模型确定系统组成。

在轨故障检测飞行器共由 10 个分系统组成，平台包括结构分系统、机构分系统、热控分系统、控制分系统、数管分系统、测控分系统、电源分系统和数传分系统；有效载荷包括目标测量分系统和故障检测分系统。

（3）整星工作模式

根据使用要求、系统功能及系统组成，通过点击任务分析子表单中的"整星工作模式"功能框，进行数字化航天器工作模式分析，初步划分航天器从入轨到寿命末期所经历的不同工作阶段，以及在各阶段中所应完成的工作，建立整星工作模型，为其他设计平台的工作模型设计、飞行程序设计提供依据。

在轨故障检测飞行器由运载火箭发射入轨后，为完成对特定空间目标的观测与救援，任务实施主要包括以下几个阶段：

1）飞行器发射入轨后进入待命轨道后建立初始状态，进行在轨测试；

2）飞行器在待命轨道上待命运行；

3）飞行器接收地面指挥系统命令并在地面测控系统的引导下，进行轨道转移，实现对故障卫星的轨道交会；

4）飞行器在距离空间目标 15 km 处，实现对空间目标的捕获、跟踪与测量；

5）飞行器通过自主导引逐步逼近至距离空间目标 1 km 处；

6）飞行器对故障卫星进行近距离的成像观测，并利用故障检测设备实现对目标的故障检测和确认。

7）飞行器远离故障卫星，进入待命轨道或者对其他目标进行服务。

（4）总体指标要求

根据系统功能、大系统限制条件、有效载荷要求等，通过点击"总体指标设计"表单，对数字化航天器总体指标进行初步分析与设计，建立总体指标模型，为总体指标分配与分系统设计提供输入条件。

（5）轨道设计要求

根据系统功能、大系统对轨道的限制条件、有效载荷对轨道的限制条件、整星工作模式的输入条件，通过点击总体指标分配表单中的"轨道要求"功能框，对轨道设计的工作内容、运行轨道类型、机动能力进行分析，建立轨道要求模型，为轨道设计工作提供总体输入。获得的轨道设计要求如表 5 - 3 所示。

表 5 - 3　轨道设计要求

轨道设计总体要求			
轨道设计总体要求	待命运行在 850 km 高度的太阳同步轨道上，尽可能多地覆盖到潜在的服务对象，能够到达的轨道区间为 500～1 200 km		
轨道类型	太阳同步轨道		
轨道机动要求	从待命轨道到目标轨道的轨道机动任务和对目标的逼近、伴飞机动能力，改变倾角的能力为 10°		
整星质量/kg	1 120	卫星寿命（year）	1

（6）构型设计要求

根据系统功能、大系统对构型的限制条件、有效载荷对构型的限制条件等，通过点击总体指标分配表单中的"构型要求"功能框，对构型设计的工作内容、输入条件、总体要求等进行分析，建立构型要求模型，为构型布局设计工作提供总体输入。形成的构型设计要求如表 5 - 4 所示。

表 5 - 4　构型设计要求

构型设计总体要求			
构型设计总体要求	1）满足有效载荷的安装要求； 2）满足卫星各分系统的设备的安装要求； 3）稳定性较好，结构质量小，卫星的内部空间利用率高； 4）在总装和测试时具有良好的开敞性； 5）能够承受主动段所受到的载荷		
卫星质量/kg	1 120	轨道类型	太阳同步轨道
运载包络直径/m	2.5	运载包络高度/m	3.5
姿态控制类型	对地指向三轴稳定		
有效载荷要求	有效载荷包括目标测量分系统和故障检测分系统，主要包括微波雷达、激光雷达、可见光相机、故障检测设备等		

（7）控制设计要求

根据系统功能、整星工作模式等限制条件，通过点击总体指标分配表单中"控制要求"功能框，对控制系统的功能、控制模式、实现性能指标进行初步分析，建立控制要求模型，为控制系统设计提供总体输入。采用叙述性文字与定量参数进行描述。由于不同类型航天器控制系统功能存在一定区别，为此，总体对控制系统的要求也不同，本模型列出了比较全面的要求，在实际应用中，有些要求是不必要的。形成的控制设计要求如表 5 - 5 所示。

表 5 – 5　控制设计要求

控制设计总体要求

控制设计总体要求	1) 为整星提供高指向精度的对地定向三轴稳定姿态等姿态控制模式; 2) 驱动太阳翼对日定向跟踪; 3) 满足在轨期间不同阶段的控制精度要求		
姿态控制类型	对地指向三轴稳定	轨道控制类型	太阳同步轨道
姿态测量精度 / (°)	0.05	姿态稳定精度 / [(°) /s]	0.01
太阳翼指向精度 / (°)	0.5	自主制导导航控制类型	自主定轨
控制分系统质量/kg	540	控制分系统功耗/W	140
控制分系统寿命（year）	1	控制分系统可靠度	0.915

（8）电源设计要求

根据系统功能、有效载荷要求、整星工作模式等限制条件，通过点击总体指标分配表单中"电源要求"功能框，对电源系统的功能、组成、实现性能指标进行初步分析，建立电源要求模型，为电源系统设计提供总体输入。形成的电源设计要求如表 5-6 所示。

表 5 – 6　电源设计要求

电源设计总体要求

电源设计总体要求	在飞行各阶段满足整星用电要求		
母线电压/V	28	母线电压稳定度	0.5
长期供电功率/W	335	短期供电功率/W	366
短期供电时间/min	15	电源分系统功耗	16
电源分系统质量/kg	50	电源分系统寿命（year）	1
电源分系统可靠度	0.955	轨道类型	太阳同步轨道
轨道倾角 / (°)	97.4	轨道升交点赤经 / (°)	
轨道高度/km	7 228	轨道周期/min	101.926 39
最大地影时间/min	35.46	太阳入射角	13.911 585
遥测路数	32	指令条数	16

（9）热控设计要求

根据系统功能、运行轨道情况、有效载荷要求、整星工作模式等限制条件，通过点击总体指标分配表单中"热控要求"功能框，对热控系统的功能、组成、实现性能指标进行初步分析，建立热控要求模型，为热控系统设计提供总体输入。形成的热控设计要求如表5-7 所示。

表 5 - 7　热控设计要求

热控设计总体要求			
热控设计总体要求	针对星上仪器设备工作和待机状态下的温度要求，根据星上的仪器布局、功耗、卫星的结构材料和轨道姿态等条件，通过控制卫星内部和外部的热交换过程，使星上仪器、设备的温度在整个有效工作寿命期间均能维持在要求的范围内		
星外最高环境温度/℃	100	星外最低环境温度/℃	-80
星内最高环境温度/℃	50	星内最低环境温度/℃	-10
热控分系统质量/kg	30	热控分系统功耗/W	40
热控分系统寿命（year）	1	热控分系统可靠度	0.965

（10）测控设计要求

根据大系统限制条件、系统功能、运行轨道情况、整星工作模式等限制条件，通过点击总体指标分配表单中"测控要求"功能框，对测控系统的功能、体制、实现性能指标进行初步分析，建立测控要求模型，为测控系统设计提供总体输入。形成的测控设计要求如表 5 - 8 所示。

表 5 - 8　测控设计要求

测控设计总体要求			
热控设计总体要求	1）协同地面测控站完成对卫星的跟踪和轨道测量； 2）接受地面站发送的上行载频信号并转发； 3）从上行信号中解调出遥控副载波信号和/或测距基带信号； 4）以调相方式转发测距侧音（根据需要）及发射遥测副载波； 5）在无上行信号时，发射非相参的信标并由遥测副载波相位调制		
分系统质量	20	分系统功耗	20
分系统寿命	1	分系统可靠性	0.985
测控体制	USB	测轨精度	100
下行码速率/bps	4 096	上行码速率/bps	2 000

（11）数传设计要求

根据大系统限制条件、有效载荷要求、系统功能、运行轨道情况、整星工作模式等限制条件，通过点击总体指标分配表单中"数传要求"功能框，对数传系统的功能、体制、实现性能指标进行初步分析，建立数传要求模型，为数传系统设计提供总体输入。形成的数传设计要求如表 5 - 9 所示。

表 5 - 9　数传设计要求

数传设计总体要求			
数传设计总体要求	完成有效载荷数据的存储、处理与传输任务		
分系统质量	20	分系统功耗	60
分系统寿命	1	分系统可靠性	0.98
数传体制	S	数据传输速率/Mbps	4
数据存储量/Gb	8	数传误码率	0.000 001

（12）数管设计要求

根据有效载荷要求、系统功能、运行轨道情况、整星工作模式等限制条件，通过点击总体指标分配表单中"数管设计"功能框，对数管系统的功能、组成、实现性能指标进行初步分析，建立数管要求模型，为数管系统设计提供总体输入。形成的数管设计要求如表5-10所示。

表 5-10　数管设计要求

数管设计总体要求			
数管设计总体要求	完成飞行器的在轨运行调度和综合信息处理，监视整星状态，实现星上信息共享和交互支持		
分系统质量	25	分系统功耗	30
分系统寿命	1	分系统可靠性	0.98
遥测路数	300	指令条数	100

（13）结构设计要求

根据大系统要求、系统功能、运行轨道情况、整星工作模式等限制条件，通过点击总体指标分配表单中"结构要求"功能框，对航天器结构的功能、组成、实现性能指标进行初步分析，建立结构要求模型，为航天器结构设计提供总体输入。形成的结构设计要求如表5-11所示。

表 5-11　结构设计要求

结构设计总体要求	
结构设计总体要求	1）根据构型设计分析传力途径； 2）飞行器整星承力结构设计； 3）飞行结构组件设计； 4）整星力学分析
边界条件	1 194 对接环与运载连接
纵向一阶基频	30
横向一阶基频	15
扭转一阶基频	25
纵向准静态鉴定载荷	6
横向准静态鉴定载荷	2
结构总质量	140
寿命	1
可靠性	0.99
最大外形尺寸	1 600 mm×1 850 mm×1 850 mm

（14）机构设计要求

根据大系统要求、有效载荷要求、系统功能、运行轨道情况、整星工作模式等限制条件，通过点击总体指标分配表单中"机构要求"功能框，对航天器机构的功能、组成、实现性能指标进行初步分析，建立机构要求模型，为航天器机构设计提供总体输入。由于不同类型航天器机构功能存在一定区别，为此，总体对航天器机构的要求也不同，表 5 - 12 列出了几项主要的要求，在实际应用中，有些更细化更全面的要求应根据任务特点和表单功能框提示选择性地给出。

表 5 - 12　机构设计要求

机构设计总体要求			
机构设计总体要求	1）太阳翼机械部分设计； 2）太阳翼驱动机构设计； 3）天线驱动机构设计		
分系统质量	80	分系统功耗	0
分系统寿命	3	分系统可靠性	0.99

5.3　轨道设计及飞行规划

5.3.1　获取轨道设计总体要求

设计人员以＜轨道设计与飞行任务规划设计师＞身份登录轨道设计与飞行规划节点，选择设计项目进入设计界面。

轨道设计与飞行规划输入是由总体设计节点提供的有关项目的具体信息和总体要求。设计输入的主表单包括项目信息、设计要求、测控站条件等子表单，其中设计要求子表单又包括工作模式、总体要求等子表单，如图 5 - 4 所示。

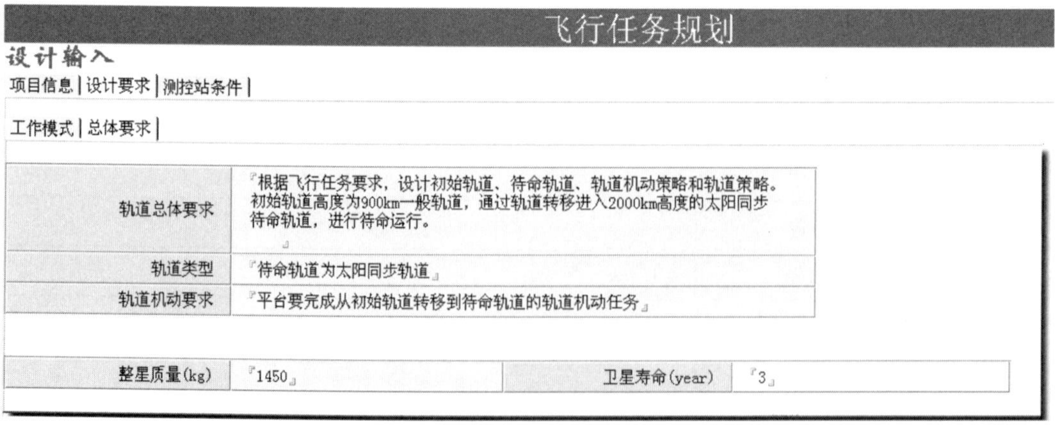

图 5 - 4　轨道设计与飞行规划输入界面

5.3.2　轨道设计工作陈述

根据总体对轨道设计的要求，通过点击轨道设计表单中"工作陈述"功能框，进行任务分析，梳理轨道设计所需完成的工作内容及采用的分析方式。其具体内容包括：

1）确定航天器初始轨道和待命轨道参数，分析初始轨道和待命轨道的光照状态及测控状态；

2）设计航天器轨道转移的多冲量轨道机动策略；

3）设计航天器轨道的远程导引和近程导引的轨道机动策略；

4）设计航天器轨道交会的远程导引、近程导引和伴随飞行的轨道控制策略。

5.3.3　待命轨道设计

根据总体要求及有效载荷要求，通过点击轨道设计表单中"待命轨道设计"功能框，选定待命轨道类型，确定轨道根数，并通过应用软件对该轨道条件下的光照条件及测控条件进行分析。

待命轨道特性分析结果如图 5-5 所示，并可通过点击"结果显示"功能框，显示打印待命轨道太阳入射角随时间变化、待命轨道星食因子随时间变化、待命轨道受晒因子随时间变化等结果曲线。如图 5-6～图 5-8 所示。待命轨道特性分析参数和光照特性参数分别如表 5-13 和表 5-14 所示。

分 析 计 算	结 果 显 示

初始时刻：	『01-Jan-2010 00:00:01』		
轨道半长轴(km)：	『7.228000E+003』	升交点赤经(deg)：	『290』
轨道偏心率：	『0.000000E+000』	近地点幅角(deg)：	『0.000000E+000』
轨道倾角(deg)：	『98.81585』	平近点角(deg)：	『0』

计算结果

最小受晒因子：	『0.652083』	轨道周期(min)：	『101.926390』
最大星食因子：	『0.347917』	轨道角速率(rad/s)：	『0.001027』
最大地影时间(min)：	『35.461890』		
星食因子随时间变化曲线：	星食因子随时间变化曲线		
受晒因子随时间变化曲线：	受晒因子随时间变化曲线		

	太阳入射角(deg)	升交点赤经Ω(deg)	黄经(deg)	日期
最大太阳入射角	『13.911585』	『236.633264』	『224.682343』	『2010-11-9 16:0: 1.000』
最小太阳入射角	『3.201575』	『121.032850』	『114.013567』	『2010-7-14 19:0: 1.000』
冬至	『10.898354』	『278.190571』	『270.067638』	『2010-12-22 1:0: 1.000』
夏至	『3.888422』	『98.231496』	『90.066071』	『2010-6-21 13:0: 1.000』
太阳入射角/时间	太阳入射角/时间			

图 5-5　待命轨道特性分析结果

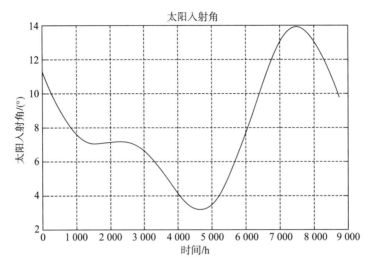

图 5-6　待命轨道太阳入射角随时间变化

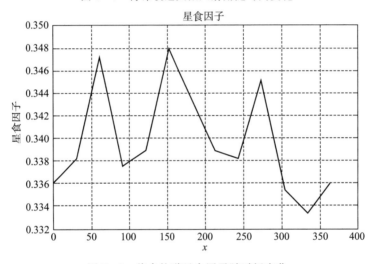

图 5-7　待命轨道星食因子随时间变化

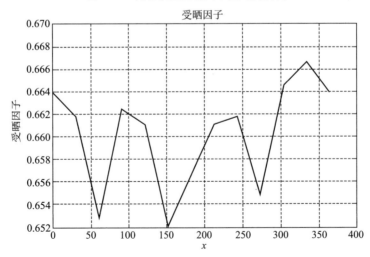

图 5-8　待命轨道受晒因子随时间变化

表 5 - 13 待命轨道特性分析参数

初始时刻（day）			
轨道半长轴/km	7 228	偏心率	0
轨道倾角/（°）	98.8	升交点赤经/（°）	290.0
近地点幅角/（°）	0	平近点角/（°）	0
最小受晒因子	0.65	最大地影时间/min	35.4
最大星食因子	0.35		

表 5 - 14 待命轨道光照特性参数

	太阳入射角	升交点赤经	黄经	日 期
最大太阳入射角	23.4	333.1	90.0	2010 - 6 - 21 11：0：1.0
最小太阳入射角	0.003	88.4	180.0	2010 - 9 - 23 3：0：1.0

5.3.4 目标轨道特性分析

目标轨道特性分析可通过点击轨道设计表单相应功能框完成，其分析结果如图 5 - 9 所示。通过点击"结果显示"功能框，还可显示打印目标轨道太阳入射角随时间变化、目标轨道星食因子随时间变化、目标轨道受晒因子随时间变化曲线（分别如图 5 - 10～图 5 - 12 所示）和目标轨道特性分析参数与光照特性参数（分别如表 5 - 15 和表 5 - 16 所示）等。

初始时刻：	01-Jan-2010 00:00:01		
轨道半长轴(km)：	7.478000E+003	升交点赤经(deg)：	290
轨道偏心率：	0.000000E+000	近地点幅角(deg)：	0
轨道倾角(deg)：	9.99406550E+001	平近点角(deg)：	60

计算结果

最小受晒因子：	0.664583	轨道周期(min)：	107.259957
最大星食因子：	0.335417	轨道角速率(rad/s)：	0.000976
最大地影时间(min)：	35.976777		
星食因子随时间变化曲线：	星食因子随时间变化曲线		
受晒因子随时间变化曲线：	受晒因子随时间变化曲线		

	太阳入射角(deg)	升交点赤经Ω(deg)	黄经(deg)	日期
最大太阳入射角	14.280532	238.054420	226.070802	2010-11-11 1:0: 1.000
最小太阳入射角	2.811006	120.056130	112.957921	2010-7-13 18:0: 1.000
冬至	11.398964	278.272750	270.067638	2010-12-22 1:0: 1.000
夏至	3.457759	98.271202	90.066071	2010-6-21 13:0: 1.000
太阳入射角/时间	太阳入射角/时间			

图 5 - 9 目标轨道特性分析结果

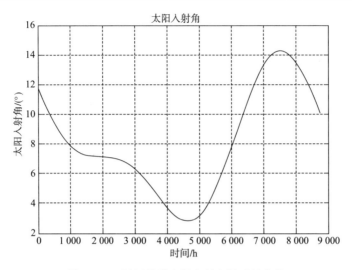

图 5 - 10　目标轨道太阳入射角随时间变化

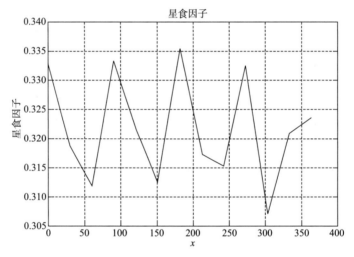

图 5 - 11　目标轨道星食因子随时间变化

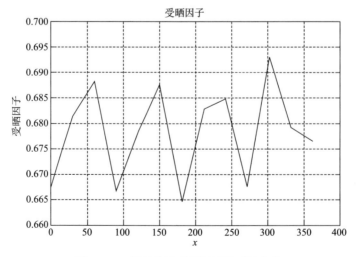

图 5 - 12　目标轨道受晒因子随时间变化

表 5-15　目标轨道特性分析参数

初始时刻（day）			
轨道半长轴/km	7 478	偏心率	0
轨道倾角/（°）	99.9	升交点赤经/（°）	290
近地点幅角/（°）	0	平近点角/（°）	60
最小受晒因子	0.66	最大地影时间	35.98
最大星食因子	0.34		

表 5-16　目标轨道光照特性参数

	太阳入射角	升交点赤经	黄经	日期
最大太阳入射角	14.3	238.1	226.1	2010-11-11　1：0：1.0
最小太阳入射角	2.8	120.1	113.0	2010-7-13　18：0：1.0

5.3.5　轨道转移策略规划

对于有变轨机动要求的航天器，根据总体要求，通过点击主表单进入数字化航天器飞行任务规划软件界面（如图 5-13 所示），确定轨道转移初始参数和目标参数，选用专门应用软件，即可进行相应轨道转移策略的设计与分析计算。比如，远程导引变轨策略规划结果如图 5-14 和表 5-17 所示。

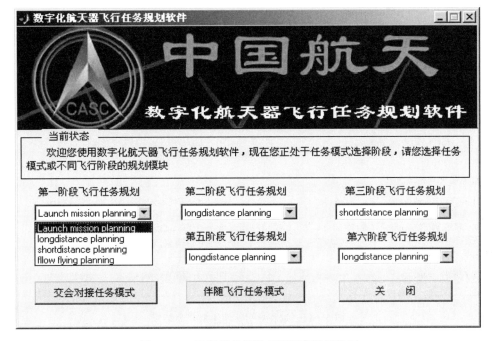

图 5-13　飞行任务规划应用程序调用界面

工作陈述｜一般轨道设计｜初始轨道设计｜待命轨道设计｜目标轨道特性分析｜轨道转移方案设计｜轨道交会方案设计｜　轨道方案设计｜飞行任务规划｜仿真结果｜

发射任务规划｜远程导引策略规划｜稳定飞行｜近程导引策略规划｜伴随飞行策略规划｜逼近策略规划｜轨道转移策略规划｜　轨道策略规划｜飞行任务总体规划｜

开 始 规 划		结 果 显 示

远程变轨策略

任务开始时间：	『01-Jan-2010 00:00:01』	任务结束时间：	『01-Jan-2010 17:34:31』
总速度增量(m/s)：	『201.431738』	总燃料消耗(kg)：	『108.665168』

第一次变轨数据　　　　　　　　　　　**第二次变轨数据**

推力开始时刻(sec)：	『2264.763753』
推力作用时间(sec)：	『1356.469491』
Fx(N)：	『54.911211』
Fy(N)：	『56.249103』
Fz(N)：	『14.859248』
Vx(m/s)：	『66.504806』
Vy(m/s)：	『68.125172』
Vz(m/s)：	『17.996532』
deltaM(kg)：	『51.951390』
deltaV(m/s)：	『96.890678』

推力开始时刻(sec)：	『24868.350560』
推力作用时间(sec)：	『778.603558』
Fx(N)：	『50.969323』
Fy(N)：	『-58.693340』
Fz(N)：	『-18.900262』
Vx(m/s)：	『35.432943』
Vy(m/s)：	『-40.802539』
Vz(m/s)：	『-13.139117』
deltaM(kg)：	『30.121027』
deltaV(m/s)：	『55.614540』

第三次变轨数据　　　　　　　　　　　**第四次变轨数据**

推力开始时刻(sec)：	『47591.121407』
推力作用时间(sec)：	『59.759672』
Fx(N)：	『-75.052504』
Fy(N)：	『27.696961』
Fz(N)：	『0.000000』
Vx(m/s)：	『-4.004565』
Vy(m/s)：	『1.477823』
Vz(m/s)：	『0.000000』
deltaM(kg)：	『2.341066』
deltaV(m/s)：	『4.268548』

推力开始时刻(sec)：	『62957.077174』
推力作用时间(sec)：	『625.211617』
Fx(N)：	『47.895100』
Fy(N)：	『-64.078541』
Fz(N)：	『-0.000000』
Vx(m/s)：	『26.736226』
Vy(m/s)：	『-35.770222』
Vz(m/s)：	『-0.000000』
deltaM(kg)：	『24.251685』
deltaV(m/s)：	『44.657973』

结束时刻两航天器轨道参数

目标航天器半长轴(kg)：	『7.478000E+003』	轨道机动飞行器半长轴(kg)：	『7.478000E+003』
目标航天器偏心率：	『1.528894E-012』	轨道机动飞行器偏心率：	『1.338414E-013』
目标航天器轨道倾角(deg)：	『9.994066E+001』	轨道机动飞行器轨道倾角(deg)：	『9.994065E+001』
目标航天器升交点赤经(deg)：	『2.900000E+002』	轨道机动飞行器交点赤经(deg)：	『2.900000E+002』
目标航天器近地点幅角(deg)：	『2.610145E+002』	轨道机动飞行器近地点幅角(deg)：	『3.271640E+002』
目标航天器平近点角(deg)：	『9.810225E+001』	轨道机动飞行器平近点角(deg)：	『3.206761E+001』

图 5-14　远程导引变轨策略规划结果

表 5 - 17 远程导引变轨策略规划结果

变轨策略			
任务开始时间	01 - Jan - 2010 00：00：01	任务结束时间	01 - Jan - 2010 17：34：31
总速度增量	201.4 m/s	总燃料消耗	108.7 kg
第一次点火开始时刻	2 264.8 s	第二次点火开始时刻	24 868.4 s
推力持续时间	1 356.5 s	推力持续时间	778.6 s
F_x	54.9 N	F_x	51.0 N
F_y	56.24 N	F_y	- 58.7 N
F_z	14.9 N	F_z	- 18.9 N
第三次点火开始时刻	47 591.1 s	第四次点火开始时刻	62 957.1 s
推力持续时间	59.8 s	推力持续时间	625.2 s
F_x	- 75.1 N	F_x	47.9 N
F_y	27.7 N	F_y	- 64.1 N
F_z	0.0 N	F_z	- 0.0 N
结束时刻两航天器轨道参数			
在轨故障检测飞行器半长轴	7.478000E+003	目标航天器半长轴	7.478000E+003
在轨故障检测飞行器偏心率	1.338414E-013	目标航天器偏心率	1.528894E-012
在轨故障检测飞行器轨道倾角	9.994065E+001	目标航天器轨道倾角	9.994066E+001
在轨故障检测飞行器升交点赤经	2.900000E+002	目标航天器升交点赤经	2.900000E+002
在轨故障检测飞行器近地点俯角	3.271640E+002	目标航天器近地点俯角	2.610145E+002
在轨故障检测飞行器平近点角	3.206761E+001	目标航天器平近点角	9.810225E+001

5.3.6 轨道保持稳定飞行

通过点击轨道设计表单相应功能框，可进行轨道保持稳定飞行相关分析仿真，获取相关参数结果。包括轨道保持稳定飞行结束时刻两航天器轨道参数（如图 5 - 15 所示）、轨道保持稳定飞行地球惯性系下相对运动轨迹、轨道保持稳定飞行目标航天器轨道坐标系相对运动轨迹和稳定飞行轨道参数（如表 5 - 18 所示）等。

工作陈述｜一般轨道设计｜初始轨道设计｜待命轨道设计｜目标轨道特性分析｜轨道转移方案设计｜轨道交会方案设计｜ 轨道方案设计 ｜飞行任务规划｜仿真结果｜

发射任务规划｜远程导引策略规划｜稳定飞行｜近程导引策略规划｜伴随飞行策略规划｜逼近策略规划｜轨道转移策略规划｜ 轨道策略规划 ｜飞行任务总体规划｜

| 开 始 规 划 | | 结 果 显 示 | |

伴飞策略：｜自然伴飞 ▼｜

结束时刻两航天器轨道参数

任务结束时间：	『01-Jan-2010 19:21:47』		
目标航天器半长轴(km)：	『7.478000E+003』	轨道机动飞行器半长轴(km)：	『7.478000E+003』
目标航天器偏心率：	『2.668424E-014』	轨道机动飞行器偏心率：	『1.338414E-013』
目标航天器轨道倾角(deg)：	『9.994066E+001』	轨道机动飞行器轨道倾角(deg)：	『9.994065E+001』
目标航天器升交点赤经(deg)：	『2.900734E+002』	轨道机动飞行器交点赤经(deg)：	『2.900734E+002』
目标航天器近地点幅角(deg)：	『2.608335E+002』	轨道机动飞行器近地点幅角(deg)：	『3.269830E+002』
目标航天器平近点角(deg)：	『9.790861E+001』	轨道机动飞行器平近点角(deg)：	『3.187397E+001』

相对运动曲线：｜地球惯性系下的伴飞轨迹｜ ｜目标航天器轨道坐标系下的伴飞轨迹｜

图 5-15 稳定飞行结束时刻两航天器轨道参数

表 5-18 稳定飞行轨道参数

结束时刻两航天器轨道参数 (01-Jan-2010 19:21:47)

在轨故障检测飞行器 半长轴	7.478000E+003	目标航天器 半长轴	7.478000E+003
在轨故障检测飞行器 偏心率	1.338414E-013	目标航天器 偏心率	2.668424E-014
在轨故障检测飞行器 轨道倾角	9.994065E+001	目标航天器 轨道倾角	9.994066E+001
在轨故障检测飞行器 升交点赤经	2.900734E+002	目标航天器 升交点赤经	2.900734E+002
在轨故障检测飞行器 近地点俯角	3.269830E+002	目标航天器 近地点俯角	2.608335E+002
在轨故障检测飞行器 平近点角	3.187397E+001	目标航天器 平近点角	9.790861E+001

5.3.7 轨道交会近程导引策略规划

通过点击轨道设计表单相应"近程导引变轨策略规划"功能框，可进行相应分析仿真，获得相应分析结果与参数。包括近程导引变轨策略规划结果（如图 5-16 和表 5-19 所示）、近程导引结束时刻两航天器的轨道参数（如图 5-17 所示）、近程导引目标航天器轨道坐标系下三维相对运动轨迹和近程导引目标航天器轨道坐标系下相对运动轨迹等。限于篇幅，相关轨迹曲线结果不再一一给出。

任务结束时间：	『01-Jan-2010 22:56:47』		
总速度增量(m/s)：	『1.042063』	总燃料消耗(kg)：	『0.362222』

第一次点火

推力开始时刻(sec)：	『3268.380801』
推力作用时间(sec)：	『70.772907』
Fx(N)：	『5.000000』
Fy(N)：	『0.000000』
Fz(N)：	『0.000000』
deltaM(kg)：	『0.519329』
deltaV(m/s)：	『0.180519』

第二次点火

推力开始时刻(sec)：	『6421.953949』
推力作用时间(sec)：	『0.126648』
Fx(N)：	『0.000000』
Fy(N)：	『-5.000000』
Fz(N)：	『0.000000』
deltaM(kg)：	『0.000929』
deltaV(m/s)：	『0.000323』

第三次点火

推力开始时刻(sec)：	『6486.170907』
推力作用时间(sec)：	『0.302794』
Fx(N)：	『5.000000』
Fy(N)：	『0.000000』
Fz(N)：	『0.000000』
deltaM(kg)：	『0.002222』
deltaV(m/s)：	『0.000772』

第四次点火

推力开始时刻(sec)：	『9703.961014』
推力作用时间(sec)：	『70.807379』
Fx(N)：	『-5.000000』
Fy(N)：	『0.000000』
Fz(N)：	『0.000000』
deltaM(kg)：	『0.519582』
deltaV(m/s)：	『0.180607』

图 5-16　近程导引变轨策略规划结果

结束时刻两航天器轨道参数

目标航天器半长轴(km)：	『7.477976E+003』	轨道机动飞行器半长轴(km)：	『7.477980E+003』
目标航天器偏心率：	『2.462857E-005』	轨道机动飞行器偏心率：	『2.496815E-005』
目标航天器轨道倾角(deg)：	『9.994073E+001』	轨道机动飞行器轨道倾角(deg)：	『9.994072E+001』
目标航天器升交点赤经(deg)：	『2.902200E+002』	轨道机动飞行器交点赤经(deg)：	『2.902200E+002』
目标航天器近地点幅角(deg)：	『2.467676E+002』	轨道机动飞行器近地点幅角(deg)：	『2.485593E+002』
目标航天器平近点角(deg)：	『1.107154E+002』	轨道机动飞行器平近点角(deg)：	『1.089660E+002』

相对运动曲线： [近程导引三维轨迹] [近程导引X vs Y] [近程导引X vs Z]

图 5-17　近程导引结束时刻两航天器的轨道参数

表 5-19　近程导引变轨策略规划结果

变轨策略			
任务结束时间	01-Jan-2010　22：56：47		
总速度增量	1.042 063 m/s	总燃料消耗	0.362 222 kg
第一次点火开始时刻	3 268.380 801 s	第二次点火开始时刻	6 421.953 949 s

续表

变轨策略			
推力持续时间	70.772 907 s	推力持续时间	0.126 648 s
F_x	5.000 000 N	F_x	0.000 000 N
F_y	0.000 000 N	F_y	−5.000 000 N
F_z	0.000 000 N	F_z	0.000 000 N
第三次点火开始时刻	6 486.170 907 s	第四次点火开始时刻	9 703.961 014 s
推力持续时间	0.302 794 s	推力持续时间	70.807 379 s
F_x	5.000 000 N	F_x	−5.000 000 N
F_y	0.000 000 N	F_y	0.000 000 N
F_z	0.000 000 N	F_z	0.000 000 N

结束时刻两航天器轨道参数			
在轨故障检测飞行器 半长轴	7.477980E+003	目标航天器 半长轴	7.477976E+003
在轨故障检测飞行器 偏心率	2.496815E−005	目标航天器 偏心率	2.462857E−005
在轨故障检测飞行器 轨道倾角	9.994072E+001	目标航天器 轨道倾角	9.994073E+001
在轨故障检测飞行器 升交点赤经	2.902200E+002	目标航天器 升交点赤经	2.902200E+002
在轨故障检测飞行器 近地点俯角	2.485593E+002	目标航天器 近地点俯角	2.467676E+002
在轨故障检测飞行器 平近点角	1.089660E+002	目标航天器 平近点角	1.107154E+002

5.3.8　伴飞位置保持策略规划

通过点击轨道设计表单中"伴随飞行策略规划"功能框，可进行相应分析仿真，获取相关结果与参数。比如，伴随飞行导引策略规划结果如图 5-18 所示，伴随飞行在地球惯性系中的相对运动轨迹如图 5-19 所示，伴随飞行在目标航天器轨道坐标系中的相对运动轨迹如图 5-20 所示。

| 开 始 规 划 | | 结 果 显 示 |

伴飞策略：　自然伴飞 ▾

| 任务结束时间： | ⌜01-Jan-2010 19:21:47⌟ | | |
| 总速度增量(m/s)： | ⌜　⌟ | 总燃料消耗(kg)： | ⌜　⌟ |

第一次点火

推力开始时刻(sec)：	⌜　⌟
推力作用时间(sec)：	⌜　⌟
Fx(N)：	⌜　⌟
Fy(N)：	⌜　⌟
Fz(N)：	⌜　⌟
deltaM(kg)：	⌜　⌟
deltaV(m/s)：	⌜　⌟

第二次点火

推力开始时刻(sec)：	⌜　⌟
推力作用时间(sec)：	⌜　⌟
Fx(N)：	⌜　⌟
Fy(N)：	⌜　⌟
Fz(N)：	⌜　⌟
deltaM(kg)：	⌜　⌟
deltaV(m/s)：	⌜　⌟

第三次点火

推力开始时刻(sec)：	⌜　⌟
推力作用时间(sec)：	⌜　⌟
Fx(N)：	⌜　⌟
Fy(N)：	⌜　⌟
Fz(N)：	⌜　⌟
deltaM(kg)：	⌜　⌟
deltaV(m/s)：	⌜　⌟

第四次点火

推力开始时刻(sec)：	⌜　⌟
推力作用时间(sec)：	⌜　⌟
Fx(N)：	⌜　⌟
Fy(N)：	⌜　⌟
Fz(N)：	⌜　⌟
deltaM(kg)：	⌜　⌟
deltaV(m/s)：	⌜　⌟

结束时刻两航天器轨道参数

任务结束时间刻：	⌜02-Jan-2010 00:44:03⌟		
目标航天器半长轴(km)：	⌜7.477976E+003⌟	轨道机动飞行器半长轴(km)：	⌜7.477980E+003⌟
目标航天器偏心率：	⌜2.462857E-005⌟	轨道机动飞行器偏心率：	⌜2.496815E-005⌟
目标航天器轨道倾角(deg)：	⌜9.994073E+001⌟	轨道机动飞行器轨道倾角(deg)：	⌜9.994072E+001⌟
目标航天器升交点赤经(deg)：	⌜2.902934E+002⌟	轨道机动飞行器交点赤经(deg)：	⌜2.902934E+002⌟
目标航天器近地点幅角(deg)：	⌜2.465866E+002⌟	轨道机动飞行器近地点幅角(deg)：	⌜2.483783E+002⌟
目标航天器平近点角(deg)：	⌜1.105220E+002⌟	轨道机动飞行器平近点角(deg)：	⌜1.087724E+002⌟

图 5-18　伴随飞行导引策略规划结果

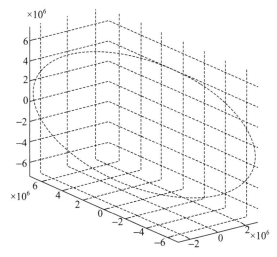

图 5-19　伴随飞行在地球惯性系中的相对运动轨迹

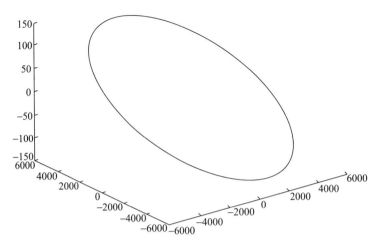

图 5 - 20　伴随飞行在目标航天器轨道坐标系中的相对运动轨迹

5.3.9　逼近飞行制导策略规划

通过点击轨道设计表单中"逼近策略规划"功能框，并按相应子表单提示，可进行逼近飞行制导策略规划，获取相关结果与参数。其逼近飞行制导策略规划结果和逼近飞行制导结束时刻两航天器轨道参数分别如图 5 - 21～图 5 - 22 所示，逼近飞行目标航天器轨道坐标系下三维相对运动轨迹如图 5 - 23 所示。

任务开始时间：	02-Jan-2010 04:19:03		
总速度增量(m/s)：	0.466558	总燃料消耗(kg)：	0.162188

第一次点火

推力开始时刻(sec)：	83.692831
推力作用时间(sec)：	0.156593
Fx(N)：	0.000000
Fy(N)：	-5.000000
Fz(N)：	0.000000
deltaM(kg)：	0.001149
deltaV(m/s)：	0.000399

第二次点火

推力开始时刻(sec)：	2188.692610
推力作用时间(sec)：	31.628607
Fx(N)：	5.000000
Fy(N)：	0.000000
Fz(N)：	0.000000
deltaM(kg)：	0.232090
deltaV(m/s)：	0.080680

第三次点火

推力开始时刻(sec)：	5406.504194
推力作用时间(sec)：	0.254144
Fx(N)：	-5.000000
Fy(N)：	0.000000
Fz(N)：	0.000000
deltaM(kg)：	0.001865
deltaV(m/s)：	0.000648

第四次点火

推力开始时刻(sec)：	8624.315778
推力作用时间(sec)：	31.542037
Fx(N)：	-5.000000
Fy(N)：	0.000000
Fz(N)：	0.000000
deltaM(kg)：	0.231454
deltaV(m/s)：	0.080460

图 5 - 21　逼近飞行制导策略规划结果

结束时刻两航天器轨道参数

目标航天器半长轴(km):	『7.477930E+003』	轨道机动飞行器半长轴(km):	『7.477931E+003』
目标航天器偏心率:	『5.031244E-005』	轨道机动飞行器偏心率:	『5.046032E-005』
目标航天器轨道倾角(deg):	『9.994074E+001』	轨道机动飞行器轨道倾角(deg):	『9.994074E+001』
目标航天器升交点赤经(deg):	『2.904400E+002』	轨道机动飞行器交点赤经(deg):	『2.904400E+002』
目标航天器近地点幅角(deg):	『2.427760E+002』	轨道机动飞行器近地点幅角(deg):	『2.434947E+002』
目标航天器平近点角(deg):	『1.130712E+002』	轨道机动飞行器平近点角(deg):	『1.123646E+002』

相对运动曲线: [近程导引三维轨迹] [近程导引|X vs Y] [近程导引|X vs Z]

图 5-22　逼近飞行制导结束时刻两航天器轨道参数

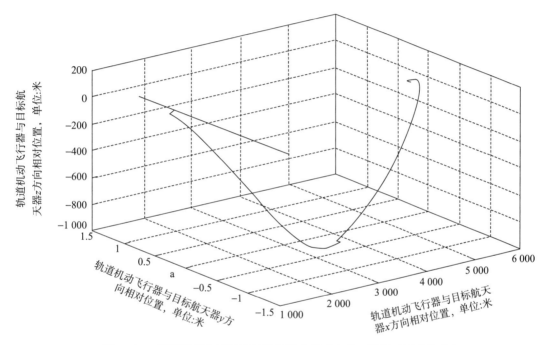

图 5-23　逼近飞行在目标航天器轨道坐标系中的三维相对运动轨迹

5.3.10　总速度增量和燃料消耗估算

　　根据数字化航天器设计与仿真平台主表单，点击相应功能框，进行飞行任务规划。飞行任务规划设计结果如图 5-24 所示。并根据此结果输出表单，可获得总速度增量与燃料消耗估算规划结果，如表 5-20 所示。

5.3.11　飞行仿真任务提交与报告自动生成

　　完成轨道设计后，利用数字化设计平台的报告自动生成功能，根据设计结果，可自动生成设计报告。

　　如图 5-25 所示，由轨道设计与飞行任务规划提交进行仿真的参数包括：

轨道机动飞行器初始待命轨道特性

轨道半长轴(km)	『7.228000E+003』	升交点赤经(deg)	『290』
轨道倾角(deg)	『98.81585』	轨道偏心率	『0.000000E+000』
近地点幅角(deg)	『0.000000E+000』	平近点角(deg)	『0』
最大星食因子	『.347917』	最小受晒因子	『.652083』
轨道周期(min)	『101.92639』	最大地影时间(sec)	『35.46189』
太阳入射角分析模型	太阳入射角分析模型		

目标航天器轨道特性

轨道半长轴(km)	『7.478000E+003』	升交点赤经(deg)	『290』
轨道倾角(deg)	『0.000000E+000』	轨道偏心率	『0』
近地点幅角(deg)	『9.99406550E+001』	平近点角(deg)	『60』
最大星食因子	『.335417』	最小受晒因子	『.664583』
轨道周期(min)	『107.259957』	最大地影时间(sec)	『35.976777』
太阳入射角分析模型	太阳入射角分析模型		
轨控燃料质量(kg)	『109.189578』	姿控燃料质量(kg)	『10.9189578』
燃料总质量(kg)	『120.1085358』	轨道机动总速度增量(m/s)	『202.940359』
设计结果反馈	『方案满足要求，方案合理、可行』		

图 5 - 24　飞行任务规划设计结果

表 5 - 20　燃料消耗与速度增量规划结果

轨控燃料消耗量/kg	109.389 612	姿控燃料消耗量/kg	10.938 961 2
燃料总消耗量/kg	120.328 573 2	轨道机动总速度增量/（m/s）	203.515 864

轨道_仿真_提交

项目信息 | 仿真输入 | 仿真任务 |

运行轨道仿真 | 轨道转移仿真 | 轨道交会仿真 | 轨道拦截仿真 |

质量和发动机推力

质量	『1450』		
额定推力(N)	『80』	发动机比冲(m/s)	『2156』

初始轨道参数

定轨时刻(year)	『2008』	定轨时刻(hour)	『3』
定轨时刻(month)	『12』	定轨时刻(min)	『43』
定轨时刻(day)	『10』	定轨时刻(sec)	『29』
半长轴(Km)	『7271.004』	偏心率	『0.001』
轨道倾角(deg)	『104.9』	升交点赤经(deg)	『55.35』
近地点幅角(deg)	『40』	平近点角(deg)	『0』

变轨数据

1 | 2 | 3 | 4 | 5 | 6 | 7 | 8 | 9 | 10 |

第一次变轨数据

推力开始时刻(sec)	『0.0000』	推力作用时间(sec)	『996.2832』
Fx(m/s)	『-11.1817』	Fy(m/s)	『-35.2217』
Fz(m/s)	『40.6916』		

转移后的轨道参数

半长轴(Km)	『8371.004』	偏心率	『0.001』
轨道倾角(deg)	『104.9』	升交点赤经(deg)	『55.35』
近地点幅角(deg)	『40』	平近点角(deg)	『180』

图 5 - 25　飞行仿真任务提交

（1）初始待命轨道

1）时间参数：年、月、日、时、分、秒；

2）半长轴、偏心率、轨道倾角、升交点赤经、近地点幅角、平近点角；

3）初始待命轨道的特性，包括：太阳入射角、星食因子、受晒因子等。

（2）目标航天器轨道

1）时间参数：年、月、日、时、分、秒；

2）半长轴、偏心率、轨道倾角、升交点赤经、近地点幅角、平近点角；

3）目标轨道的特性，包括：太阳入射角、星食因子、受晒因子等。

（3）飞行任务总体编排和各飞行阶段的最优变轨策略

1）飞行阶段的划分和各飞行阶段的边界条件，包括各飞行阶段结束点目标航天器和轨道机动飞行器的轨道根数；

2）初始质量、远程导引发动机推力；

3）远程导引切换为近程导引的相对距离；

4）近程导引发动机推力、比冲；

5）各飞行阶段变轨参数：开始时间、持续时间、推力矢量在惯性坐标系 X、Y、Z 的分量；

6）近程段和伴随飞行段目标航天器和轨道机动飞行器的相对运动轨迹。

5.4　总体构型设计

5.4.1　获取构型设计总体要求

构型设计输入是有关项目的具体信息和总体要求，以及分系统的设计信息，如图 5-26 所示。

设计要求		
项目信息 | 总体要求 | 分系统要求		
构型总体要求	SPConfig T	
整星动力学分析要求	DynamicAnalysisRequirementa T	
轨道类型	SPCOrbiteType T	姿态控制类型　SPCCControlType
卫星质量（kg）	SPCWeight #	
最大包络直径（m）	SPCMaxDiameter #	最大包络高度（m）　SPCMaxHight #
有效载荷要求	PayloadRequirement T	
轨道周期（min）	SSRObiteTime #	
轨道偏心率	SSROEccen #	轨道半长轴（km）　SSROrbiteHight
轨道倾角（deg）	SSROrbiteInc #	升交点赤经（deg）　SSROOmegr #

图 5-26　构型设计总体要求输入界面

构型设计总体要求主要包括运载能力及限制信息、总体要求信息、轨道及姿控类型要求信息和有效载荷要求信息等。其中，构型布局设计要求和星载设备要求分别通过如图 5 - 27 和图 5 - 28 所示表单予以确认。

构型布局_设计

设计要求

项目信息 | 总体要求 | 分系统要求 |

控制设备 | 电源设备 | 测控设备 | 数管设备 | 数传设备 | 机构设备 | 结构设备 | 热控设备 |

序号	名称	代号	备注
1	动量轮_1	FlyWheel_A_1	
2	红外地球敏感器_2	InfraEarSen_A_1	
3	星敏感器	StarSen_A_1	
4	红外地球敏感器_1	InfraEarSen_A_1	
5	模拟太阳敏感器_1	SimSunSen_A_1	
6	模拟太阳敏感器_2	SimSunSen_A_1	
7	陀螺	Gyro_A_1	
8	GPS	GPS_A_1	
9	动量轮_2	FlyWheel_A_1	

图 5 - 27　构型布局设计要求输入界面

红外地球敏感器

参与项目代号：863704

部件名称：红外地球敏感器_B　　部件代号：InfraEarSen_A_1　设备编号：DKC01-68-M

备注：采用ZY-1,HY-1,JB-3使用过的成熟产品

性能参数 | 机械参数 | 电参数 | 热特性 |

	红外地球敏感器模型编码	InfraEarSen_A_1	
扫描频率(Hz)	1	扫描锥半角(deg)	55
扫描半锥角精度(deg)	0.1	扫描半锥角随机误差(deg)	0.1
扫描半锥角系统误差(deg)	0.05		

安装要求

安装要求	红外地球敏感器B安装在与星体-Y侧板共面的支架上，扫描方向指向-Y方向。

图 5 - 28　星载设备要求输入界面

在构型设计表单中，先后开展工作陈述描述、设计任务分析、构型设计、布局设计和整星动力学分析等工作。

5.4.2　总体构型设计任务分析

根据总体要求、轨道要求、有效载荷及其他分系统要求，完成整星主承力结构构型、整星构型、太阳翼构型、整星布局、整星质量特性分析、干涉分析及布局优化等方面的工作，为航天器整星动力学分析、结构设计、控制分系统总体设计、热控分系统总体设计等

提供输入条件，形成构型布局设计数字化模型。再根据构型布局设计表单（如图 5 - 29 所示），在构型布局设计节点开始如下工作：

1）设计整星主结构构型供结构分系统参考；

2）总体和各分系统设备三维建模；

3）整星布局设计及计算机模装；

4）质量特性分析计算；

5）干涉分析；

6）提供设计结果供相关分系统展开设计，如提供结构整星质量分布、热控整星及设备布局参数等。

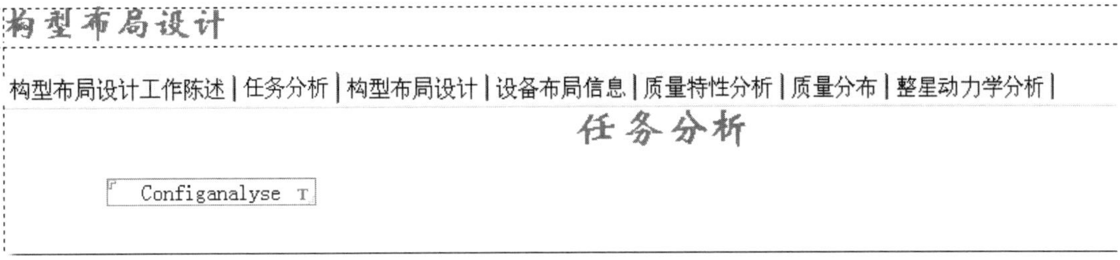

图 5 - 29　构型布局设计任务分析

　　构型布局设计的初步输入来源于总体初步要求和有效载荷要求，根据总体选定的轨道、运载及姿态控制类型，进行最初的总体构型设计，在分系统进一步参与设计后，综合各分系统的方案设计，进行详细的构型和布局设计。

　　通过任务分析，进一步明确了总体构型设计要求：

1）飞行器构型与布局方案满足整星零动量控制和太阳同步轨道要求；

2）主体采用桁架与板式结构相结合的混合式结构，为仪器提供充足的安装空间和操作空间；

3）卫星最大包络直径＜2.5 m；最大包络高度＜3.5 m；整星质量＜1 120 kg；

4）在总装和测试时具有良好的开敞性。

5.4.3　整星坐标系定义

定义整星机械坐标系，如图 5 - 30 所示。

（1）整星坐标系

1）坐标原点：对接环下端框、星箭对接法兰的理论圆心；

2）坐标轴 X：过坐标原点，垂直于星箭分离面，在轨运行时与飞行方向相同；

3）坐标轴 Z：在轨运行时指向地心；

4）坐标轴 Y：与 X 轴、Z 轴构成右手坐标系。

（2）整星质心坐标系

坐标原点为整星质心，X、Y、Z 轴分别平行于整星坐标系的 X、Y、Z 轴。

构型布局设计

工作陈述 | 任务分析 | 构型布局设计 | 布局信息 | 整星动力学分析 |

构型设计 | 布局设计 | 模型传递 |

坐标系定义 | 结构构型 | 太阳电池阵构型 |

坐标原点O	『对接环下端框、星箭对接法兰的理论圆心；』
坐标轴X	『过坐标原点，垂直于星箭分离面，在轨运行时与飞行方向相同；』
坐标轴Y	『与X轴、Z轴构成右手坐标系；』
坐标轴Z	『在轨运行时指向地心。』

图 5-30 整星机械坐标系定义

5.4.4 结构构型设计

在完成航天器总体构型设计任务分析和有关坐标系定义后，依据构型布局设计子表单，依次完成结构构型设计、太阳阵构型设计等工作，形成相应构型设计结果。比如，一种主承力结构构型设计如图 5-31 所示。太阳电池阵结构构型设计如图 5-32 所示。

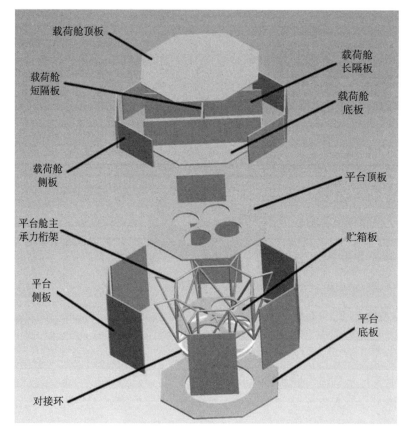

图 5-31 主承力结构构型

构型布局设计工作陈述 | 任务分析 | 构型布局设计 | 设备布局信息 | 质量特性分析 | 质量分布 | 整星动力学分析 |

构型设计 | 布局设计 | 结果上传 |

坐标系定义 | 主承力结构构型 | 结构型 | 太阳电池阵构型 |

启动设计软件	运 行 ...		
太阳电池阵安装角(deg)	A: PowerAngleA #	B: PowerAngleB #	

单翼基板数量	SolarArraySubstrateNumber	天线转向自由度数	AntennaTurnDegreeNumber
太阳翼基板长度(mm)	SolarArraySubstrateLength	天线直径(mm)	AntennaDiameter
太阳翼基板宽度(mm)	SolarArraySubstrateWidth	天线伸展臂长度(mm)	AntennaArmLength
太阳翼连接架长度(mm)	SolarArrayYokeLength	天线法兰在结构上的安装位置	AntennaAssemblyLocation
太阳翼安装方向	SolarArrayAssemblyOrientation	天线安装方向	AntennaAssemblyOrientation
太阳翼根铰法兰在结构上的安装位置	SolarArrayHingeAssemblyLocation		

太阳电池阵发射状态构型图 | 太阳电池阵运行状态构型图 |
太阳电池阵发射状态构型图

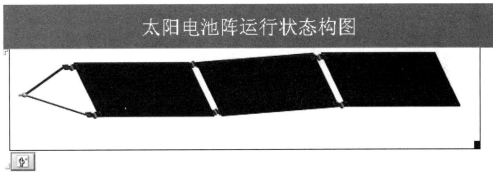

图 5-32　太阳电池阵结构构型设计图

5.5　结构分系统设计

5.5.1　获取结构设计总体要求

设计师登录数字化航天器设计平台的结构设计节点，获取总体对结构分系统设计要求，并下载总体构型布局设计提供的结果及文件，如图 5-33 和图 5-34 所示。

设计基本信息

项目信息 | 总体要求 | 构型布局输入 | 质量分布 |

结构分系统总体要求	卫星结构应为星上设备提供安装面、安装空间、机械接口和可靠支撑。具体包括：保持卫星星体的外形和内部空间；提供各分系统仪器设备在星体内外正确的安装部位和可靠的安装面精度；为各分系统提供与IDS匹配的机械接口；保证卫星方便地停放、翻转、安装、总装、操作、测试和运输；在地面环境、发射阶段和空间运行寿命期限内有足够的强度、刚度和结构精度。		
边界条件	1194对接环与运载连接		
卫星纵向频率(Hz)	30	卫星横向频率(Hz)	15
卫星扭转频率(Hz)	25	安全系数	1.5
横向过载系数(g)	2	纵向过载系数(g)	6
结构分系统质量(kg)	140		
结构分系统寿命(year)	1	结构分系统可靠度	0.99

图 5-33　获取总体对结构设计要求

项目信息 | 总体要求 | 构型布局输入 | 质量分布 |

坐标系说明	对接环下端框、星箭对接法兰的理论圆心；过坐标原点，垂直于星箭分离面，在轨运行时与飞行方向相同；与X轴、Z轴构成右手坐标系；在轨运行时指向地心。		
构型设计描述	根据总体要求、轨道要求、有效载荷及其他分系统要求，完成整星主承力结构构型、整星构型、太阳翼构型、整星布局、整星质量特性分析、干涉分析及布局优化等方面的工作，为航天器整星动力学分析、结构设计、控制分系统总体设计、热控分系统总体设计等提供输入条件，形成构型布局设计数字化模型。 构型布局节点设计工作如下： 　　1) 设计整星主结构构型、结构构型供结构分系统参考； 　　2) 总体和各分系统设备三维建模； 　　3) 整星布局设计及计算机模装； 　　4) 质量特性分析计算； 　　5) 干涉分析； 　　6) 整星布局优化； 　　7) 提供设计结果供相关分系统展开设计，如提供结构整星质量分布、热控整星及设备布局参数等。		
卫星本体长度L(mm)	1847.7591	卫星本体宽度B(mm)	1847.7591
卫星本体高度H(mm)	1600		
本体质量(kg)	1083.5908		
卫星结构构型	[卫星结构构型]		
主承力结构图	[主承力结构图]		
卫星飞行状态图	[卫星飞行状态图]		
卫星收拢状态图	[卫星收拢状态图]		
Proe图		Proe模型	

图 5-34　获取总体构型布局设计结果

　　在结构设计节点软件设计界面下进行，完成工作陈述、任务分析、结构设计、结构分析和设计综合与提交等工作。

5.5.2　结构分系统设计任务分析

在结构设计节点软件设计界面下完成工作陈述和任务分析工作。

如图 5-35 所示，结构分系统设计的工作内容包括：根据总体、总装的要求，针对总体构型和布局对卫星的结构进行设计和分析，最终确定结构分系统的零部件配置和设计参数；对结构各零部件进行详细设计和必要的试验验证；完成结构星的设计、加工、部装和力学试验，协助总体为各设备提供力学环境条件；完成正样星的设计、加工、部装，交付总体满足需求的整星结构装配体，并协助总体完成力学环境试验。

结构分系统设计

工作陈述 | 任务分析 | 航天器结构设计 | 航天器结构分析 | 模型上传 |

结构分系统设计工作陈述

根据某卫星的计划，结构分系统的工作内容包括：根据总体、总装的要求，针对总体构型和布局对卫星的结构进行设计和分析，最终确定结构分系统的零部件配置和设计参数；对结构各零部件进行详细设计和必要的试验验证；完成结构星的设计、加工、部装和力学试验，协助总体为各设备提供力学环境条件；完成正样星的设计、加工、部装，交付总体满足需求的整星结构装配体，并协助总体完成力学环境试验。

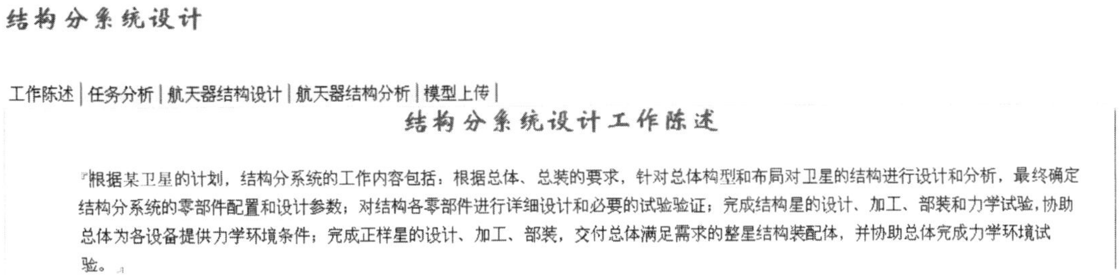

图 5-35　结构分系统设计工作陈述

如图 5-36 所示，结构分系统的任务是承担了卫星结构设计研制工作，在满足总体规定的质量特性、强度、刚度、精度等要求下，提供一个能满足需求的星体整星结构装配件，此装配件应满足以下几方面的要求：保持卫星星体的外形和内部空间；提供各分系统仪器设备在星体内外正确的安装部位和可靠的安装面精度；为各分系统提供 IDS 匹配的机械接口；保证卫星方便地停放、翻转、安装、总装、操作、测试和运输；在地面环境、发射阶段和空间运行寿命期限内有足够的强度、刚度和结构精度。

结构分系统设计

工作陈述 | 任务分析 | 航天器结构设计 | 航天器结构分析 | 模型上传 |

某卫星结构分系统的任务是承担了卫星结构设计研制工作，在满足总体规定的质量特性、强度、刚度、精度等要求下，提供一个能满足需求的星体整星结构装配件，此装配件应满足以下几方面的要求：保持卫星星体的外形和内部空间；提供各分系统仪器设备在星体内外正确的安装部位和可靠的安装面精度；为各分系统提供IDS匹配的机械接口；保证卫星方便地停放、翻转、安装、总装、操作、测试和运输；在地面环境、发射阶段和空间运行寿命期限内有足够的强度、刚度和结构精度。

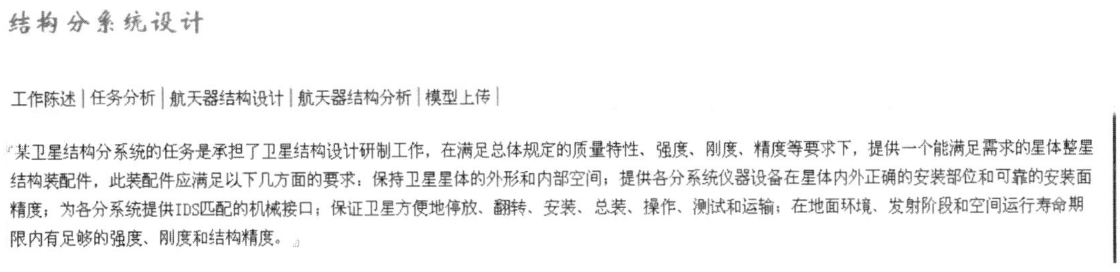

图 5-36　结构分系统设计任务分析

5.5.3　结构分系统架构设计

首先进行 Pro/E 建模，建模完成后抓取结构分系统的组成图，然后在分系统组成表单中对分系统进行描述，最后在产品配套表功能框中提取产品配套表，如图 5-37 所示。

根据总体构型和布局的要求，某卫星结构分系统主要分为两大部分和两个过渡件，分别是载荷舱、平台舱、过渡框和对接环。整星最大外形尺寸 1 600 mm（X）×

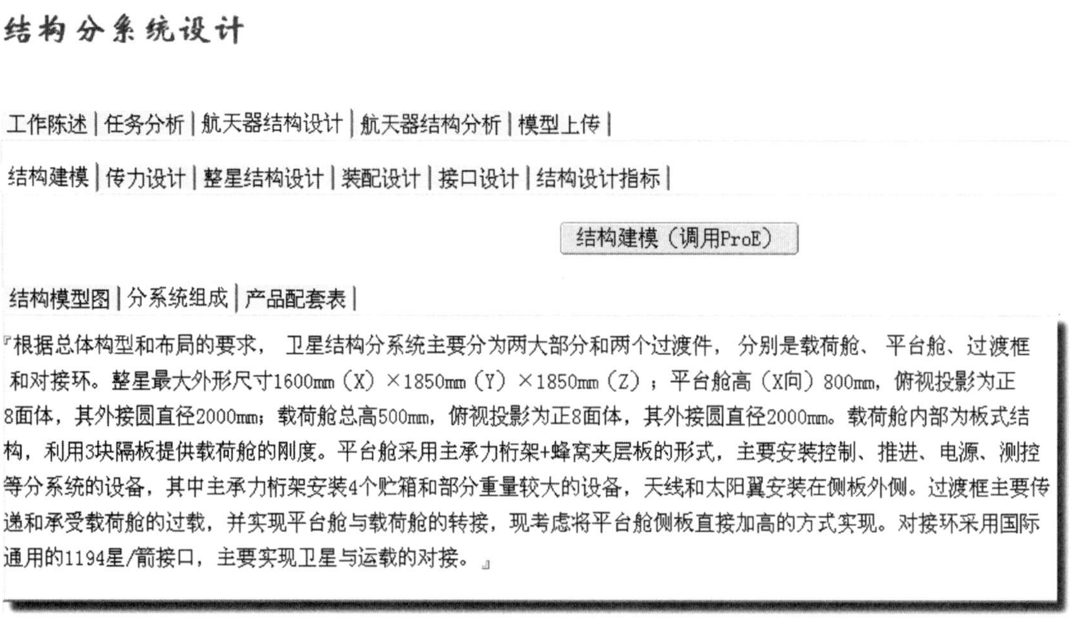

结构分系统设计

工作陈述 | 任务分析 | 航天器结构设计 | 航天器结构分析 | 模型上传 |

结构建模 | 传力设计 | 整星结构设计 | 装配设计 | 接口设计 | 结构设计指标 |

结构建模（调用ProE）

结构模型图 | 分系统组成 | 产品配套表 |

根据总体构型和布局的要求，卫星结构分系统主要分为两大部分和两个过渡件，分别是载荷舱、平台舱、过渡框和对接环。整星最大外形尺寸1600mm（X）×1850mm（Y）×1850mm（Z）；平台舱高（X向）800mm，俯视投影为正8面体，其外接圆直径2000mm；载荷舱总高500mm，俯视投影为正8面体，其外接圆直径2000mm。载荷舱内部为板式结构，利用3块隔板提供载荷舱的刚度。平台舱采用主承力桁架+蜂窝夹层板的形式，主要安装控制、推进、电源、测控等分系统的设备，其中主承力桁架安装4个贮箱和部分重量较大的设备，天线和太阳翼安装在侧板外侧。过渡框主要传递和承受载荷舱的过载，并实现平台舱与载荷舱的转接，现考虑将平台舱侧板直接加高的方式实现。对接环采用国际通用的1194星/箭接口，主要实现卫星与运载的对接。

图 5-37 飞行器结构建模与架构设计

1 850 mm（Y）×1 850 mm（Z）；平台舱高（X向）800 mm，俯视投影为正 8 面体，其外接圆直径 2 000 mm；载荷舱总高 500 mm，俯视投影为正 8 面体，其外接圆直径 2 000 mm。载荷舱内部为板式结构，利用 3 块隔板提供载荷舱的刚度。平台舱采用主承力桁架＋蜂窝夹层板的形式，主要安装控制、推进、电源、测控等分系统的设备，其中主承力桁架安装 4 个贮箱和部分质量较大的设备，天线和太阳翼安装在侧板外侧。过渡框主要传递和承受载荷舱的过载，并实现平台舱与载荷舱的转接，现考虑将平台舱侧板直接加高的方式实现。对接环采用国际通用的 1194 星/箭接口，主要实现卫星与运载的对接。飞行器结构分系统几何模型如图 5-31 所示。表 5-21 列出了卫星结构分系统设备配套表。

表 5-21 结构分系统设备配套表

序号	结构件名称	外形尺寸/mm	材料及参数	质量/kg	数量
1	对接环	ϕ1 200 mm，高 100 mm	铝合金	14	1
2	平台舱主承力桁架	外接圆直径 1 200 mm 的正 8 面体，高 800 mm,杆间用铝合金接头连接	由 44 根 M40 碳纤维杆件组成，杆件截面尺寸为 ϕ30～ϕ36 的圆形，铺层（0/0/＋45/＋15/−15/−45/0/0）s，厚约 2 mm	25	1
3	平台底板	25.6 m 碳纤维蒙皮的蜂窝夹芯结构，蒙皮材料为 4 层 M40（0/45/- 45/90，共 0.3 mm），蜂窝规格 5×0.03 铝蜂窝	外接圆直径为 2 000 mm 的正 8 面体	8.4	1
4	平台顶板	25.6 m 碳纤维蒙皮的蜂窝夹芯结构，蒙皮材料为 4 层 M40（0/45/- 45/90，共 0.3 mm），蜂窝规格 5×0.03 铝蜂窝	外接圆直径为 2 000 mm 的正 8 面体	10.3	1

续表

序号	结构件名称	外形尺寸/mm	材料及参数	质量/kg	数量
5	贮箱板	26 mm 碳纤维蒙皮的蜂窝夹芯结构，蒙皮材料为 6 层 M40（0/45/−45/−45/＋459 0，共 0.3 mm），蜂窝规格 5×0.03 铝蜂窝	外接圆直径为 1 200 mm 的正 8 面体	4.3	1
6	平台侧板 1	21 mm 铝蒙皮的蜂窝夹芯结构，蒙皮材料为 0.3 mm 铝板，蜂窝规格 5×0.03 铝蜂窝	1 100×765	2.9	2
7	平台侧板 2	21 mm 铝蒙皮的蜂窝夹芯结构，蒙皮材料为 0.3 mm 铝板，蜂窝规格 5×0.03 铝蜂窝	1 100×765	2.9	2
8	平台侧板 3	21 mm 铝蒙皮的蜂窝夹芯结构，蒙皮材料为 0.3 mm 铝板，蜂窝规格 5×0.03 铝蜂窝	1 100×765	2.9	2
9	平台侧板 4	21 mm 铝蒙皮的蜂窝夹芯结构，蒙皮材料为 0.3 mm 铝板，蜂窝规格 5×0.03 铝蜂窝	1 100×765	2.9	2
10	载荷舱底板	25.6 mm 碳纤维蒙皮的蜂窝夹芯结构，蒙皮材料为 4 层 M40（0/45/−45/90，共 0.3 mm），蜂窝规格 5×0.03 铝蜂窝	外接圆直径为 2 000 mm 的正 8 面体	10	1
11	载荷舱顶板	21 mm 碳纤维蒙皮的蜂窝夹芯结构，蒙皮材料为 4 层 M40（0/45/−45/90，共 0.3 mm），蜂窝规格 5×0.03 铝蜂窝	外接圆直径为 2 000 mm 的正 8 面体	10.2	1
12	载荷舱长隔板 1	25.6 mm 铝蒙皮的蜂窝夹芯结构，蒙皮材料为 0.3 mm 铝板，蜂窝规格 5×0.03 铝蜂窝	1 840×453	4.3	1
13	载荷舱长隔板 2	25.6 mm 铝蒙皮的蜂窝夹芯结构，蒙皮材料为 0.3 mm 铝板，蜂窝规格 5×0.03 铝蜂窝	1 840×453	4.3	1
14	载荷舱短隔板	25.6 mm 铝蒙皮的蜂窝夹芯结构，蒙皮材料为 0.3 mm 铝板，蜂窝规格 5×0.03 铝蜂窝	723×453	1.4	1
15	载荷舱侧板	21 mm 碳纤维蒙皮的蜂窝夹芯结构，蒙皮材料为 4 层 M40（0/45/−45/90，共 0.3 mm），蜂窝规格 5×0.03 铝蜂窝	744×453	1.2	8

设备、配重块和电缆、管路的安装接口由总体给结构分系统提要求，采用 M3～M6 的螺钉连接。结构根据总体的具体位置和螺钉规格等要求设计结构上的设备接口。采用在蜂窝板上预埋（或后埋）埋件的方法提供接口，埋件的设计遵循相关标准。

5.5.4　结构传力路径设计

结构传力路径设计需要在结构设计节点传力设计表单中手工输入。

由于卫星载荷主要分布在载荷舱底板、主承力桁架、平台舱中板和平台舱底板上，在发射和停放状态，主要传力路径如下：

1）X 向：载荷舱底板、隔板→过渡段→平台舱顶板→主承力桁架→对接环→星箭界面；平台舱外侧板→主承力桁架→对接环→星箭界面；平台舱外侧板→载荷舱底板→对接环→星箭界面。

2）Y向：载荷舱底板、隔板→过渡段→平台舱顶板→主承力桁架→对接环→星箭界面；平台舱外侧板→主承力桁架→对接环→星箭界面；载荷舱底板→对接环→星箭界面。

3）Z向：同Y向。

5.5.5 结构分系统设计分析

在结构设计节点结构建模表单中建立（启动结构力学分析前处理软件）、提取有限元模型进行模态分析，获取分析数据并提取图片。在静力工况中设定分析工况，并在静力分析表单中进行静力分析、获取分析数据并提取图片，最后进行可靠性分析，如图 5 - 38 所示。

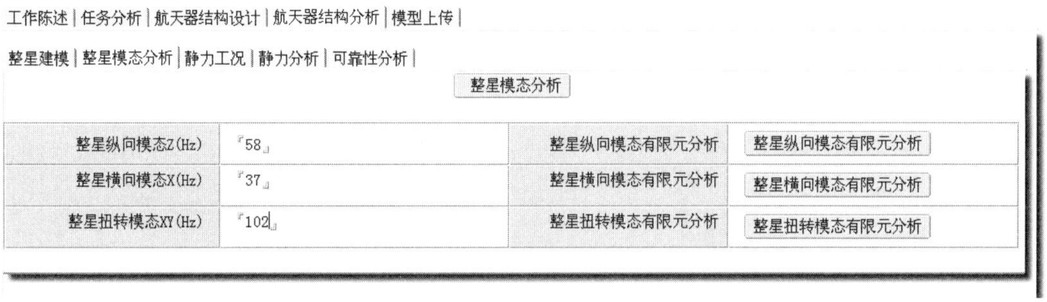

图 5 - 38　结构力学和可靠性分析

在可靠性分析表单中，由结构分系统力学分析结果可以得知，整星结构的应力水平比较低，有足够的设计安全裕度。分析结果表明铝面板上的最大应力发生在平台外侧板上，值为 55 MPa，与强度值 260 MPa 比，安全裕度为 3.7。碳纤维面板上的纤维方向最大应力发生在平台贮箱支撑板与桁架连接处，以 Hoffman 强度失效准则作为判定标准的最小强度裕度为 1。而上述均为局部强度问题，通过加强设计可以大大提高蜂窝夹层板的局部承载强度，所以整星结构的强度不会有问题。整星的刚度经过计算，其基频高于总体的要求，并且有余量。在结构设计时，所选用材料均为卫星结构常用材料，在空间环境下可以保证 8 年力学特性不降低。因此，可以认为在轨故障检测飞行器结构设计的可靠性近似为 1，满足总体要求。

5.5.6 结构分系统设计综合

在完成分析工作后将结构分系统设计结果进行综合（见表 5 - 22）后提交到设计平台服务器。

表 5 - 22　设计指标综合

序号	项目	设计指标
1	纵向一阶基频	58
2	横向一阶基频	30
3	扭转一阶基频	102

续表

序号	项目	设计指标
4	质量/kg	125
5	寿命（year）	6
6	可靠性	1
7	最大外形尺寸	1 600 mm×1 850 mm×1 850 mm

5.6　机构分系统设计

5.6.1　获取机构设计总体要求

　　设计师登录数字化航天器设计平台的机构设计节点，获取总体对机构分系统设计要求，并下载总体构型布局设计提供的结果及文件，如图 5-39 和图 5-40 所示。

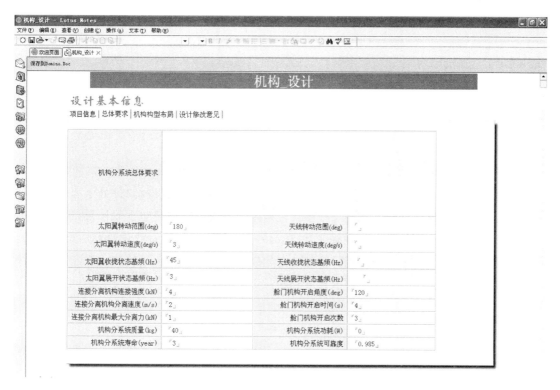

图 5-39　获取总体对机构设计要求

　　设计师根据设计要求，既可以从设计资源库已有设计方案中选择需要继承的方案，将设计资源库中的数据自动载入到相应表单中，也可以在机构设计节点软件设计界面下进行，按照界面提示依次完成工作陈述、任务分析、机构设计、设计分析和设计综合与提交等工作。

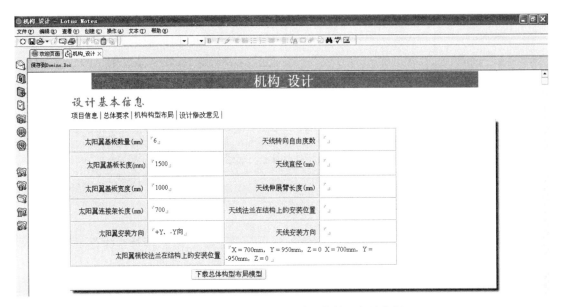

图 5 - 40　获取总体构型设计机构构型布局数据

5.6.2　机构分系统设计任务分析

点击机构设计节点软件设计界面中的"工作陈述"，在文本框中编写机构设计工作陈述文字内容，并接界面提示，开展机构分系统设计任务分析。

机构分系统主要负责航天器及其部件或附件完成规定动作或者运动的机械组件的设计，在航天器发射入轨后实现各种动作或运动，使航天器或其部件或附件处于要求的工作状态或工作位置。根据对航天器的飞行任务进行论证，机构分系统包含太阳翼机构、天线机构。太阳翼机构在发射段为收拢锁定状态，承受发射载荷；入轨后压紧释放装置解锁，由驱动展开机构将太阳翼展开锁定，满足一定的刚度要求。天线驱动机构在满足转动范围要求的基础上，还必须满足指向精度要求和跟踪定位要求。

5.6.3　机构分系统架构设计

点击机构设计节点软件设计界面中的"系统构架"，如图 5 - 41 所示，该界面包含了机构分系统成熟产品数据库，机构设计师根据总体设计要求，可以从成熟产品库中选择可以继承的产品，然后添加到当前设计中。下面重点介绍两类机构的架构设计。

（1）太阳翼机构

太阳翼展开和驱动机构继承已有成熟产品进行适应性修改。飞行器装有两个太阳翼，每个太阳翼机构部分由一套展开驱动机构、同步机构和一套压紧释放装置组成，结构部分由一个连接架和两块太阳电池板组成。两个太阳翼收拢时压紧在飞行器侧壁上，展开时向两侧打开。太阳翼展开用弹簧驱动，用闭索环实现同步。太阳翼的压紧采用压紧带式的压紧释放装置。每组太阳翼在基板边缘设置四个压紧点。在飞行器侧板布置压紧座的安装

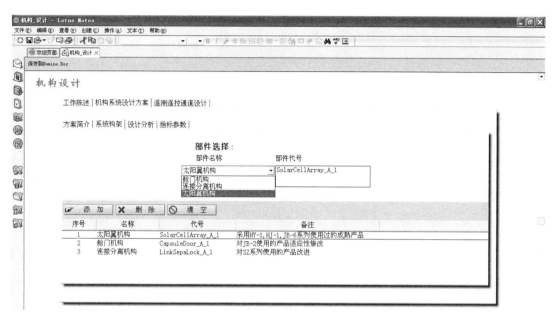

图 5 - 41   机构分系统构架设计

面。太阳翼连接架采用高模量碳纤维复合材料制造。基板结构采用蜂窝夹层结构，夹芯为铝蜂窝，面板为高模量碳纤维/改性环氧树脂复合材料网格状面板，在整个板面上按强度分布要求用同规格网格状面板进行局部加强，同时在基板加强处的正面及背面打透气孔。板边缘处，除安装压紧释放装置的预埋件采用铝合金材料外，其他预埋件均采用碳纤维/环氧树脂复合材料。在基板短边两面各加网格加强条，以提高基板边缘强度，防止边缘纤维折断。粘贴电池片的面板上贴有一层聚酰亚胺膜，以保证太阳电池电路与基板间的电绝缘性。

（2）天线机构

天线机构采用如图 5 - 42 所示的双轴伺服驱动机构。双轴伺服驱动机构的步进电机接收伺服控制单元发出的电机驱动脉冲后按要求进行转动，带动机构上的抛物面天线完成在搜索状态下的逐行扫描或螺旋扫描运动以及在跟踪状态下对目标的随动，将表征天线位置的光电码盘信号传给信号处理单元，以确定搜索状态下的天线搜索位置和跟踪状态下的目标位置。双轴伺服驱动机构主要包括以下部件：光电码盘信号处理部件；减速器；步进电机；反射板支架。步进电机、谐波减速器、编码器为串装结构，在输出轴的对面位置布置一关节轴承结构，起到支撑作用，同时具有自动调节功能，防止机构意外情况下卡死。天线安装在铝接头上，三个铝接头由碳纤维管连接，质量轻，结构强度及刚度好。在最外端的铝接头处各布置一个压紧释放机构，保证天线在发射阶段不会破坏。机械限位开关布置在减速器输出轴端，防止电限位失效后，电机旋转超出允许范围。谐波减速器的功能是将驱动电机输出的转速降低到摆动机构运动要求的转速范围内，并提高机构的驱动力矩，以带动负载可靠、平稳地运动。编码器采用绝对式光电编码器，编码器对于转轴的每一转角输出唯一的编码，编码器在控制器加电时就能向数管传递位置数据。

图 5 - 42　天线机构

5.6.4　机构分系统设计分析

点击机构设计节点软件设计界面中的"设计分析",进入到机构分系统设计分析界面。通过"设计模型导入",设计模型数据将自动载入到当前表单中。

分别点击"收拢状态"和"展开状态"功能框,进入设计应用软件。通过结构动力学应用软件完成收拢状态力学分析、展开过程动力学分析等设计分析工作后,点击"结果导入"按钮,分析结果将自动导入到页面表单上。

5.6.5　机构分系统设计综合

点击机构设计节点软件设计界面中的"指标参数",在表单中填入各项设计指标结果,然后点击"机构分系统性能计算",系统自动计算质量、功耗、寿命和可靠度等指标。

在完成分析工作后将机构分系统设计结果进行综合,然后提交到设计平台服务器。设计性能指标见表 5 - 23。

表 5 - 23　机构分系统性能指标

机构分系统性能指标			
太阳翼转动范围/(°)	180	太阳翼转动速度/[(°)/s]	3
太阳翼收拢状态基频/Hz	78.3	太阳翼展开状态基频/Hz	1.6
天线转动范围/(°)	25	天线转动速度/[(°)/s]	15
天线收拢状态基频/Hz	58	天线展开状态基频/Hz	14
机构分系统质量/kg	56	机构分系统功耗/W	0
机构分系统寿命(year)	3	机构分系统可靠度	0.998

5.7　热控分系统设计

5.7.1　获取热控设计总体要求

设计师登录数字化航天器设计平台的热控设计节点，首先检查设计基本信息，该部分信息由总体以及其他设计节点提供，具体包括项目信息、总体要求（如图 5-43 所示）、轨道参数（如图 5-44 所示）、构型布局和设备要求等，其中项目信息和总体要求来自于总体节点，轨道参数来自于轨道设计节点，构型布局来自构型布局节点。热控设计时要检查这些设计基本信息参数，以便能完成设计任务。

1、总体要求

总体要求			
热控分系统总体要求	针对星上仪器设备工作和待机状态下的温度要求，根据星上的仪器布局、功耗、卫星的结构材料和轨道姿态等条件，通过控制卫星内部和外部的热交换过程，使星上仪器、设备的温度在整个有效工作寿命期间均能维持在要求的范围内。		
星外最高环境温度（℃）	100	星外最低环境温度（℃）	-80
星内最高环境温度（℃）	50	星内最低环境温度（℃）	-10
热控分系统质量（kg）	30	热控分系统功耗（W）	50
热控分系统寿命（year）	3	热控分系统可靠度	0.995

图 5-43　热控分系统设计获取总体要求

设计基本信息

项目信息 | 总体要求 | 轨道参数 | 构型布局 | 设备要求 |

待命轨道特性

轨道半长轴(km)：	7.228000E+003	升交点赤经(deg)：	290
轨道偏心率：	0.000000E+000	近地点幅角(deg)：	0.000000E+000
轨道倾角(deg)：	98.81585	平近点角(deg)：	0
轨道周期(min)：	101.93		

	太阳入射角(deg)	升交点赤经Ω(deg)	黄经(deg)	日期
最大太阳入射角	13.911585	236.633264	224.682343	2010-11-9 16:0: 1.000
最小太阳入射角	3.201575	121.03285	114.013567	2010-7-14 19:0: 1.000
冬至	10.898354	278.190571	270.067638	2010-12-22 1:0: 1.000
夏至	3.888422	98.231496	90.066071	2010-6-21 13:0: 1.000
太阳入射角/时间	太阳入射角/时间			

目的轨道特性

轨道半长轴(km)：	7.478000E+003	升交点赤经(deg)：	290
轨道偏心率：	0.000000E+000	近地点幅角(deg)：	0
轨道倾角(deg)：	9.99406550E+001	平近点角(deg)：	60
轨道周期(min)：	107.26		

	太阳入射角(deg)	升交点赤经Ω(deg)	黄经(deg)	日期
最大太阳入射角	14.280532	238.05442	226.070802	2010-11-11 1:0: 1.000
最小太阳入射角	2.811006	120.05613	112.957921	2010-7-13 18:0: 1.000
冬至	11.398964	278.27275	270.067638	2010-12-22 1:0: 1.000
夏至	3.457759	98.271202	90.066071	2010-6-21 13:0: 1.000
太阳入射角/时间	太阳入射角/时间			

图 5-44　热控分系统设计获取轨道参数

5.7.2　热控分系统设计任务分析

热控分系统设计任务分析主要包括工作陈述和热设计工况选择两部分。通过点击热控分系统设计表单界面中的相应功能框依次完成。工作陈述界面根据总体以及其他节点提供的设计基本信息，对热控基本工作进行简要说明，描述热控分系统设计任务的主要情况，比如：热控系统主要针对星上仪器设备工作和待机状态下的温度要求，根据星上的仪器布局、功耗、结构材料和轨道姿态等条件，通过控制飞行器内部和外部的热交换过程，使星上仪器、设备的温度在整个有效工作寿命期间均能维持在要求的范围内。平台内一般仪器设备：$-5\ ℃\sim+45\ ℃$；有效载荷舱内设备：$-10\ ℃\sim+50\ ℃$。

设计工况选择部分包括 β 角分析和外热流计算两部分内容（如图 5-45 所示）。

热控分系统设计

工作陈述 | 热设计工况选择 ｜热控措施设计 | 热控部件设计 | 整星热分析计算 | 遥测遥控通道设计 | 热控方案评价 |
β 角分析 | 外热流计算 |
「β 角为轨道面与阳光矢量之间的最小夹角，其范围为-90到90，对于卫星热控系统来说，到达卫星表面的太阳辐照热流和地球反照热流均与 β 角密切相关，卫星外热流分析，首先必须须了解其 β 角的变化情况和规律。」

待命轨道 β 角

目标轨道 β 角

图 5-45　热设计工况选择界面

β 角为轨道面与阳光矢量之间的最小夹角，其范围为 $-90°$ 到 $90°$，对于卫星热控系统来说，到达卫星表面的太阳辐照热流和地球反照热流均与 β 角密切相关，为完成在轨故障检测飞行器外热流分析，首先必须分析了解其 β 角的变化情况和规律。图 5-46 所示为待命轨道下 β 角在一年中的变化规律，图 5-47 所示为目标轨道下 β 角在一年中的变化规律。

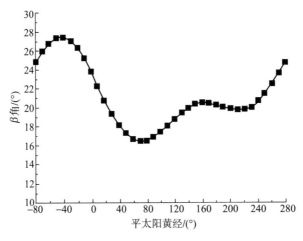

图 5-46　待命轨道下 β 角在一年中的变化情况

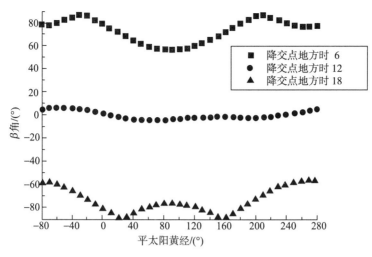

图 5-47　目标轨道下 β 角在一年中的变化情况

外热流计算包含外热流建模、外热流计算、计算结果后处理与计算结果显示四个部分。

首先根据卫星构型布局，进行合理简化后，建立卫星外热流模型。然后利用专业热分析软件进行外热流计算，计算完毕后利用专用后处理软件对外热流进行处理，并计算出周期平均外热流。

5.7.3　热控分系统架构设计

热控分系统架构设计通过点击热控分系统设计表单界面中的"热控措施设计"和"热控部件设计"功能框依次完成。选择卫星热控措施，包括热控初步方案，调用热控设计应用程序，进行散热面初步设计、控温回路设计、热管设计以及其他热控措施设计。

（1）热控初步方案

飞行器分成两个舱，平台舱和载荷舱。与以往的卫星相比，该飞行器具有轨道机动能力，并且变轨时间不确定，导致 6 个面均有可能受到阳光的照射，在整个运行过程中，不存在一个热流稳定的表面能作为散热面。面对这样复杂的外热流情况，采用传统的以被动热控为主、主动热控为辅的热设计方法很难满足热控系统的要求，需要热控系统具有高度的适应能力。环形热管作为一种具有高适应能力的航天器热控技术，将航天器上的热源与热沉（散热面或辐射器）连接起来，可合理地分配航天器内热量，最后通过散热面将热量排散到空间。

（2）散热面设计

航天器散热面设计主要由散热面位置与材料选择、读取设计条件、设计计算及设计输出组成，如图 5-48 所示。首先选择散热面位置与材料，读取散热面设计条件，其中包括极端工况下航天器表面外热流，其来源于专业热分析软件的外热流分析结果。在设计输入条件完成后，进行极端高温工况下散热面设计，得出一个初步散热面大小和位置，然后进行极端低温工况下散热面校核，看散热面是否满足设计要求，满足要求则结束设计，否则重新调整设计。

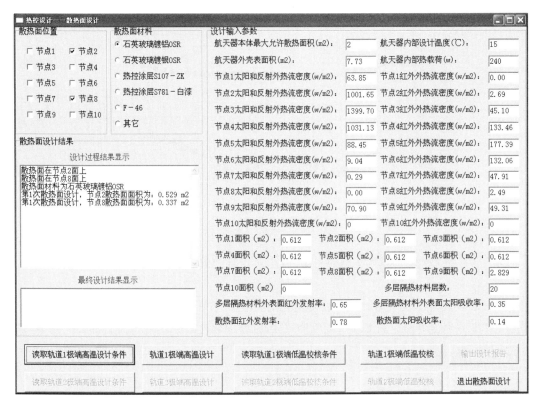

图 5 - 48　散热面设计

　　根据外热流分析结果，±Y 面要么同时不受照，要么这两个面总有一个面热流非常小，因此利用两个面可以充分散热，可选为主散热面。但由于这两个面最大平均入射热流密度约为 1 400 W/m²，而最小的平均入射热流密度仅为 40 W/m²，两者相差近 1 360 W/m²，这会对卫星舱内设备温度造成一定的影响。此外，当 β 角为 0 时，这两个面均不受照，有可能会导致卫星舱内温度过低，为降低影响，更好地满足热控系统的需要，在这两个散热面上安装有可控百叶窗机构，可实现对散热面的主动控制，来适应卫星外热流的变化。散热面选择吸收发射比值低的 OSR 热控涂层，服务舱±Y 散热面面积分别为 0.612 3 m² 和 0.612 3 m²。载荷舱±Y 散热面面积分别为 0.382 7 m² 和 0.382 7 m²。此外为增加主动控制，在散热面外加设主动百叶窗，百叶窗的角度可以通过散热面温度进行自动调节，以维持散热面稳定的温度边界。

　　（3）主动控温回路设计

　　航天器控温回路设计包括平台设计、有效载荷设计以及设计评估三部分，具体如图 5 - 49 所示。对于一些在我国航天器设计中通用的控温回路设计方法，如电池、太阳敏感器、地球敏感器、隔膜储箱、肼管路及发动机等，其热控设计相对比较成熟，在设计伊始，可直接选取在其上面加设控温回路，控温回路的功率也可以采用成熟的设计值。而对于有效载荷部分，进行热分析后确定控温回路控温功率大小。设计完成后，计算航天器控温回路总功耗，并与总体要求的功率指标进行评估，得出最后的设计结果。

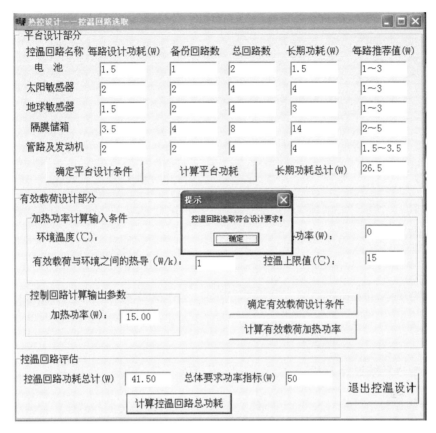

图 5 - 49　控温回路选取

对于电池、隔膜储箱、太阳敏感器、地球敏感器、肼管路和发动机电池阀这些对于温度要求较高的设备或部件均设置了对应的测控温回路，同时设置了备份回路，这样可以提高设计的可靠性。经过分析计算，目前在平台舱共设计了 22 路控温回路（包括 3 路预留回路）。经设计的加热功耗为 26.5 W。

（4）传热热管设计

航天器传热热管设计主要由热管布局设计、热管属性计算和设计输出组成，具体如图5 - 50 所示。

根据航天器类型和布局形式，选取热管安装形式、安装类型，确定安装位置，其中X0、Y0 表示热管起点位置坐标，走向表示热管安装方向；根据热控设计经验和理论，确定需要的热管根数、热管安装间距和热管长度。在热管布局设计完成后，进行热管属性计算，得出热管总数目及热管总质量，最后输出设计结果。

热控措施设计完毕后，进行热控部件选择，通过点击热控分系统设计表单界面中的"热控部件设计"功能框，主要从已有热控资源数据库进行选择。若是新型热控技术，可另外设计，并增加到资源数据库中。

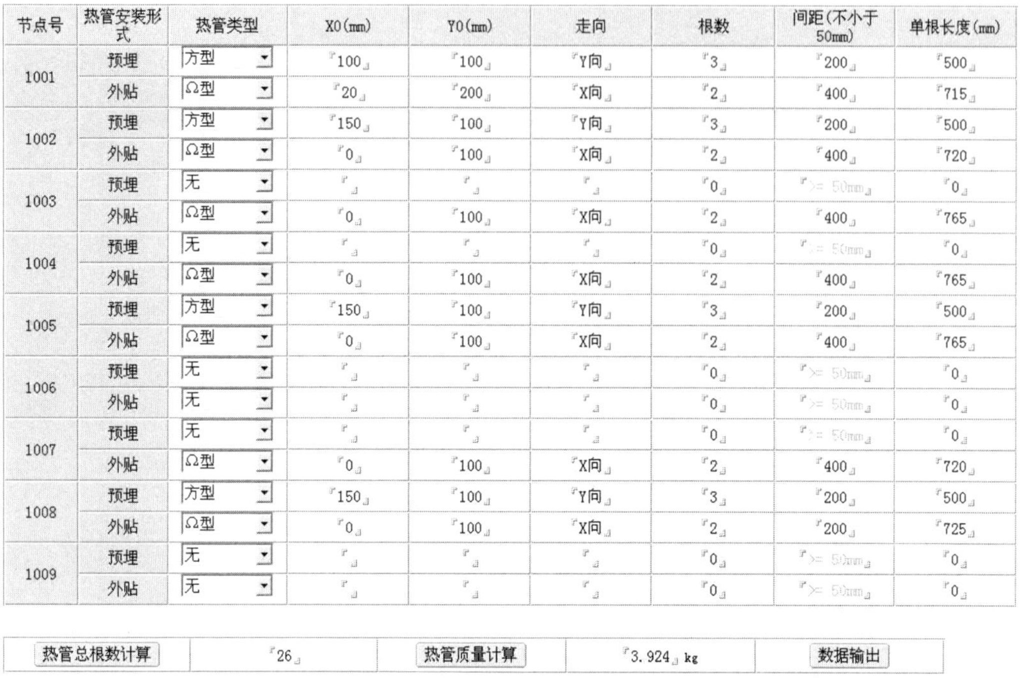

节点号	热管安装形式	热管类型	X0(mm)	Y0(mm)	走向	根数	间距(不小于50mm)	单根长度(mm)
1001	预埋	方型 ▼	「100」	「100」	「Y向」	「3」	「200」	「500」
	外贴	Ω型 ▼	「20」	「200」	「X向」	「2」	「400」	「715」
1002	预埋	方型 ▼	「150」	「100」	「Y向」	「3」	「200」	「500」
	外贴	Ω型 ▼	「0」	「100」	「X向」	「2」	「400」	「720」
1003	预埋	无 ▼	「」	「」	「」	「0」	「>= 50mm」	「0」
	外贴	Ω型 ▼	「0」	「100」	「X向」	「2」	「400」	「765」
1004	预埋	无 ▼	「」	「」	「」	「0」	「>= 50mm」	「0」
	外贴	Ω型 ▼	「0」	「100」	「X向」	「2」	「400」	「765」
1005	预埋	方型 ▼	「150」	「100」	「Y向」	「3」	「200」	「500」
	外贴	Ω型 ▼	「0」	「100」	「X向」	「2」	「400」	「765」
1006	预埋	无 ▼	「」	「」	「」	「0」	「>= 50mm」	「0」
	外贴	无 ▼	「」	「」	「」	「0」	「>= 50mm」	「0」
1007	预埋	无 ▼	「」	「」	「」	「0」	「>= 50mm」	「0」
	外贴	Ω型 ▼	「0」	「100」	「X向」	「2」	「400」	「720」
1008	预埋	方型 ▼	「150」	「100」	「Y向」	「3」	「200」	「500」
	外贴	Ω型 ▼	「0」	「100」	「X向」	「2」	「200」	「725」
1009	预埋	无 ▼	「」	「」	「」	「0」	「>= 50mm」	「0」
	外贴	无 ▼	「」	「」	「」	「0」	「>= 50mm」	「0」

热管总根数计算	「26」	热管质量计算	「3.924」 kg	数据输出

图 5-50　传热热管设计

5.7.4　热控分系统设计分析

航天器热控分系统设计分析主要是针对热控分系统设计方案开展整星热分析计算。它包括温度场建模、温度场计算、计算结果后处理与计算结果显示四个部分，如图 5-51 所示。其中温度场建模与温度场计算由专业热分析软件完成。

热控分系统设计

工作陈述 | 热设计工况选择 | 热控措施设计 | 热控部件设计 | 整星热分析计算 | 遥测遥控通道设计 | 热控方案评价

温度场建模:	辐射模型		温度场模型
计算外热流:	温度场计算		
计算结果处理:	处理计算结果		
显示计算结果:	查看结果		

图 5-51　整星热分析计算

针对在轨故障检测飞行器，根据总体提供的整星技术状态，结合热控系统方案，进行了整星初步热分析。鉴于飞行器采用具有高适应能力、以主动热控技术为主的热控系统，具有很强的主动调控能力，系统的高低温工况与传统区分方法具有一定的区别，系统设计共进行了 3 个工况计算，计算结果如表 5-24 所示。

表 5 - 24　卫星内主要节点温度值

节点号	设备名称	工况 1	工况 2	工况 3
8001	S 频段二次电源分机	30.92	−1.12	13.03
8002	Ku 频段二次电源分机	31.17	−0.87	13.28
8003	激光控制盒	31.01	−1.03	13.12
8004	S 频段频率合成器	30.96	−1.08	13.07
8005	Ku 频段天线跟踪单元	30.96	−1.08	13.07
8006	S 频段发射机	31.01	−1.03	13.12
8007	天线接口单元 a	30.96	−1.08	13.07
8008	天线接口单元 b	30.96	−1.08	13.07
8009	天线驱动盒 a	30.96	−1.08	13.07
8010	天线驱动盒 b	30.96	−1.08	13.07
8011	系统管理与数据处理单元	30.96	−1.08	13.07
8012	S 频段综合数字处理单元	30.95	−1.09	13.06
8013	Ku 频段侦察处理与控制单元	31.00	−1.04	13.11
8014	S 频段微波上变频单元	31.11	−0.93	13.22
8015	S 频段微波下变频单元	31.01	−1.03	13.12
8016	S 频段控制盒	31.04	−1.00	13.15
8017	Ku 频段功放分机 B	31.51	−0.53	13.62
8018	Ku 频段功放分机 A	31.58	−0.46	13.69
8019	CMOS 可见光相机	31.56	−0.48	13.67
8020	IMU	28.99	0.75	13.32
8021	IMU 线路盒	28.87	0.62	13.20
8022	动量轮 1	29.36	1.12	13.70
8023	动量轮 2	29.36	1.12	13.70
8024	动量轮 3	29.36	1.12	13.70
8025	导航接收机	29.41	1.16	13.74
8026	星敏感器	28.84	0.59	13.17
8027	配电器	28.92	0.68	13.25
8028	火工控制器	28.97	0.73	13.30
8029	电源控制器	28.83	0.59	13.17
8030	帆板线路盒	28.97	0.73	13.31
8031	远置单元	28.89	0.65	13.22
8032	遥测单元	28.89	0.64	13.22
8033	遥控单元	28.95	0.70	13.28
8034	应答机	29.08	0.83	13.41
8035	数管计算机	29.18	0.93	13.51

续表

节点号	设备名称	工况 1	工况 2	工况 3
8036	控制计算机	28.86	0.61	13.19
8037	远置单元	28.90	0.65	13.23
8038	数传终端	29.01	0.76	13.34
8039	推力线路盒	28.86	0.62	13.19
8040	蓄电池	22.57	5.73	13.13
8041	帆板线路盒	29.03	0.79	13.36
8042	红外线路盒	28.89	0.64	13.22
8043	动量轮线路盒	28.84	0.59	13.17
8044	贮箱	28.77	10.74	13.10

从整星温度计算结果可以得出，在 3 个工况中，舱内仪器设备温度范围为最低 -1.12 ℃（工况 2），最高 31.58 ℃（工况 1）。

5.7.5　热控分系统设计综合

在热控方案初步完成后，需要对热控方案进行评价，以确保其满足总体对热控的要求；若调整后也不能满足总体设计要求，需要及时与总体进行沟通，重新开始新的设计。热控方案评价主要包括整星温度场分析、热控分系统质量功耗评价以及热控分系统可靠性分析三个方面的内容，如图 5 – 52 所示。

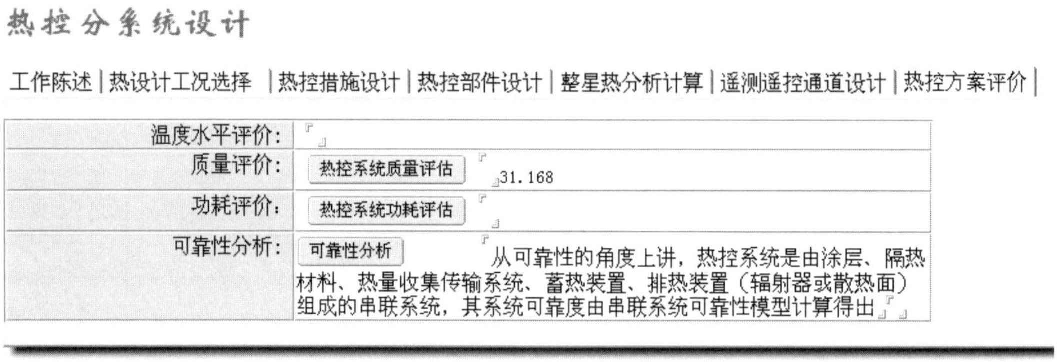

热控分系统设计

工作陈述 | 热设计工况选择 | 热控措施设计 | 热控部件设计 | 整星热分析计算 | 遥测遥控通道设计 | 热控方案评价 |

温度水平评价：

质量评价：　[热控系统质量评估]　31.168

功耗评价：　[热控系统功耗评估]

可靠性分析：　[可靠性分析]　从可靠性的角度上讲，热控系统是由涂层、隔热材料、热量收集传输系统、蓄热装置、排热装置（辐射器或散热面）组成的串联系统，其系统可靠度由串联系统可靠性模型计算得出

图 5 – 52　热控方案评价界面

（1）温度水平评价

将整星温度场分析结果与设备要求进行对比，在 3 个工况中，舱内仪器设备温度范围为最低 -1.12 ℃（工况 2），最高 31.58 ℃（工况 1），经分析对比得出，设备的温度均在要求的范围内，满足总体的设计要求。

（2）热控质量评价

总体对热控的质量要求为 30 kg，热控分系统设计质量为 29.7 kg，热控系统质量设计满足总体要求。

（3）热控功耗评价

总体对热控的功耗要求为 40 W，热控分系统设计功耗为 26.5 W，热控系统功耗设计满足总体要求。

（4）热控可靠性评价

总体对热控的可靠性要求为 0.995，热控分系统设计可靠性为 0.997 6，热控系统可靠性设计满足总体要求。

对热控分系统设计进行综合，如表 5 - 25 所示。

表 5 - 25　热控分系统设计性能指标

热控分系统设计性能指标			
热分析星内最高工作温度/℃	31.58	热分析星内最低工作温度/℃	−1.12
热控分系统设计质量/kg	29.7	热控分系统设计功耗/W	26.5
散热面 1 面积/m²	0.612 3	散热面 2 面积/m²	0.612 3
散热面 3 面积/m²	0.382 7	散热面 4 面积/m²	0.382 7
热控分系统设计可靠度	0.997 6		

5.8　电源分系统设计

5.8.1　获取电源设计总体要求

设计师登录数字化航天器设计平台的电源设计节点，获取总体对电源分系统设计要求，如图 5 - 53 所示，并下载总体构型布局设计提供的设备配套文件。设计师根据设计要求，既可以从设计资源库已有设计方案中选择需要继承的方案，将设计资源库中的数据自动载入到相应表单中，也可以根据电源分系统设计节点软件设计界面依次开展重新设计。

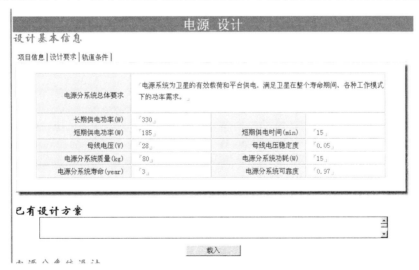

图 5 - 53　电源分系统设计获取总体要求

5.8.2 电源分系统设计任务分析

通过电源分系统设计表单界面的"工作陈述"对电源分系统设计任务与过程进行简要叙述，如图5-54所示。

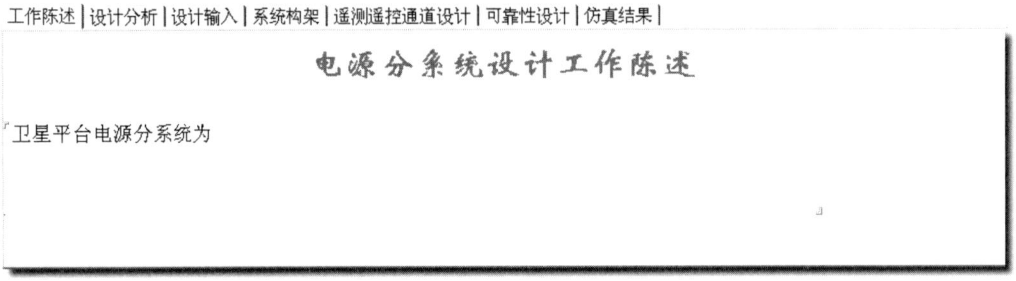

工作陈述 | 设计分析 | 设计输入 | 系统构架 | 遥测遥控通道设计 | 可靠性设计 | 仿真结果 |

电源分系统设计工作陈述

卫星平台电源分系统为

图 5-54 电源分系统设计工作陈述

电源分系统为飞行器有效载荷和平台的设备供电，满足在整个寿命期间、各种工作模式下的功率需求。电源分系统应对轨道光照条件和负载功率需求进行分析，确定系统功能及组成，根据现有研制水平完成系统方案设计，并进而明确系统主要性能指标。

电源系统在光照期由太阳电池翼供电，超过负载需求的多余功率，由分流调节电路分流掉，以稳定母线电压；阴影期，蓄电池组电压经放电调节器调节，给负载供电，同时稳定母线电压。无论光照期或阴影期，始终将母线电压控制在 28.5±1 V，其原理如图5-55所示。

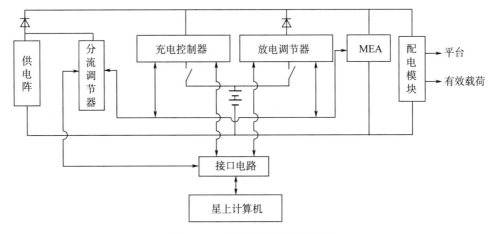

图 5-55 电源分系统原理框图

电源母线设置成单母线全调节系统，在光照期由分流调节电路将母线电压调节在规定的范围内，在地影期由蓄电池组放电调节器将母线电压调节在规定的范围内。由电源分系统提供一条供电母线和一条火工品母线。火工品母线直接从蓄电池组引出，为独立状态，不允许与主电源母线接通，以防止火工品装置起爆时大电流对母线的干扰。

5.8.3　电源分系统架构设计

电源分系统架构设计包括太阳电池阵设计、蓄电池组设计、电源控制器设计三部分，通过点击电源分系统设计表单界面中的"系统构架"功能框依次完成，如图 5－56 所示。

图 5－56　电源分系统架构设计

（1）太阳电池阵设计

进行太阳电池阵设计时，首先在太阳电池片类型库中进行选择，点击"确定"按钮后，所选太阳电池片类型数据显示在图 5－56 所示界面中；在太阳电池阵其他设计参数中填入相应数值，点击"数据加载"按钮将以上数据加载到设计工具软件，点击"数据计算"按钮进行太阳电池阵参数计算。

如图 5－57 所示，太阳电池阵参数辅助设计软件输入界面由以下 5 个部分组成：

1）太阳电池片参数部分：包括太阳电池片开路电压、太阳电池片短路电流、太阳电池片最佳功率点电压、太阳电池片最佳功率点电流、最佳功率点电压温度系数和最佳功率点电流温度系数；

2）长期负载功率和充电功率部分：包括长期负载功率和光照期补充充电功率；

3）各种损失因子部分：包括组合损失因子、测量误差因子和紫外及辐照衰减损失因子；

4）母线电压及管压降、线压降部分：包括母线电压、输电线压降、隔离二极管压降和串联调整管压降；

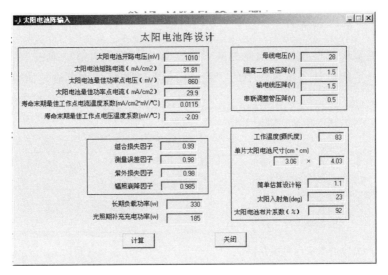

图 5-57　太阳电池阵参数辅助设计输入

5）影响太阳电池阵设计的相关参数部分：包括在轨最高工作温度、单片太阳电池尺寸、布片系数、设计裕度和太阳入射角。

如图 5-58 所示，太阳电池阵参数辅助设计软件输出界面包括太阳电池阵串联片数、太阳电池阵并联片数、太阳电池阵总片数、太阳电池阵总面积及最大设计输出功率等。

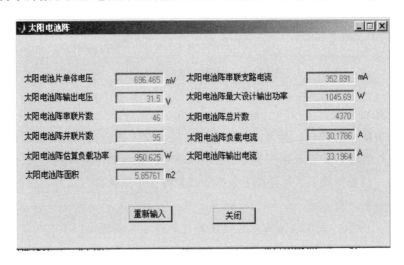

图 5-58　太阳电池阵参数辅助设计输出

在轨故障检测飞行器太阳电池选用了 GaAs/Ge 太阳电池，其性能参数如下（AM0，25 ℃）：

1）短路电流 $I_{sc}=0.3869$ A；

2）开路电压 $V_{oc}=1.010$ V；

3）最佳工作点电流 $I_{mp}=0.359$ A；

4) 最佳工作点电压 $V_{mp}=0.860$ V；

5) 效率 $\eta=19\%$；

6) 填充因子 $F=79\%$；

7) 太阳电池尺寸为 30.6 mm×40.3 mm。

太阳电池阵的构型是由完全相同的两个翼组成，每个翼由内板、中板和外板共三块太阳电池板组成。太阳电池阵采用供电阵充电阵合一设计的方案，两翼对称布片。在考虑长期负载的条件下进行设计。太阳电池阵的设计必须考虑母线电压或蓄电池组电压、电子辐射导致输出功率下降、太阳电池阵最高工作温度时的工作电压以及电线电缆及隔离二极管的压降等多种因素。太阳电池阵设计余量为 10%。太阳电池阵串联片数为 46 片，并联片数为 95 片。太阳电池阵总片数为 4 370 片，总面积为 5.85 m²。

(2) 蓄电池组设计

在点击"数据计算"按钮进行蓄电池组参数计算后，点击"数据显示"按钮将计算结果显示在蓄电池组设计输出相应栏目中，如图 5-59 所示。

图 5-59　蓄电池组设计

由于蓄电池组的结构参数和热参数等属于电源部件设计，总体设计时较难给出准确数值，因此在这里构建了蓄电池组模块参数数据库。在蓄电池容量和串并联数量确定以后，可以在蓄电池组模块参数数据库选择相近的蓄电池组模块参数作为蓄电池组设计输出结果。由于航天器的电压种类较少，蓄电池组模块内的单体电池串联数量相近，蓄电池组模块参数数据库的数据可以涵盖一般工程任务的需求。通过蓄电池组模块的并联，可以满足各种功耗水平的任务需求。

如图 5-60 所示，蓄电池参数辅助设计输入包括：地影期长期负载、蓄电池补充放电功率、放电调节器效率、母线电压、蓄电池额定电压、最大地影时间、短期负载持续时间、蓄电池放电深度、蓄电池能量效率、蓄电池额定容量、线路损失系数、备份单体电池数。

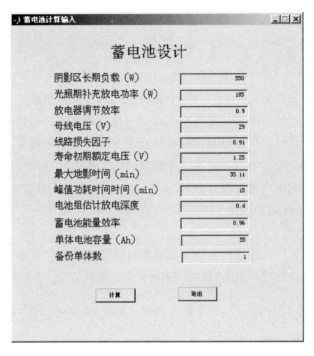

图 5 - 60　蓄电池参数辅助设计输入

如图 5 - 61 所示，蓄电池参数辅助设计输出包括：地影期放电能量、补充放电能量、蓄电池总放电能量、蓄电池串联数、蓄电池组质量。

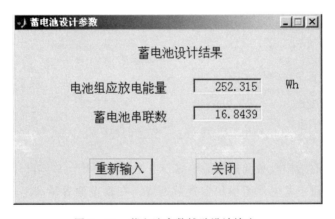

图 5 - 61　蓄电池参数辅助设计输出

在轨故障检测飞行器选择镍氢蓄电池组，用以满足起飞前转内电、主动段飞行、轨道阴影期及光照期出现峰值功率负载，太阳电池阵不能完全满足功率需求时补充电能，满足整星的功率要求。蓄电池组选用 17 只 35 A·h 镍氢蓄电池组成，蓄电池组备份采用单体电池热备份方式，允许其中一只失效。在一只单体电池失效的情况下，蓄电池组的放电深度仍可以控制在 40% 以内。为防止开路失效引起断电，每个单体电池并联一个保护二极管组件。

（3）电源控制器设计

数字化航天器设计平台构建了电源控制器参数数据库，数据内容参考了已有型号，电源控制器的规模取决于航天器的功率量级，一般选择相近功率量级的电源控制器。电源控制器设计界面如图 5 - 62 所示。

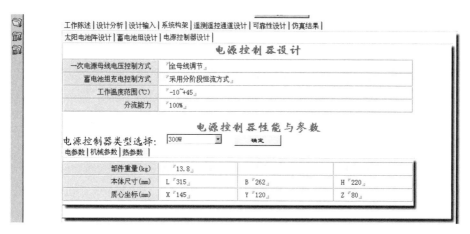

图 5 - 62　电源控制器设计

电源系统的母线电压由分流器、蓄电池充电调节器 BCR（Battery Charge Regulator）和蓄电池放电调节器 BDR（Battery Discharge Regulator）三者共同控制。在光照期，分流器和 BCR 协同工作，对蓄电池组充电和向负载供电。在星蚀期，蓄电池组经 BDR 向负载供电。当负载需要瞬时大功率时，蓄电池也可通过 BDR 与太阳电池阵并联，共同为负载供电。无论在光照区还是星蚀区，母线电压始终保持恒定。电源控制装置由 MEA 主母线误差放大器、分流调节电路、蓄电池组放电调节电路、充电控制电路等组成。

5.8.4　电源分系统设计综合

电源分系统设计完成后，通过模型导入进行设计综合，如图 5 - 63 所示，可以选择报告自动生成功能生成设计报告。电源分系统设计性能指标见表 5 - 26。

太阳电池片类型	GaAs	太阳电池阵面积（m²）	12.33
蓄电池类型	H2Ni	蓄电池放电深度	0.4
蓄电池组串联个数（个）	16.843944	蓄电池并联路数（路）	
长期供电功率（W）	400	短期供电功率（W）	600
短期供电时间（min）	15		
母线电压（V）	28	母线电压稳定度	0.05
电源分系统重量（kg）	47.8	电源分系统功耗（W）	20
电源分系统寿命（year）	3	电源分系统可靠度	0.97
电源分系统反馈意见			

图 5 - 63　电源分系统设计综合

表 5 – 26   电源分系统设计性能指标

电源分系统性能指标			
太阳电池片类型	GaAs	太阳电池片转换效率	0.268
太阳电池阵面积/m²	6.00	蓄电池类型	H2Ni
电池组设计容量/(A·h)	36.00	蓄电池放电深度	0.5
串联只数/个	17	并联路数/路	1.00
蓄电池质量/kg	22	蓄电池组充电控制方式	采用分阶段恒流方式
分流级数/级	8.00	单级分流能力/A	5
蓄电池充电调节器效率	0.90	蓄电池放电调节器效率	0.90
电源分系统质量/kg	50	电源分系统寿命（year）	1
电源分系统可靠度	0.955		

5.9   控制分系统设计

5.9.1   获取控制设计总体要求

设计师登录数字化航天器设计平台的控制设计节点，获取总体对控制分系统设计要求，如图 5 – 64 所示，并下载总体构型布局设计提供的设备配套文件。设计师根据设计要求，可以从设计资源库已有设计方案中选择需要继承的方案，设计资源库中的数据自动载入到相应表单中。

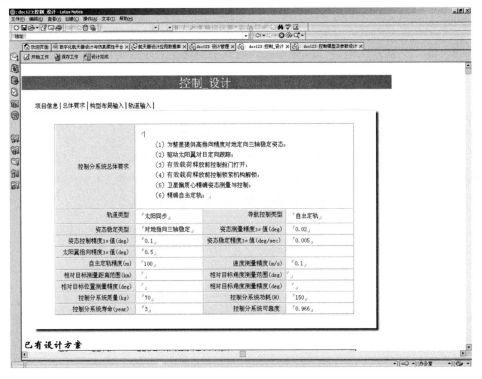

图 5 – 64   控制分系统设计获取总体要求

同时，控制分系统设计所需的轨道设计参数和构型布局设计参数等相关总体参数，可以分别通过点击控制设计节点表单中的"轨道输入"和"构型布局输入"功能框，利用相应子表单分别获取轨道设计参数输入和构型布局设计输入，其子表单界面分别如图 5 - 65～图 5 - 66 所示。

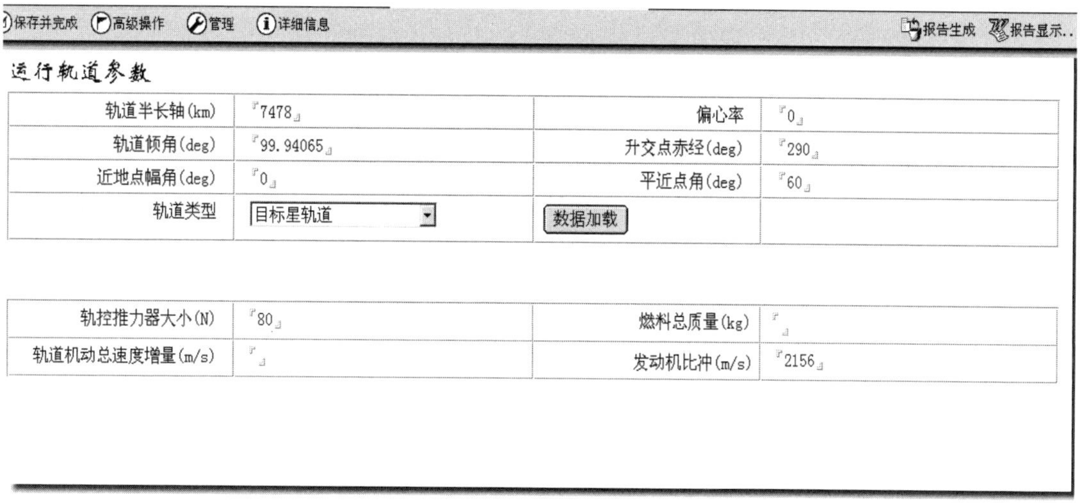

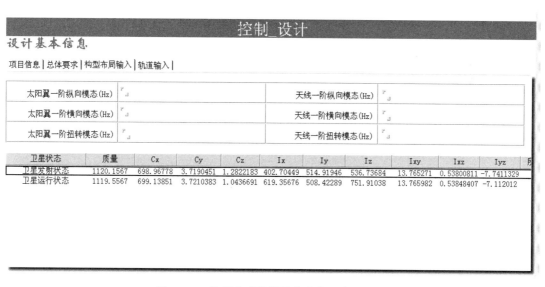

图 5 - 65　控制分系统设计获取轨道输入

图 5 - 66　控制分系统设计获取构型布局输入

5.9.2　控制分系统设计任务分析

控制分系统设计任务分析主要包括工作陈述和任务分析，通过点击控制分系统设计表单界面中的"工作陈述"和"任务分析"功能框依次完成。比如，控制分系统设计任务分析表单界面如图 5 - 67 所示。其主要工作内容有：根据总体提供的设计条件和设计要求，对航天器运行期间控制模式进行分析，针对可能的控制模式配置控制系统，进行姿态确定和控制律设计，确定控制模式之间切换条件，通过设计综合得出控制系统的总体技术指标，采用设计过程仿真对控制系统设计进行评估。

控制分系统设计

工作陈述 | 任务分析 | 系统配置 | 姿态控制子系统设计 | 推进子系统设计 | 自主制导航子系统设计 | 遥测遥控通道设计 | 仿真结果 |

轨道机动任务分析	『轨道机动要求控制系统能够根据轨道控制策略程序执行控制过程，包括建立轨道控制发动机工作姿态，控制轨控发动机开关机，轨控发动机工作期间的姿态保持稳定，轨道控制完成之后正常运行姿态的捕获。』
姿态机动任务分析	『轨道机动飞行器要求控制系统能够实现从正常运行姿态到指定姿态的轨道机动，以及从任何姿态到正常运行姿态和安全模式的姿态机动。』
实现控制精度的系统任务分析	『轨道机动飞行器采用三轴稳定，正常运行期间对地向三轴稳定，在轨道发动机工作期间惯性空间三轴稳定，处于安全模式时对日定向自旋稳定。因此，要求姿态敏感器能够提供地球水平/垂直基准、太阳视线基准和惯性基准。』
保证姿态稳定的系统任务分析	『对地指向可采用三轴稳定，地球敏感器提供当地垂线基准（俯仰和滚动）；太阳或星敏感器用作第三轴基准和姿态确定；反作用飞轮、动量轮或控制力矩陀螺用于精确指向和节省推进剂；反作用控制系统用于粗控制和动量卸载；磁力矩器也可卸载动量；惯性测量部件用于机动和姿态确定。对惯性定向可采用三轴稳定进行重定向。』

图 5-67　控制分系统设计任务分析

飞行器控制分系统需应对入轨测试、目标检测两个主要阶段的姿态指向与稳定、轨道机动与保持的测量与控制，其工作模式满足这两个阶段任务要求，同时考虑应急模式。

（1）入轨测试阶段

消除入轨初始偏差模式：星箭分离一段时间后控制系统自动启动本模式，根据陀螺提供的角度和角速度信号使用喷气控制将星体角速度与姿态误差控制到所要求的范围内。

消除帆板展开干扰模式：星箭分离一段时间后展开帆板，展开过程中不进行控制。接收到太阳翼展开到位的指示信号并确认后，按照展开后的惯量特性采用喷气控制消除帆板展开干扰。

动量轮启动模式：当姿态角和角速度满足一定条件时自动或遥控启动动量轮，采用喷气控制消除飞轮启动干扰，建立整星零动量状态。

太阳引入模式：一天以后，地面遥控控制单元引入数字太阳敏感器信号，系统对姿态进行太阳修正。

星敏感器引入模式：三天以后，地面遥测确认星敏感器工作正常后引入星敏感器信号，由星敏感器信号估计陀螺漂移，修正姿态。卫星进入正常轨道运行状态。

（2）目标检测阶段

飞行器由三轴稳定姿态控制模式转入对目标定向控制模式，在对空间目标进行成像检测后，转回三轴对地稳定模式。

三轴稳定对地精定向模式：用星敏感器精确测量姿态，为目标定向提供高精度初始姿态。

目标定向控制模式：按视线导引轨道策略保持目标定向，并保持稳定性。

三轴稳定对地粗定向模式：转回三轴稳定对地定向，无高精度要求可以粗定向。

（3）应急模式

全姿态捕获模式：飞行器运行过程中，因某种难以预见的原因使姿态异常，甚至丢失基准，而控制单元正常，由地面测控系统或星上自主启用该模式。该模式的特点是大角度姿态机动能力，能在飞行器处于大姿态偏差和大角速度情况下，迅速自动进行速率阻尼、太阳捕获、地球捕获，进而恢复对地三轴稳定。

应急太阳指向模式：当控制系统产生无法自恢复的故障时，关闭动量轮、速率阻尼，用数字太阳敏感器搜索太阳，并喷气控制飞行器对日定向，保证能源供给。

控制分系统主要技术指标如下：

1）待命飞行阶段：

• 姿态确定精度：三轴 $\leqslant 0.1°$（3σ）；

• 姿态指向精度：三轴 $\leqslant 0.3°$（3σ）；

• 姿态稳定度：三轴 $\leqslant 0.05°/s$（3σ）。

2）轨道转移阶段

• 姿态确定精度：三轴 $\leqslant 0.1°$（3σ）；

• 姿态指向精度：三轴 $\leqslant 0.5°$（3σ）；

• 姿态稳定度：三轴 $\leqslant 0.05°/s$（3σ）。

3）目标接近阶段

• 姿态确定精度：三轴 $\leqslant 0.05°$（3σ）；

• 姿态指向精度：三轴 $\leqslant 0.1°$（3σ）；

• 姿态稳定度：三轴 $\leqslant 0.01°/s$（3σ）。

4）目标绕飞阶段

• 姿态确定精度：三轴 $\leqslant 0.1°$（3σ）；

• 姿态指向精度：三轴 $\leqslant 0.3°$（3σ）；

• 姿态稳定度：三轴 $\leqslant 0.05°/s$（3σ）。

5）自主定轨精度：$100\ m$；

6）速度测量精度：$0.1\ m/s$；

7）消除初始姿态偏差在 90 s 内完成；捕获地球、太阳翼捕获太阳在 15 min 内完成；光照区内应急控制时应在 15 min 内完成对日定向；

8）SADA 及其控制线路应有 $\pm 180°$ 范围捕获太阳和重新捕获太阳的能力；

9）太阳翼对日定向精度：$\pm 5°$。

5.9.3　控制分系统架构设计

控制分系统架构设计包括控制子系统设计和推进子系统设计。其系统配置如图 5-68 所示，通过点击"系统配置"功能框下的"分系统方案"、"系统组成"和"部件选择"，完成系统配置。再点击控制分系统设计表单界面中的"姿态控制子系统设计"和"推进子系统设计"功能框，按其子表单提示，分别完成包括工作模式及其转换关系、测量部件和执行部件在内的姿态控制子系统设计，以及包括系统设计原理、系统参数设计和推力器力矩设计在内的推进子系统设计。

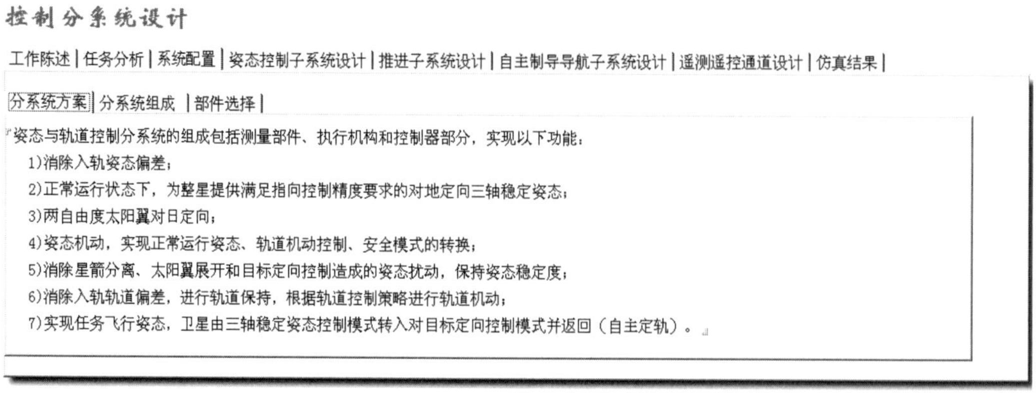

控制分系统设计
工作陈述 | 任务分析 | 系统配置 | 姿态控制子系统设计 | 推进子系统设计 | 自主制导导航子系统设计 | 遥测遥控通道设计 | 仿真结果 |
分系统方案 | 分系统组成 | 部件选择 |
姿态与轨道控制分系统的组成包括测量部件、执行机构和控制器部分，实现以下功能：
1)消除入轨姿态偏差；
2)正常运行状态下，为整星提供满足指向控制精度要求的对地定向三轴稳定姿态；
3)两自由度太阳翼对日定向；
4)姿态机动，实现正常运行姿态、轨道机动控制、安全模式的转换；
5)消除星箭分离、太阳翼展开和目标定向控制造成的姿态扰动，保持姿态稳定度；
6)消除入轨轨道偏差，进行轨道保持，根据轨道控制策略进行轨道机动；
7)实现任务飞行姿态，卫星由三轴稳定姿态控制模式转入对目标定向控制模式并返回（自主定轨）。

图 5－68　控制分系统设计系统配置

5.9.4　控制分系统设计分析

控制分系统设计分析计算通过点击控制分系统设计表单中的“仿真结果”功能框，进入分析仿真子表单，依次完成。它主要采用固定参数法对清除偏差、阴影区对地粗定向、光照区对地粗定向、太阳捕获、地球捕获、飞轮卸载等各飞行模式的控制进行时域响应分析。根据分析结果判断控制分系统设计是否满足各种飞行模式的控制要求。若不满足，则需重新修改设计，直至满足要求为止。针对在轨故障检测飞行器应用实例，部分分析结果如图 5－69～图 5－71 所示。

姿态测量精度(deg)	Pitch:1	Yaw:1	Roll:1
姿态控制精度(deg)	Pitch:1.95406	Yaw:1.9712962	Roll:1.9034928
姿态控制稳定度	0.00180606		
使用模型	- xiaochupian.mdl		
姿态控制结果曲线			

星体欧拉角速率在本体三轴分量(
0.6
0.4
0.2
0
-0.2
-0.4
0 50 100 150 200 250 300
t(s)
ωx
ωy
ωz
星体姿态(°)
10
5
0
-5
roll
pitch
yaw

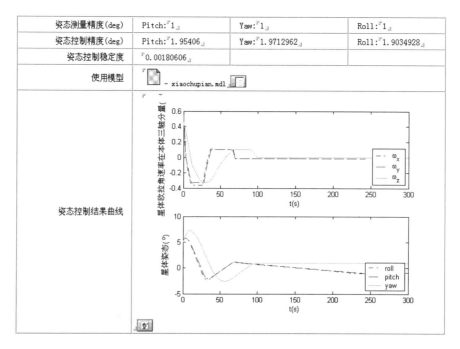

图 5－69　消除偏差模式分析结果

姿态测量精度(deg)	Pitch:『0.1』	Yaw:『0.1』	Roll:『0.1』
姿态控制精度(deg)	Pitch:『0.3129755』	Yaw:『0.5612367』	Roll:『0.9150746』
姿态控制稳定度	『0.04565506』		
使用模型	– suncapture.mdl		
姿态控制结果曲线	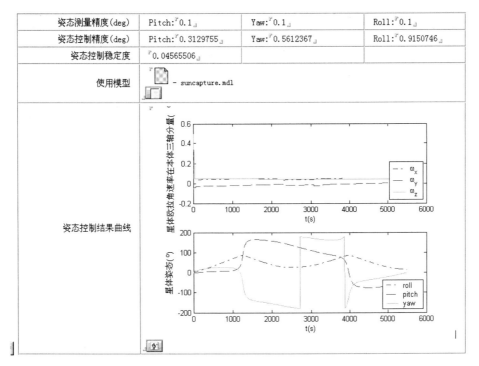		

图 5 - 70　太阳捕获模式分析结果

姿态测量精度(deg)	Pitch:『0.1』	Yaw:『0.1』	Roll:『0.1』
姿态控制精度(deg)	Pitch:『1.511528』	Yaw:『1.0560583』	Roll:『0.6621632』
姿态控制稳定度	『0.004062327』		
使用模型	– earthcapture.mdl		
姿态控制结果曲线	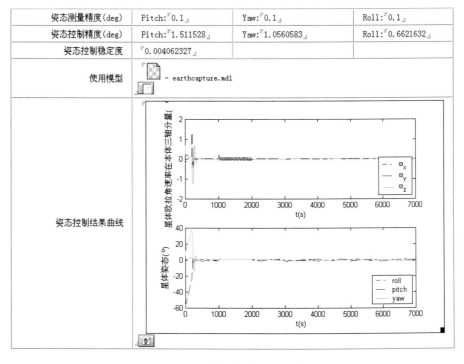		

图 5 - 71　地球捕获模式分析结果

5.9.5　控制分系统设计综合

控制分系统设计完成后，通过模型导入进行设计综合，可以选择报告自动生成功能生成设计报告，如图 5-72 和图 5-73 所示。综合指标见表 5-27～表 5-29。

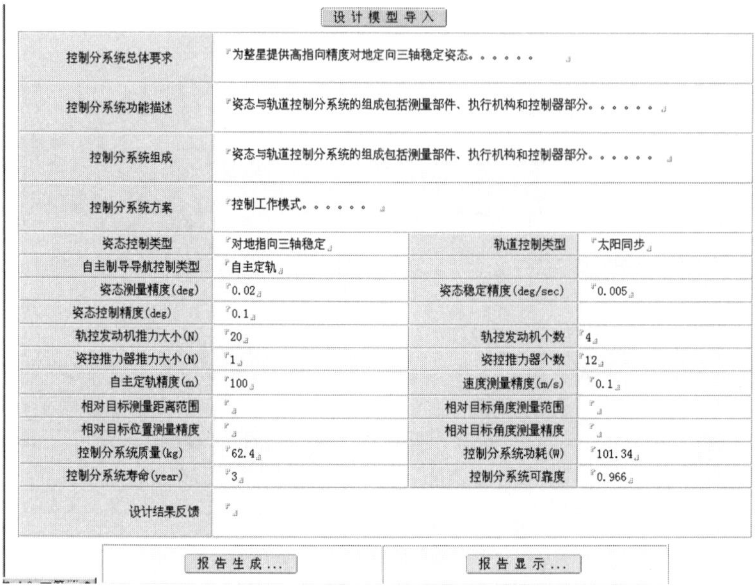

图 5-72　控制分系统设计结果导入

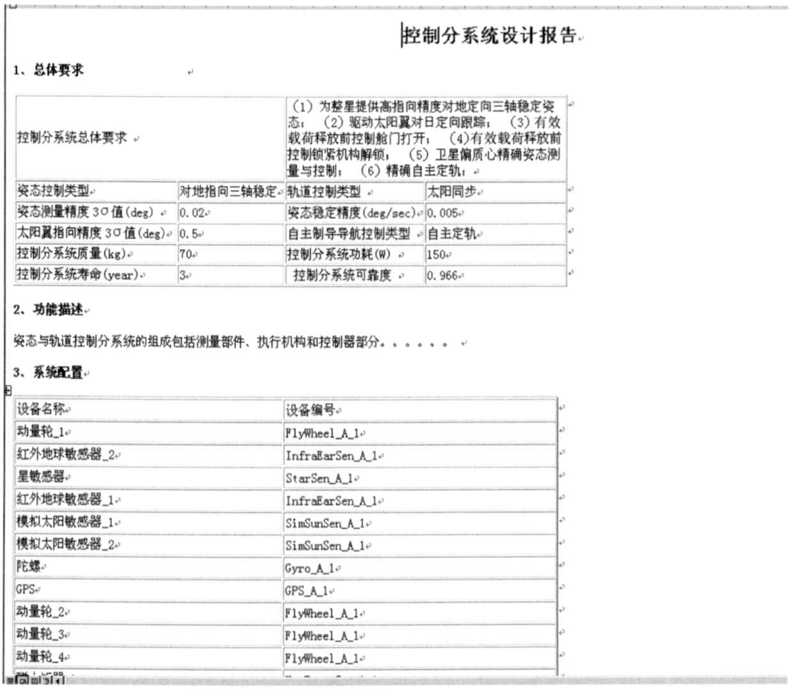

图 5-73　控制分系统设计报告自动生成

表 5 - 27　控制分系统设计总体指标

控制分系统总体要求	1）为整星提供高指向精度对地定向三轴稳定姿态等姿态控制模式； 2）驱动太阳翼对日定向跟踪； 3）满足卫星在轨期间不同阶段的控制精度要求		
姿态稳定方式	对地指向三轴稳定	轨道类型	太阳同步轨道
姿态测量精度 /（°）	0.050 0	姿态稳定精度 /［（°）/s］	0.010 00
太阳翼指向精度 /（°）	0.5	自主制导导航控制类型	自主定轨
控制分系统质量/kg	540	控制分系统功耗/W	140
控制分系统寿命（year）	1	控制分系统可靠度	0.915

表 5 - 28　控制分系统配置

序号	设备名称	设备编号	序号	设备名称	设备编号
1	推力器	1ThruEngine _ A _ 2	21	姿轨控计算机	AOCC _ A _ 1
2	推力器	1ThruEngine _ A _ 2	22	陀螺组件	Gyro - 1
3	推力器	1ThruEngine _ A _ 2	23	磁力矩器	MegTorquSet _ A _ 1
4	推力器	1ThruEngine _ A _ 2	24	磁力矩器	MegTorquSet _ A _ 1
5	推力器	1ThruEngine _ A _ 2	25	磁力矩器	MegTorquSet _ A _ 1
6	推力器	1ThruEngine _ A _ 2	26	动量轮	FlyWheel _ A _ 1
7	推力器	1ThruEngine _ A _ 2	27	动量轮	FlyWheel _ A _ 1
8	推力器	1ThruEngine _ A _ 2	28	动量轮	FlyWheel _ A _ 1
9	推力器	1ThruEngine _ A _ 2	29	动量轮	FlyWheel _ A _ 1
10	推力器	1ThruEngine _ A _ 2	30	储箱	Volumn _ A _ 1
11	推力器	1ThruEngine _ A _ 2	31	储箱	Volumn _ A _ 1
12	推力器	1ThruEngine _ A _ 2	32	储箱	Volumn _ A _ 1
13	推力器	1ThruEngine _ A _ 2	33	储箱	Volumn _ A _ 1
14	推力器	1ThruEngine _ A _ 2	34	太阳翼驱动机构	SADA _ A _ 1
15	推力器	ThruEngine _ A _ 20	35	太阳翼驱动机构	SADA _ A _ 1
16	推力器	ThruEngine _ A _ 20	36	模拟太阳敏感器	SimSunSen
17	推力器	ThruEngine _ A _ 20	37	模拟太阳敏感器	SimSunSen
18	推力器	ThruEngine _ A _ 20	38	红外地球敏感器	InfraEarSen _ A _ 2
19	数字太阳敏感器	DigSunSen - 1	39	红外地球敏感器	InfraEarSen _ A _ 2
20	星敏感器	StarSen _ A _ 1			

表 5 - 29　推进子系统性能指标

推进子系统性能指标			
阀门工作压力/MPa	2	气瓶体积/m³	0
贮箱泄漏率/（Pa·L/s）	0.001	贮箱大小/m³	100
占空比/（%）	2 150	设备质量/kg	130
姿控的有效比冲/（N·s/kg）	1 960	总质量/kg	450
推进剂质量/kg	320	功耗/W	7

5.10 测控分系统设计

5.10.1 获取测控设计总体要求

设计师登录数字化航天器设计平台的测控设计节点，获取总体对测控分系统设计要求，如图 5 - 74 所示，并下载总体构型布局设计提供的设备配套文件。同时通过点击设计基本信息表单界面中的"设计约束条件"和"测控站条件"功能框，获取与测控有关的轨道设计、地面测控站等信息，比如，地面测控站信息界面如图 5 - 75 所示。设计师根据设计要求，可以从设计资源库已有设计方案中选择需要继承的方案，设计资源库中的数据自动载入到相应表单中。

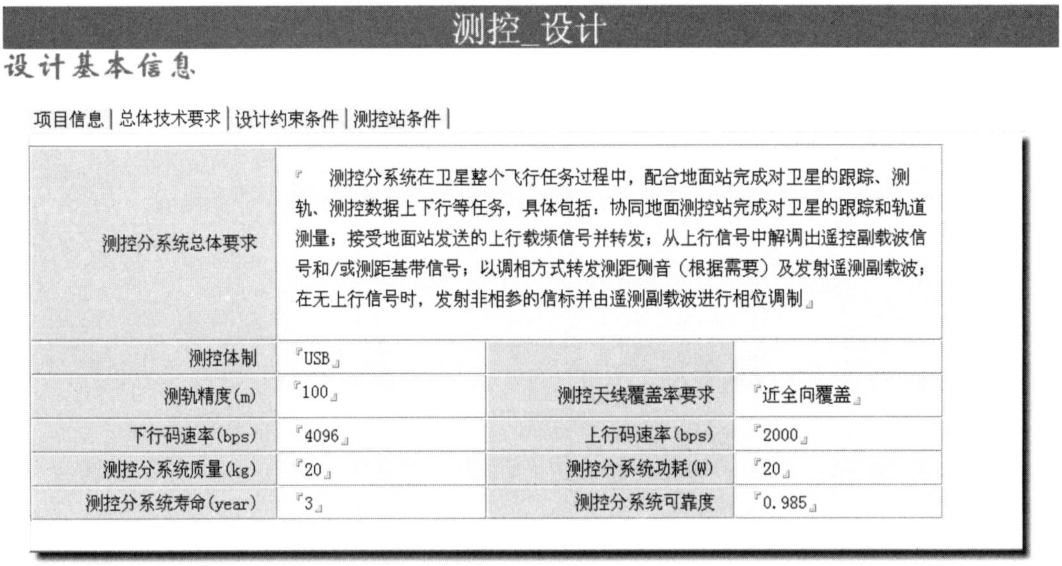

测控_设计

设计基本信息

项目信息 | 总体技术要求 | 设计约束条件 | 测控站条件 |

测控分系统总体要求	测控分系统在卫星整个飞行任务过程中，配合地面站完成对卫星的跟踪、测轨、测控数据上下行等任务，具体包括：协同地面测控站完成对卫星的跟踪和轨道测量；接受地面站发送的上行载频信号并转发；从上行信号中解调出遥控副载波信号和/或测距基带信号；以调相方式转发测距侧音（根据需要）及发射遥测副载波；在无上行信号时，发射非相参的信标并由遥测副载波进行相位调制。		
测控体制	『USB』		
测轨精度(m)	『100』	测控天线覆盖率要求	『近全向覆盖』
下行码速率(bps)	『4096』	上行码速率(bps)	『2000』
测控分系统质量(kg)	『20』	测控分系统功耗(W)	『20』
测控分系统寿命(year)	『3』	测控分系统可靠度	『0.985』

图 5 - 74 测控分系统设计获取总体要求

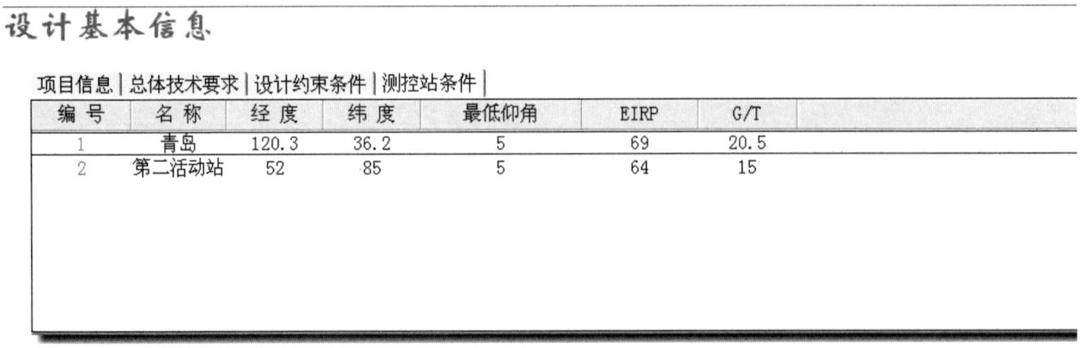

设计基本信息

项目信息 | 总体技术要求 | 设计约束条件 | 测控站条件 |

编号	名 称	经 度	纬 度	最低仰角	EIRP	G/T
1	青岛	120.3	36.2	5	69	20.5
2	第二活动站	52	85	5	64	15

图 5 - 75 测控分系统设计获取测控站信息

5.10.2　测控分系统设计任务分析

测控分系统设计任务分析主要包括工作陈述和任务分析，通过点击进入测控分系统设计表单，选择相关功能框进行。比如任务分析只需点击测控分系统设计表单，选择"任务分析"功能框即可开展，其子表单界面如图 5-76 所示。

测控设计工作陈述内容包括测控分系统设计的指导思想、设计原则和设计流程等内容。

测控任务分析包括测控分系统的任务、功能和相关约束条件对设计的影响分析等。

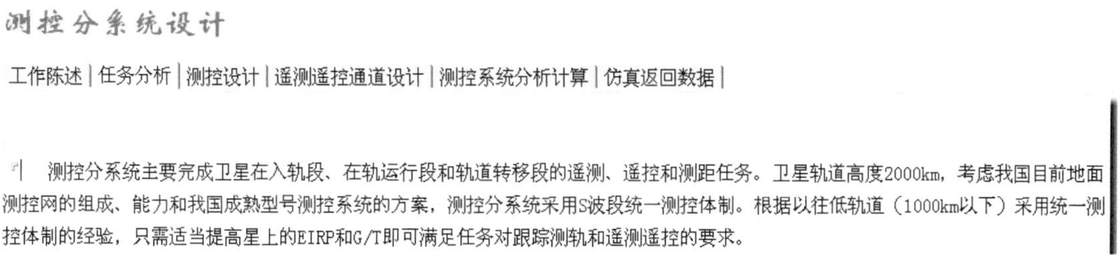

测控分系统设计

工作陈述 | 任务分析 | 测控设计 | 遥测遥控通道设计 | 测控系统分析计算 | 仿真返回数据 |

测控分系统主要完成卫星在入轨段、在轨运行段和轨道转移段的遥测、遥控和测距任务。卫星轨道高度2000km，考虑我国目前地面测控网的组成、能力和我国成熟型号测控系统的方案，测控分系统采用S波段统一测控体制。根据以往低轨道（1000km以下）采用统一测控体制的经验，只需适当提高星上的EIRP和G/T即可满足任务对跟踪测轨和遥测遥控的要求。

图 5-76　测控分系统设计任务分析

测控分系统主要完成飞行器在入轨段、在轨运行段和轨道转移段的遥测、遥控和测距任务。具体工作包括：

1）向地面测控站发射 S 波段下行载波，下行载波数据管理分系统提供的组合遥测视频信号对其做相位调制。

2）根据需要，转发接收到的上行信号中的基带测距信号，此测距信号调制在 S 波段下行载波上。

3）接收来自地面测控站的 S 波段上行信号，并完成对上行调相射频信号的射频解调；为遥控和数据管理分系统提供遥控视频信号；并向 USB 应答机发射机提供基带视频测距信号输出。

测控分系统设计所遵循的指导思想和设计原则如下：

1）满足卫星总体对测控分系统的任务要求；

2）充分考虑现有地面站测控体制；

3）充分继承低轨卫星测控分系统的方案和体制；

4）合理地吸取在研型号的经验和特点；

5）遵循国军标基本原则，根据测轨精度要求，结合实际情况进行优化设计；

6）充分重视系统的可靠性、安全性和电磁兼容性设计，确保系统设计质量；

7）贯彻快、好、省的精神。

考虑我国目前地面测控网的组成、能力和我国成熟型号测控系统的方案，测控分系统采用 S 波段统一测控体制作为主要测控手段，另外采用 GPS 作为辅助定轨手段，提高定轨精度。根据以往低轨道（1 000 km 以下）采用统一测控体制的经验，只需适当提高星上的 EIRP 和 G/T 即可满足任务对跟踪测轨和遥测遥控的要求。

5.10.3　测控分系统架构设计

测控分系统架构设计包括测控系统工作原理描述和从资源数据库选择部组件确定测控分系统组成，如图 5-77 所示。

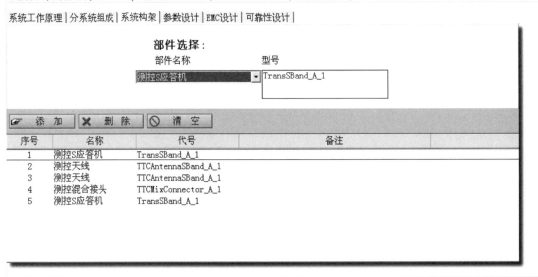

图 5-77　测控分系统构架设计

（1）系统工作原理

飞行器 USB 测控体制系统由两台 USB 应答机，两个收发共用天线和天线匹配网络构成。两台 USB 应答机工作在同一频点上，其中接收机互为热备份，两台应答机中的发射机互为冷备份。每台 USB 应答机 S 波段应答机由抗干扰双工器、接收机和发射机组成。接收机对上行 S 波段信号做相位解调并提供遥控 PSK 信号和测距基带信号输出。遥控 PSK 信号送到数管分系统；测距基带信号送到相应的发射机。S 波段下行发射载波上所调制的视频信号包括：遥测副载波信号和来自接收机的测距基带信号。在飞行器工作过程中，S 波段发射机始终发送遥测副载波信号，而是否转发测距基带信号则取决于接收机的工作状态和遥控指令对转发功能的控制。在相干模式下工作时，S 应答机根据提取出的正常上行载频信号而自动决定选用接收机的压控振荡器（VCXO）输出的频率信号作为下行载频的频率源。若未提取出正常上行载频信号则应答机自动转入非相干模式工作，下行载频频率源由独立晶体振荡器（TCXO）产生。两台同频发射机必须分时工作，以免产生相互干扰。从卫星发射测试准备起，USB 测控体制就一直处于工作中。抗干扰双工器具有 40 dBm 的抗烧毁功能，同时为收发信号提供合适带宽的通道并使收、发信号良好隔离。保证接收、发射同时正常工作。抗干扰双工器的收发隔离度不得低于 90 dB。抗干扰双工器主要由 S 频段环流器、接收滤波器、发射滤波器和限幅器构成。

（2）测控分系统组成

测控分系统由两台 S 波段应答机，一个测控天线匹配网络，两个全向测控天线和一套高频电缆组成。其中两台 S 波段应答机的接收机同时工作互为热备份；两台 S 波段应答机的发射机分时工作，互为冷备份；对天对地两个半球波束测控天线共同实现近全向覆盖。

测控分系统、测控应答机和测控天线的设计参数通过点击测控分系统设计表单"测控设计"功能框下的"参数设计"按钮获得，分别如图 5-78 和图 5-79 所示。

测控分系统设计

工作陈述 | 任务分析 | 测控设计 | 遥测遥控通道设计 | 测控系统分析计算 | 仿真返回数据 |

系统工作原理 | 分系统组成 | 系统构架 | 参数设计 | EMC设计 | 可靠性设计 |

系统参数 | 应答机参数 | 天线参数 |

应答机工作模式	『根据上下行信号的不同分为四种工作模式 在第1种工作模式中，发射机的频率基准来自发射机的晶体振荡器。下行载波只有遥测信号。S应答机处于信标状态。 在第2种工作模式时，S应答机处于相干工作状态，发射机的频率基准则来自接收机的压控晶体振荡器。接收机对接收到的S频段上行载频信号做相位解调，将解调出的信道侧音测距信号同遥测视频信号一起对下行载波进行相位调制，并将调制后的载波信号通过测控天线发向地面测控站。 在第3种工作模式时，S应答机可处于相干工作状态或非相干工作状态。接收机则处于锁定状态，并将锁定状态信号分别送遥控单元和遥测单元。遥控单元收到锁定信号后开始接收由接收机解调出的遥控视频信号。遥测单元收到锁定信号后，将锁定信号和其它遥测信号一起送发射机并对下行载波进行相位调制。调制后的载波信号通过测控天线发向地面测控站。 在第4种工作模式时，S应答机处于相干工作状态。接收机对接收到的S频段上行载频信号做相位解调，将解调出的遥控视频信号送遥控单元，信道侧音信号送发射机。发射机将遥测视频信号和测距信号同时对下行载波进行相位调制，并将调制后的载波信号通过测控天线发向地面测控站。』

应答机数量（台）	『2』	频点个数	『1』
上下行相位关系	『相干/非相干两种方式』	相关转发比	『0.920833333333333』
上行频率1（MHz）	『2029』	下行频率1（MHz）	『2203.438914』
上行频率2（MHz）	『』	下行频率2（MHz）	『』
接收机类型	『二阶锁相环路的超外差型接收机』	接收机门限值（dBHz）	『49』
接收机噪声系数（dB）	『3』	门限环路噪声带宽（Hz）	『400』
接收机同步带宽（kHz）	『150』	接收机捕获时间（s）	『1』
跟踪速率（Hz/S）	『优于±115』	接收机输出信号幅度（V）	『0.5~1.1』
接收机输出阻抗	『小于3k欧姆』	频率准确度	『0.000015』
频率稳定度	『0.0000001』	发射功率（dBW）	『0』
载波捕获需要的信号噪声谱密度比	『40』	测距信道带宽（Hz）	『800000』
星上接收机输入端等效噪声温度（K）	『600』		

图 5-78　测控分系统参数设计

测控分系统设计

工作陈述 | 任务分析 | 测控设计 | 遥测遥控通道设计 | 测控系统分析计算 | 仿真返回数据 |

系统工作原理 | 分系统组成 | 系统构架 | 参数设计 | EMC设计 | 可靠性设计 |

系统参数 | 应答机参数 | 天线参数 |

测控接收天线方向图模型	测控接收天线方向图		
测控发射天线方向图模型	测控发射天线方向图		
测控接收天线极化方式	『左旋圆极化』	测控发射天线极化方式	『左旋圆极化』
测控接收天线覆盖区域	『由两个天线组成，实现近全向覆盖，在(0° ≤θ≤76°，0° ≤Φ≤360°)和（104° ≤θ≤180°，0° ≤Φ≤360°）；』	测控发射天线覆盖区域	『由两个天线组成，实现近全向覆盖，在(0° ≤θ≤76°，0° ≤Φ≤360°)和（104° ≤θ≤180°，0° ≤Φ≤360°）；』
测控接收天线最低增益(dB)	『-12』	测控发射天线最低增益(dB)	『-12』
接收天线工作频带(MHz)	『2025~2290』	发射天线工作频带(MHz)	『2025~2290』
接收天线驻波比(dB)	『1.5』	发射天线驻波比(dB)	『1.5』
接收天线轴比(dB)	『3』	发射天线轴比(dB)	『3』

图 5-79　测控天线参数设计

5.10.4　测控分系统设计分析

测控分系统设计分析是在设计过程中或完成后对设计结果进行初步验证的部分。包括两部分功能，一是通过调用应答机性能射频仿真软件，对应答机进行仿真分析以确认设计能否满足要求；二是测控信道链路预算。测推信道链路预算的工作流程为：首先提取计算数据，将测控信道预算所需的设计数据提取出来在本部分的表单中显示；然后数据输出，将这些数据发送到指定目录下的文本文件中；接下来调用信道链路计算应用程序进行计算；最后将计算结果显示在本部分的设计界面中。根据应用实例，部分分析结果如图 5-80～图 5-82 所示。

测控分系统设计

工作陈述 | 任务分析 | 测控设计 | 遥测遥控通道设计 | 测控系统分析计算 | 仿真返回数据 |

提取计算数据

载波捕获需要的信号噪声谱密度比	40
地面站载波所需信号噪声谱密度比	40
地面站主测距音所需信号噪声谱密度比	33
地面站次测距音所需信号噪声谱密度比	33
星上接收机输入端等效噪声温度	600

轨道高度(km)	8370	轨道偏心率	0.001
上行频率1(MHz)	2029	下行频率1(MHz)	2203.438914
上行主侧音调制指数	0.6	下行主侧音调制指数	0.32
上行次侧音调制指数	0.42	下行次侧音调制指数	0.27
地面站EIRP(dBW)	64	接收机噪声系数(dB)	3
发射功率(dBW)	0	接收机门限值(dBm)	49
地面站接收性能指数G/T(dB/K)	15	门限环路噪声带宽(Hz)	400
地面接收系统噪声谱密度(dBW/Hz)	-190	测距信道带宽(Hz)	800000
测控接收天线增益(dB)	-12	测控发射天线增益(dB)	-12
遥控调制指数	1	遥测调制指数	1
遥控的比特率(bps)	2000	遥测码速率(bps)	4096
遥控接收的Eb/N0(dBHz)	9.4	遥测接收的Eb/N0(dBHz)	9.4
遥控设备损失(dB)	6.6	遥测设备损失(dB)	3.5

数据加载	分析计算	结果显示

图 5-80 测控分系统分析计算

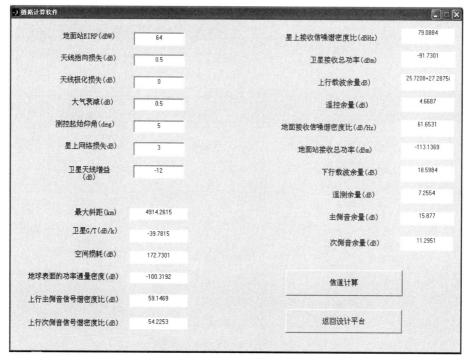

图 5-81 测控链路分析计算软件界面

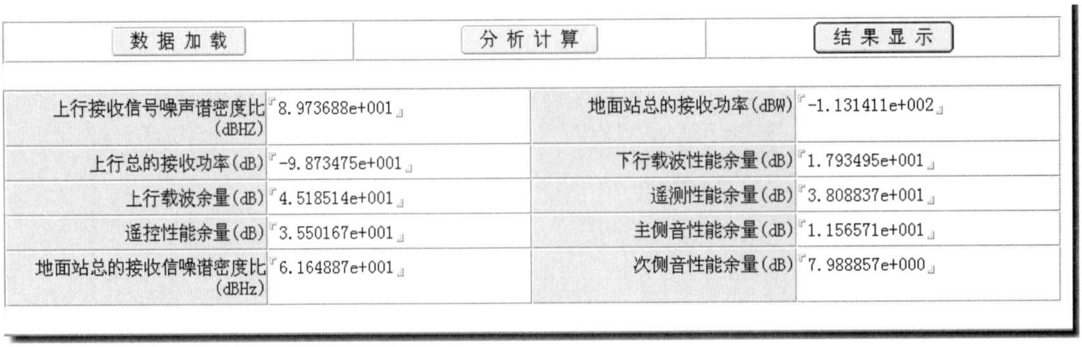

数 据 加 载	分 析 计 算	结 果 显 示

上行接收信号噪声谱密度比(dBHZ)	『8.973688e+001』	地面站总的接收功率(dBW)	『-1.131411e+002』
上行总的接收功率(dB)	『-9.873475e+001』	下行载波性能余量(dB)	『1.793495e+001』
上行载波余量(dB)	『4.518514e+001』	遥测性能余量(dB)	『3.808837e+001』
遥控性能余量(dB)	『3.550167e+001』	主侧音性能余量(dB)	『1.156571e+001』
地面站总的接收信噪谱密度比(dBHz)	『6.164887e+001』	次侧音性能余量(dB)	『7.988857e+000』

图 5-82　测控分系统分析结果显示

5.10.5　测控分系统设计综合

测控分系统设计完成后，通过模型导入进行设计综合，可以选择报告自动生成功能生成设计报告，如图 5-83 和图 5-84 所示。综合结果如表 5-30～表 5-33 所示。

测控体制	『1.USB』		
测控接收频率(MHz)	『2029』	测控发射频率(MHz)	『2203.438914』
下行码速率(bps)	『4096』	上行码速率(bps)	『2000』
上行调制方式	『PCM-DPSK-PM』	上行调制指数	『1』
下行调制方式	『PCM-DPSK-PM』	下行调制指数	『1』
遥控副载频率(kHz)	『8』	遥测副载波频率(kHz)	
频率准确度	『0.000015』		
测控天线极化方式	『左旋圆极化』		≤Φ≤360°）和（104°≤θ≤180°，0°≤Φ≤360°）；
测控接收天线增益(dB)	『-12』	测控发射天线增益(dB)	『-12』
遥控误码率	『0.000001』	遥测误码率	『0.000001』
测控分系统质量(kg)	『9.5』	测控分系统功耗(W)	『15』
测控分系统寿命(year)	『3』	测控分系统可靠度	『0.986』
测控分系统设计反馈	『　』		

提示

ⓘ 报告数据已经生成，请点击《报告显示...》进行查看。

确定

报 告 生 成 ...	报 告 显 示 ...

图 5-83　测控分系统设计结果导入

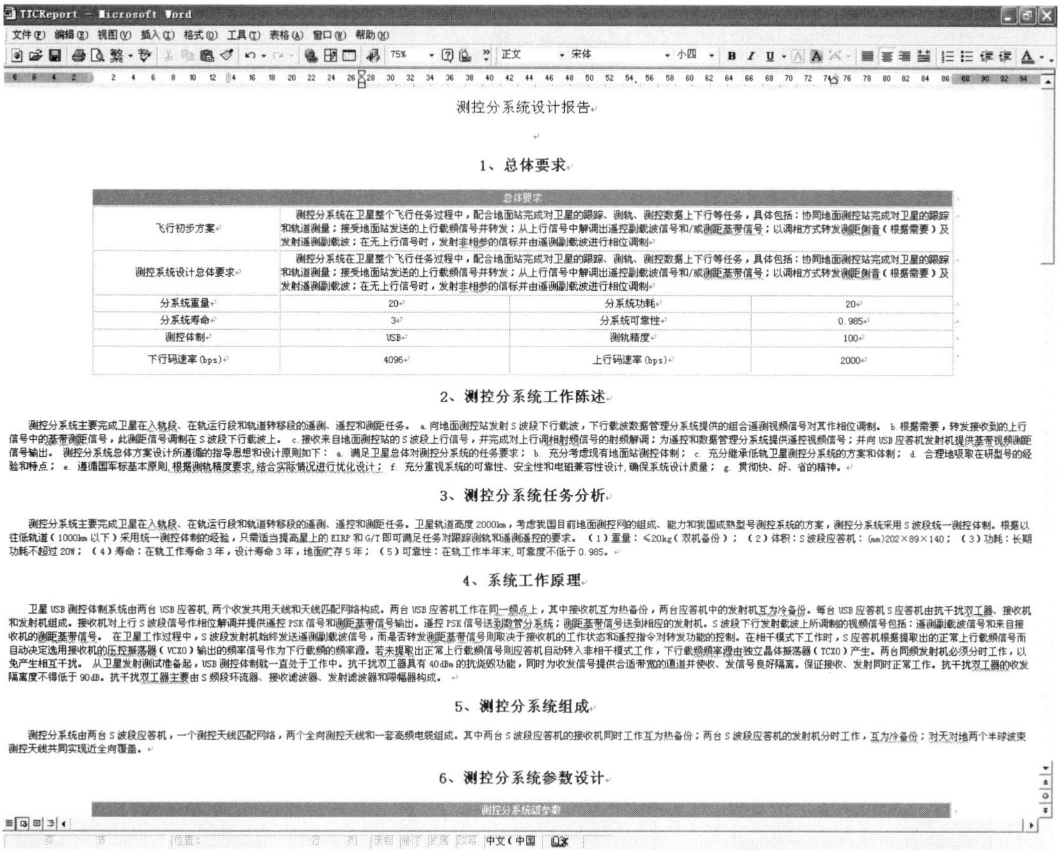

TTCReport - Microsoft Word

测控分系统设计报告

1、总体要求

总体要求			
飞行初步方案	测控分系统在卫星整个飞行任务过程中，配合地面站完成对卫星的跟踪、测轨、测控数据上下行等任务，具体包括：协同地面测控站完成对卫星的跟踪和轨道测量；接受地面站发送的上行载频信号并转发；从上行信号中解调出遥控副载波信号和/或测距基带信号；以调相方式转发测距侧音（根据需要）及发射遥测副载波；在无上行信号时，发射非相参的信标并由遥测副载波进行相位调制		
测控系统设计总体要求	测控分系统在卫星整个飞行任务过程中，配合地面站完成对卫星的跟踪、测轨、测控数据上下行等任务，具体包括：协同地面测控站完成对卫星的跟踪和轨道测量；接受地面站发送的上行载频信号并转发；从上行信号中解调出遥控副载波信号和/或测距基带信号；以调相方式转发测距侧音（根据需要）及发射遥测副载波；在无上行信号时，发射非相参的信标并由遥测副载波进行相位调制		
分系统重量	20	分系统功耗	20
分系统寿命	3	分系统可靠性	0.985
测控体制	USB	测轨精度	100
下行码速率(bps)	4096	上行码速率(bps)	2000

2、测控分系统工作陈述

测控分系统主要完成卫星在入轨段、在轨运行段和轨道转移段的遥测、遥控和测距任务。a.向地面测控站发射S波段下行载波，下行载波数据管理分系统提供的组合遥测视频信号对其作相位调制。b.根据需要，转发接收到的上行信号中的基带测距信号，此测距信号调制在S波段下行载波上。c.接收来自地面测控站的S波段上行信号，并完成对上行调相射频信号的射频解调；为遥控和数据管理分系统提供遥控视频信号；并向USB应答机发射机提供基带视频测距信号输出。测控分系统总体方案设计所遵循的指导思想和设计原则如下：a. 满足卫星总体对测控分系统的任务要求；b. 充分考虑现有地面站测控体制；c. 充分继承低轨卫星测控分系统的方案和体制；d. 合理地吸取在研型号的经验和特点；e. 遵循国军标基本原则,根据测轨精度要求,结合实际情况进行优化设计；f. 充分重视系统的可靠性、安全性和电磁兼容性设计,确保系统设计质量；g. 贯彻快、好、省的精神。

3、测控分系统任务分析

测控分系统主要完成卫星在入轨段、在轨运行段和轨道转移段的遥测、遥控和测距任务。卫星轨道高度2000km，考虑我国目前地面测控网的组成、能力和我国成熟型号测控系统的方案，测控分系统采用S波段统一测控体制。根据以往低轨道（1000km以下）采用统一测控体制的经验，只需适当提高星上的EIRP和G/T即可满足任务对跟踪测轨和遥测遥控的要求。（1）重量：≤20kg（双机备份）；（2）体积：S波段应答机：(mm)202×89×140；（3）功耗：长期功耗不超过20W；（4）寿命：在轨工作寿命3年，设计寿命3年，地面贮存5年；（5）可靠性：在轨工作半年末,可靠度不低于0.985。

4、系统工作原理

卫星USB测控体制系统由两台USB应答机,两个收发共用天线和天线匹配网络构成。两台USB应答机工作在同一频点上，其中接收机互为热备份，两台应答机中的发射机互为冷备份。每台USB应答机S应答机由抗干扰双工器、接收机和发射机组成。接收机对上行S波段信号作相位解调并提供遥控PSK信号和测距基带信号输出。遥控PSK信号送到数管分系统；测距基带信号送到相应的发射机。S波段下行发射载波上所调制的视频信号包括：遥测副载波信号和来自接收机的测距基带信号。在卫星工作过程中，S波段发射机始终发送遥测副载波信号，而是否转发测距基带信号则取决于接收机的工作状态和遥控指令对转发功能的控制。在相干模式下工作时，S应答机根据提取出的正常上行载频信号而自动决定选用接收机的压控振荡器（VCXO）输出的频率信号作为下行载频的频率源。若未提取出正常上行载频信号则应答机自动转入非相干模式工作，下行载频频率源由独立晶体振荡器（TCXO）产生。两台同频发射机必须分时工作，以免产生相互干扰。从卫星发射测试准备起，USB测控体制就一直处于工作中。抗干扰双工器具有40dBm的抗烧毁功能，同时为收发信号提供合适带宽的通道并使收、发信号良好隔离。保证接收、发射同时正常工作。抗干扰双工器的收发隔离度不得低于90dB。抗干扰双工器主要由S频段环流器、接收滤波器、发射滤波器和限幅器构成。

5、测控分系统组成

测控分系统由两台S波段应答机，一个测控天线匹配网络，两个全向测控天线和一套高频电缆组成。其中两台S波段应答机的接收机同时工作互为热备份；两台S波段应答机的发射机分时工作，互为冷备份；对天对地两个半球波束测控天线共同实现近全向覆盖。

6、测控分系统参数设计

测控分系统级参数

图 5-84　测控分系统设计报告界面

表 5-30　测控分系统设计总体要求

总体要求			
测控分系统设计总体要求	1）协同地面测控站完成对飞行器的跟踪和轨道测量； 2）接受地面站发送的上行载频信号并转发； 3）从上行信号中解调出遥控副载波信号和/或测距基带信号； 4）以调相方式转发测距侧音（根据需要）及发射遥测副载波； 在无上行信号时，发射非相参的信标并由遥测副载波进行相位调制		
分系统质量	20	分系统功耗	20
分系统寿命	1	分系统可靠性	0.985
测控体制	USB	测轨精度	100
下行码速率/bps	4 096	上行码速率/bps	2 000

表 5-31　测控分系统设计结果

测控分系统级参数			
测控分系统质量/kg	12	测控分系统功耗/W	20
测控分系统寿命（year）	1	测控分系统可靠度	0.986

续表

测控分系统级参数			
基本测控体制	USB	其他测控方式	GPS
测距体制	侧音测距	应答机数量	2
遥控的码速率/bps	2 000	遥测码速率/bps	4 096
遥控误码率	0.000 001	遥测误码率	0.000 001
上行载波频率/MHz	2 029	下行载波频率/MHz	2 203.438 914
遥控副载波频率/Hz	8	遥测副载波频率/MHz	65.536
遥控调制指数	1	遥测调制指数	1
上行主侧音调制指数	0.6	上行次侧音调制指数	0.42
下行主侧音调制指数	0.32	下行次侧音调制指数	0.27

表 5 - 32　测控应答机参数

测控分系统应答机参数			
上下行相位关系	相干/非相干两种方式	相关转发比	0.92
接收机类型	二阶锁相环路的超外差型接收机	接收机门限值/dBHz	2
接收机噪声系数	3	门限环路噪声带宽/Hz	400
接收机同步带宽/kHz	150	接收机捕获时间/s	1
跟踪速率/(Hz/s)	优于±115	接收机输出信号幅度	0.5~1.1
接收机输出阻抗	小于 3kΩ	频率准确度	0.000 015
频率稳定度	0.000 000 1	发射功率/dBW	0
载波捕获信号噪声谱密度比	40	测距信道带宽/Hz	800 000
接收机输入端等效噪声温度	600		

表 5 - 33　测控天线参数

测控分系统天线参数			
测控接收天线极化方式	左旋圆极化	测控发射天线极化方式	左旋圆极化
测控接收天线覆盖区域	由两个天线组成,实现近全向覆盖,在（$0° \leqslant \theta \leqslant 76°$, $0° \leqslant \phi \leqslant 360°$）和（$104° \leqslant \theta \leqslant 180°$, $0° \leqslant \phi \leqslant 360°$）;	测控发射天线覆盖区域	由两个天线组成,实现近全向覆盖,在（$0° \leqslant \theta \leqslant 76°$, $0° \leqslant \phi \leqslant 360°$）和（$104° \leqslant \theta \leqslant 180°$, $0° \leqslant \phi \leqslant 360°$）;
测控接收天线增益/dB	−12	测控发射天线增益/dB	−12
接收天线工作频带/MHz	2 025~2 290	发射天线工作频带/MHz	2 025~2 290
接收天线驻波比/dB	1.5	发射天线驻波比/dB	1.5

5.11　全系统仿真

在完成前述总体及其各分系统设计后，再利用数字化航天器设计与仿真平台，基于已形成的设计模型与参数，进行航天器全系统仿真，以从整体上验证航天器各组成部分指标的协调匹配性和对用户要求的满足度。根据飞行器的任务特点，全系统仿真主要包括飞行过程仿真、飞行器动力学与控制仿真、电源仿真、热控仿真、数传仿真和测控仿真等。限于篇幅且不失一般性，下面以在轨故障检测飞行器为应用实例，简要介绍全系统仿真的主要内容及部分仿真结果，以便读者了解相关工作过程。

5.11.1　飞行过程仿真

（1）远程导引飞行过程仿真

远程导引飞行过程仿真主要包括远程导引阶段飞行器轨道变化过程、与目标飞行器相对距离变化、变轨发动机工作及其推进剂消耗情况、光照及测控状态等仿真。仿真结束后，输出相关结果和曲线。其中，远程导引阶段飞行器轨道半长轴变化如图 5 - 85 所示，推进剂剩余（消耗）质量变化如图 5 - 86 所示。

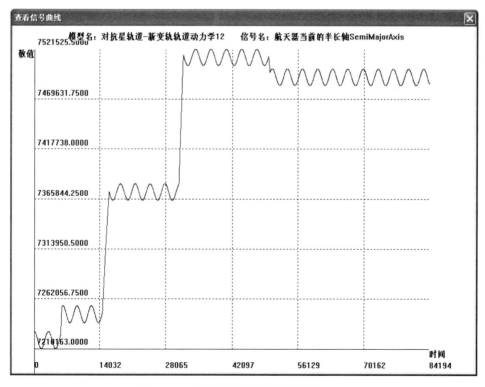

图 5 - 85　远程导引阶段轨道半长轴（m）

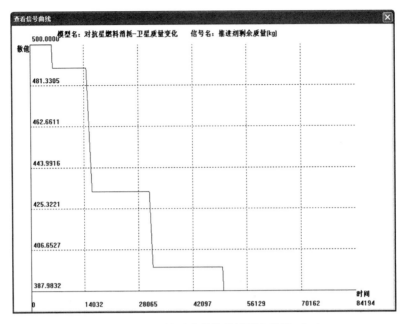

图 5 - 86　远程导引阶段推进剂剩余质量（kg）

（2）近程导引飞行过程仿真

近程导引飞行过程仿真主要涉及近程导引阶段飞行器轨道变化、与目标飞行器相对位置变化、变轨发动机工作及其推进剂消耗情况、光照及测控情况等仿真。仿真结束后，输出相关结果和曲线。其中，近程导引阶段飞行器轨道偏心率变化如图 5 - 87 所示，与目标飞行器相对距离变化率如图 5 - 88 所示。

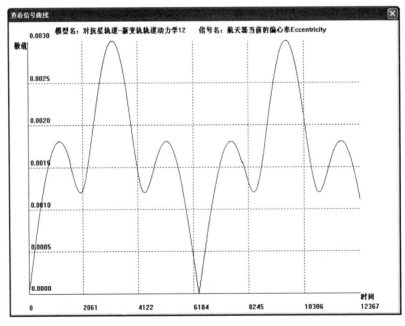

图 5 - 87　近程导引阶段轨道偏心率

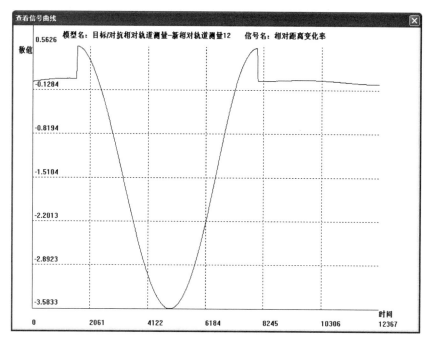

图 5-88　近程导引阶段相对距离变化率（m/s）

（3）伴随飞行过程仿真

伴随飞行过程仿真主要涉及伴随飞行阶段飞行器轨道变化、与目标飞行器相对位置变化、变轨发动机工作及其推进剂消耗情况、光照及测控情况等仿真。仿真结束后，输出相关结果和曲线。例如，伴随飞行阶段飞行器轨道近地点幅角变化如图 5-89 所示，测控站方位角变化如图 5-90 所示。

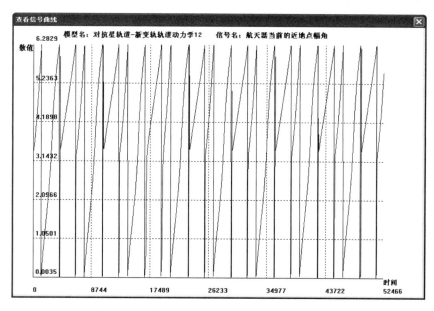

图 5-89　伴随飞行阶段轨道近地点幅角（rad）

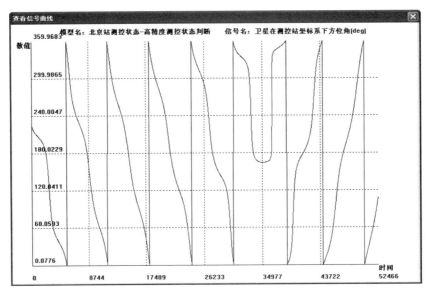

图 5-90 伴随飞行阶段测控站方位角（°）

5.11.2 飞行器动力学与控制仿真

飞行器动力学与控制仿真主要是将在轨故障检测飞行器总体参数及其动力学模型纳入控制仿真回路中，通过仿真检验控制分系统各测量部件、执行部件指标符合性与协调性，以及对飞行器姿态与轨道的控制能力。仿真结束后，输出相关结果和曲线。其中，航天器本体姿态滚动角变化如图 5-91 所示，正常运行飞行模式滚动通道控制力矩变化如图 5-92 所示。

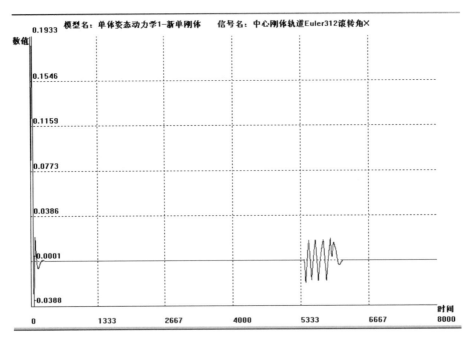

图 5-91 本体姿态滚转角

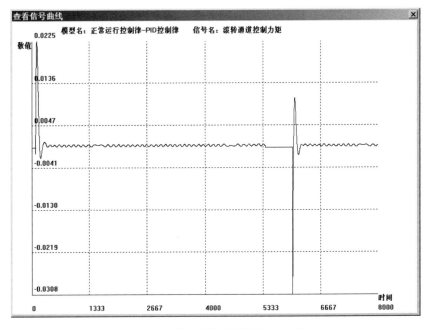

图 5-92   正常运行飞行模式指令力矩 T_x

5.11.3   飞行器机构动力学仿真

针对在轨故障检测飞行器应用实例，飞行器机构动力学仿真主要针对飞行器所安装的天线和太阳电池阵等机构展开过程及展开锁定后动力学特性进行分析仿真，包括展开过程转角变化以及驱动力矩变化等。输出有关结果和曲线，并进行符合性评估。比如，太阳电池阵帆板 2 转角变化及其驱动力矩变化分别如图 5-93 和图 5-94 所示。

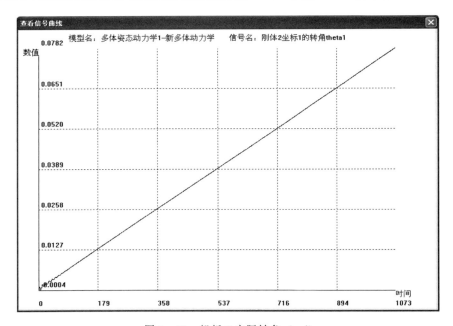

图 5-93   帆板 2 实际转角（rad）

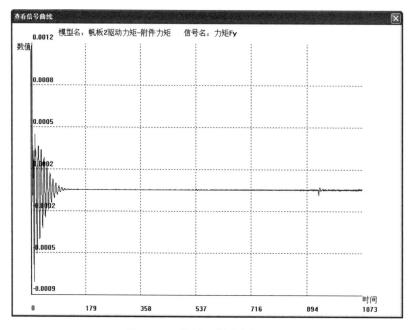

图 5-94　帆板 2 驱动力矩（N）

5.11.4　飞行器供配电仿真

　　针对在轨故障检测飞行器应用实例，飞行器供配电仿真主要基于飞行器轨道设计和电源分系统设计，对飞行器在轨飞行期间，太阳入射角变化、太阳电池阵温度变化、太阳电池阵输出功率、蓄电池组电压变化和充放电电流与主母线电流变化等进行仿真。输出相关结果和曲线，并进行分析评估。例如，蓄电池组电压变化和分流电流变化分别如图 5-95和图 5-96 所示。

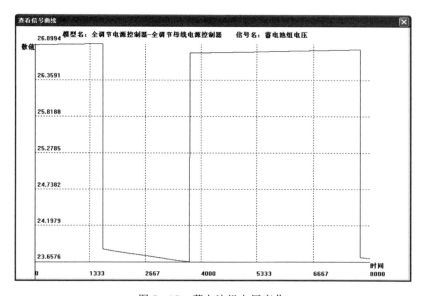

图 5-95　蓄电池组电压变化

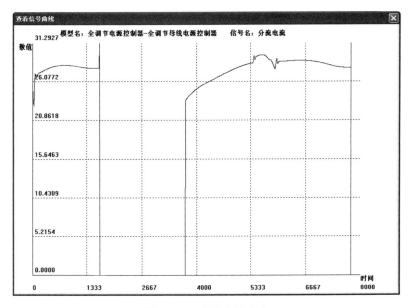

图 5 - 96　分流电流变化

5.11.5　飞行器外热流及整星温度场仿真

飞行器外热流及整星温度场仿真主要是针对在轨故障检测飞行器（设计对象）总体构型布局设计和热控分系统设计，对飞行器在轨飞行期间，飞行器服务舱和载荷舱各关键部件或关键部位的温度变化情况进行仿真。输出相关结果和曲线，并进行分析评估。例如，服务舱第 1 个散热面温度变化情况和载荷舱第 2 个散热面温度变化情况分别如图 5 - 97 和图 5 - 98 所示。

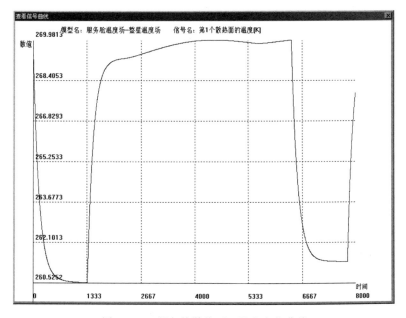

图 5 - 97　服务舱散热面 1 温度变化曲线

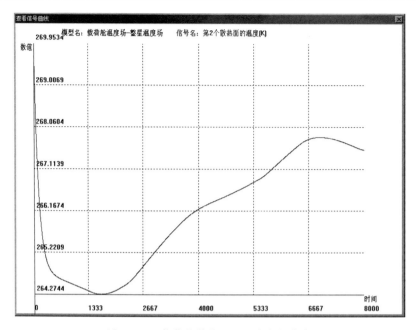

图 5-98 载荷舱散热面 2 温度变化曲线

5.11.6 飞行器测控链路仿真

针对在轨故障检测飞行器设计应用实例，飞行器测控链路仿真主要基于飞行器轨道设计和测控分系统设计，对飞行器在轨飞行期间，总的接收信噪谱密度比、总的接收功率、遥控信噪比、遥控性能余量、下行主/次侧音信噪比、主/次音测距性能余量和遥测下行总功耗等变化情况进行仿真。输出相关结果和曲线，并进行分析评估。例如，遥控信噪比变化和遥测下行载波性能余量分别如图 5-99 和图 5-100 所示。

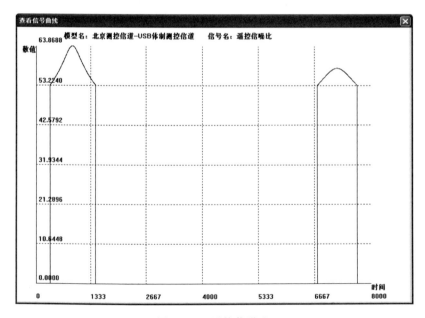

图 5-99 遥控信噪比

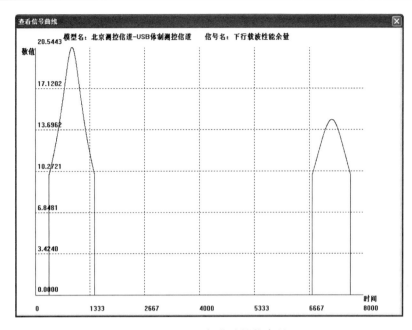

图 5 - 100　下行载波性能余量

5.11.7　飞行器数据存储与传输仿真

飞行器数据存储与传输仿真主要根据在轨故障检测飞行器总体设计和数据传输分系统设计，对飞行器在轨飞行期间，存储器容量、数传工作模式、数据下传状态、地面接收载噪谱密度比、数传天线增益、地面站接收余量和地面站在天线坐标系下的高低角与方位角等变化情况进行仿真。输出相关结果和曲线，进行分析评估。比如，存储器容量变化情况和地面站接收余量变化情况分别如图 5 - 101 和图 5 - 102 所示。

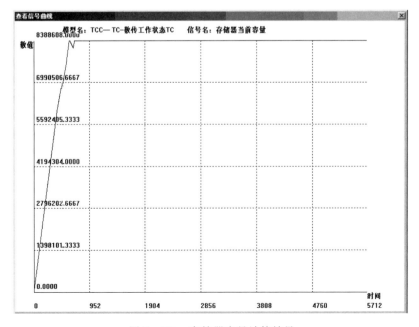

图 5 - 101　存储器容量计算结果

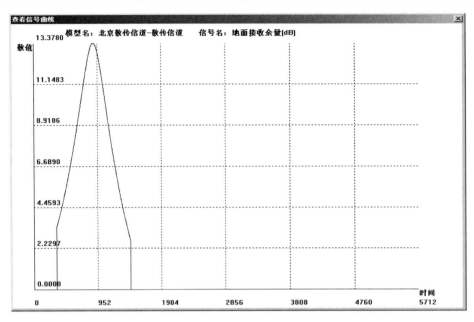

图 5-102　地面接收余量计算结果

5.11.8　飞行器数管工作状态仿真

　　针对在轨故障检测飞行器应用实例，飞行器数管工作状态仿真主要对飞行器在轨飞行期间，数管分系统中心计算机、远置单元、遥控单元、遥测单元和数据总线等工作状态情况进行仿真。输出相关结果和曲线，并进行分析评估。比如，中心遥控单元（CTU）运行情况和远程遥测单元（RTU）第 9 遥测通道遥测采集量变化情况分别如图 5-103 和图 5-104 所示。

信号序号	曲线颜色	信号名	信号值	单位	其它描述
1	N/A	CTU指令输出1	7.0000	N/A	N/A
2	N/A	CTU指令输出2	0.0000	N/A	N/A
3	N/A	CTU指令输出3	6.0000	N/A	N/A
4	N/A	CTU指令输出4	0.0000	N/A	N/A
5	N/A	CTU指令输出5	0.0000	N/A	N/A
6	N/A	CTU指令输出6	0.0000	N/A	N/A
7	N/A	CTU指令输出7	0.0000	N/A	N/A
8	N/A	CTU指令输出8	0.0000	N/A	N/A
9	N/A	CTU指令输出9	0.0000	N/A	N/A
10	N/A	CTU指令输出10	0.0000	N/A	N/A
11	N/A	CTU指令输出11	0.0000	N/A	N/A
12	N/A	CTU指令输出12	0.0000	N/A	N/A
13	N/A	CTU指令输出13	0.0000	N/A	N/A
14	N/A	CTU指令输出14	0.0000	N/A	N/A
15	N/A	CTU指令输出15	0.0000	N/A	N/A
16	N/A	CTU指令输出16	0.0000	N/A	N/A
17	N/A	CTU指令输出17	0.0000	N/A	N/A
18	N/A	CTU指令输出18	0.0000	N/A	N/A
19	N/A	CTU指令输出19	0.0000	N/A	N/A
20	N/A	CTU指令输出20	0.0000	N/A	N/A
21	N/A	星上时间年	2007.0000	N/A	N/A
22	N/A	星上时间月	1.0000	N/A	N/A
23	N/A	星上时间日	23.0000	N/A	N/A
24	N/A	星上时间时	0.0000	N/A	N/A
25	N/A	星上时间分	2.0000	N/A	N/A
26	N/A	星上时间秒	0.0000	N/A	N/A
27	N/A	接收到的上行数据块数	0.0000	N/A	N/A
28	N/A	遥测进程运行情况	1.0000	N/A	N/A
29	N/A	遥控进程运行情况	1.0000	N/A	N/A

图 5-103　CTU 运行状态

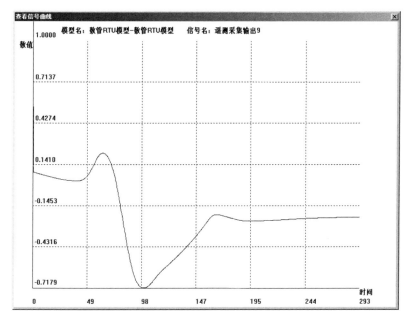

图 5 - 104　遥测采集量 9

5.12　本章小结

本章以在轨故障检测飞行器为应用实例，系统介绍了利用"数字化航天器设计与仿真柔性平台系统"进行飞行器总体设计和分系统设计过程，以及对总体和分系统设计结果进行全系统仿真情况。

值得指出的是，实际开展一个航天器的数字化设计与仿真，需要做大量的工作，涉及大量的表单、图表、数据和曲线，并且往往需要"设计—仿真—设计"的反复迭代。限于篇幅且不失一般性，本章给出的部分表单、图表、数据和曲线，只是示意性的，旨在让读者了解数字化航天器设计与仿真的思路与过程。

第6章 数字化航天器设计发展展望

数字化航天器设计是通过数字化的手段来改造传统的航天器设计方法，旨在建立一套基于计算机技术、网络信息技术，支持产品开发与生产全过程的设计方法。数字化设计可以支持产品开发全过程、支持产品创新设计、支持产品相关数据管理、支持产品开发流程的控制与优化等。在数字化航天器设计中，产品建模是基础，优化设计是主体，数据管理是核心。展望数字化设计发展，有以下两个特点：一是充分利用数字化设计形成的产品数据，使产品技术状态控制水平迈上新台阶，以适应多型号并举的新常态，推动航天器研制任务从一年十几颗到几十颗的跨越；二是将数字化设计与智能制造无缝衔接，借助"中国制造2025"的强劲东风，将数字化航天器总体设计深化到数字化单机产品设计，进一步缩短研制周期和提高产品研制质量，促进空间技术可持续发展和宇航产业转型升级。

6.1 加强数字化设计数据管理，提高技术状态控制水平

随着空间技术的发展，新产品研发周期缩短，产品性能快速提升，同时开展研制的型号成倍增加，产品在其发展历程中存在多个文档，不同专业在设计过程中使用各自的版本管理规则，经常导致文档描述的技术状态与产品实际技术状态不符的情况，由此产生了产品技术状态管理问题。技术状态控制的目的是使产品的不同技术状态用相应的文档进行描述，并得到有效控制，最大限度地摆脱人为因素带来的非预期影响。

技术状态控制是通过建立基准的技术状态基线，实施过程控制和更改控制来完成的。技术状态控制始于基线确定，贯穿于型号研制、生产的全过程。技术状态控制的难点在于更改控制，更改控制是对更改建议进行评价和审批，对偏离和超差申请进行审批和处理。更改控制活动的内容主要包括：文件和版本的更改，评价更改的影响，批准或不批准更改，更改的执行和验证，过程的偏离和超差。进行技术状态控制的关键是技术状态纪实，是记录并跟踪技术状态，以使有关的人员获知评审、验收及交付的不同产品的更改、让步情况和现行的技术状态基线情况，从而保证技术状态的可追溯性。技术状态纪实并不是一个独立的管理过程，它是在对产品进行标识、质量控制、审核过程中对这些过程活动及状态的记录和报告。

数字化设计和以产品生命周期管理（Product Lifecycle Management，PLM）为核心的制造业信息化发展，向技术状态管理提出了新的要求，也为技术状态管理提供了新的手段。基于数字化设计和PLM可以使技术状态控制这项型号研制过程中的复杂工作变得准确而又高效，同时带来了管理方法和观念上的变化。

6.2　持续推进数字化设计深度，支持宇航产品智能制造

计算机技术与传统加工设备结合产生了数控加工装备，数控加工是解决零件品种多变、批量小、形状复杂、精度高等问题和实现高效化和自动化加工的有效途径。随着 3D 打印技术的快速发展，数控加工和 3D 技术逐渐成为航天器制造业的主流生产加工模式，设计师设计的三维模型可直接用于产品的生产加工。随着工业机器人的推广应用，将数字化设计、数字化加工，向数字化装配、数字化检测、数字化试验，到数字化管理进一步延伸，实现了航天器全寿命周期的数字化，进一步加快了航天器的研制速度。

航天型号具有规模庞大、系统复杂、技术密集、综合性强的显著特点，航天产品的研制需要多学科、多部门、长周期的协同工作，数字化设计技术是推进协同工作有序高效进行的关键。数字化设计进一步发展，必将引入人工智能，步入自反馈、自决策、自组织的智能化设计新阶段。

为了使数字化技术与航天器研制进行融合式发展，通过构建一个覆盖航天器研制全生命周期、全要素的数字化研制环境，形成基于数字化、网络化并与航天器研制经验和知识高度集成的航天器研制能力，对促进空间技术可持续发展和宇航产业转型升级具有事半功倍的作用。

20 世纪 80 年代，美国学者将人工智能技术与先进制造技术结合，率先提出了"智能制造"概念。罗克韦尔自动化公司主席基斯·诺斯布什为"智能制造"下了定义，即工业生产中自动化与信息化的深度融合，以提升生产效率，加快面向市场的反应速度。智能制造是面向产品全生命周期，实现泛在感知条件下的信息化制造。

宇航智能制造技术是在现代传感技术、网络技术、自动化技术、智能技术等先进技术的基础上，通过智能化的感知、人机交互、决策和执行技术，实现设计过程、制造过程和制造装备智能化，是信息技术和智能技术与制造过程技术的深度融合与集成，代表宇航工业发展的方向，是我国从航天大国向航天强国迈进的必由之路。

6.3　在轨服务与维护技术发展，将催生新型航天器技术体系

以往的航天器一直是一次发射一次使用，制约了空间技术产业发展。在轨服务与维护技术发展和应用，可实现航天器研制从采用成熟技术、高等级器件进行冗余备份实现单星长寿命高可靠，向采用新技术、货架产品进行可维修性设计实现低成本快响应跨越；大型空间飞行器从受运载火箭运载能力限制，采用传统舱段对接封闭式体系结构，向采用开放式体系结构，在轨建造组装超大型太阳电池翼、通信天线、光学主镜跨越；空间飞行器从在轨不可补给加注、在轨寿命和机动范围受限，向可在轨补给加注、可延长寿命和自由机动飞行跨越。在轨服务与维护技术，将提高空间基础设施使用效益，同时重塑空间技术体系。

在轨服务与维护要求航天器具有模块化的特征，其设计、制造要保证天地一致性。航天器设计既要保证在地面环境条件下能够实现加工、装配、测试、试验、维修和维护，同时要保证在空间环境条件下也能够实现在轨加工、装配、测试、试验、维修和维护。天地环境的差异，对数字化航天器设计提出了更高的要求。由于对在轨航天器所进行的加工、装配、维修、维护等操作，地面只有通过遥操作进行监视与控制，仿真技术在在轨服务与维护航天器研制和应用中将发挥更大的作用。针对航天器的高逼真度仿真，将贯穿航天器全寿命周期的所有活动，航天器在轨变形和重构将使数字化设计模型、真实产品模型与仿真模型之间的映射关系更加复杂多变。至此，处于虚拟世界的数字化航天器必须具有学习和进化能力，与物理世界的航天器如影相随。

6.4　大数据和云计算综合运用，推动软件定义航天器发展

软件定义的无线电（Software Defined Radio，SDR）的无线通信协议并非通过硬件固定实现，其频带、协议和功能是由软件决定的，可通过软件下载和更新来升级，而无需完全更换硬件。软件定义网络（Software Defined Network，SDN）的核心技术 OpenFlow 通过将网络设备控制面与数据面分离开来，从而实现了网络流量的灵活控制，为网络及应用的创新提供了良好的平台。

随着大数据、云计算和人工智能技术的蓬勃发展，先后发生在网络、通信等领域的有关软件定义产品和服务，最近有向由计算机软件控制的、与网络和通信有关的所有工业化产品蔓延的态势。百度和中科院软件所相继提出了软件定义的汽车和软件定义的卫星的概念。软件定义航天器是以星载超计算平台和通用操作环境为核心，采用开放系统架构，支持高速无线网络互联，星载设备即插即用、应用软件随用加载、系统功能按需重构的新一代天基系统。未来的航天器将是人工智能、大数据和云计算技术造就的综合体，以人工智能为核心的软件技术将决定航天器存在的形态。

软件定义的航天器通过需求重定义、硬件重组织、软件重加载，快速重构出实现不同功能的航天器。贯穿需求定义、软硬件设计和验证的数字化航天器设计技术将又一次面对全新的挑战。软件定义的航天器不仅要求进行模块化设计，每一个功能部组件都必须配置处理器，软件可重置、参数可设置，并具有联网功能，才能实现即插即用、在轨自组织和重组织。星载计算资源、交换资源、存储资源必须通过池化，才能接受动态调度，按需提供服务。至此，处于虚拟世界的数字化航天器必将与物理世界的航天器真正融为一体。

参 考 文 献

[1]　王希季，李大耀. 空间技术. 上海：上海科学技术出版社，1994.

[2]　王希季，李大耀. 卫星设计学. 上海：上海科学技术出版社，1997.

[3]　彭成荣. 航天器总体设计. 北京：中国科学技术出版社，2011.

[4]　谭维炽，胡金刚. 航天器系统工程. 北京：中国科学技术出版社，2009.

[5]　刘兴堂，梁炳成，刘力，何广军，等. 复杂系统建模理论、方法与技术. 北京：科学出版社，2008.

[6]　郭忠全. 多学科设计优化方法在卫星总体设计中的应用研究. 北京：国防科学技术大学研究生院，硕士学位论文，2005.

[7]　赵勇. 卫星总体多学科设计优化理论与应用研究. 北京：国防科学技术大学研究生院，博士学位论文，2006.

[8]　张华. 飞行器结构尺寸和形状优化设计的并行协同方法. 南京：南京航空航天大学研究生院，硕士学位论文，2012.

[9]　卜鹤群. 多工况下连续体结构拓扑优化的基结构方法. 南京：南京航空航天大学研究生院，硕士学位论文，2012.

[10]　辛强. 小卫星构型设计专业现状及发展方向研究. 科技视界，2012（34）：27-28.

[11]　徐庆鹤，范立佳，高洪涛，卢清荣，史海涛. 遥感卫星平台与载荷一体化构型. 航天返回与遥感，2014，35（4）：9-16.

[12]　夏利娟. 卫星结构动态特性的全局优化设计研究. 上海：上海交通大学，博士学位论文，2002.

[13]　郝宝新，周志成，曲广吉，李东泽. 大型航天器桁架式主承力结构构型拓扑优化研究. 航天器工程，2014，23（2）：44-51.

[14]　陈月根. 航天器数字化设计基础. 北京：中国科学技术出版社，2010.

[15]　李言俊，张科. 系统辨识理论及应用. 北京：国防工业出版社，2003.

[16]　吴光辉，刘虎. 大型客机数字化设计支持体系框架. 航空学报，2008.29（5）：1386-1394.

[17]　周祖德，李刚炎. 数字制造的现状与发展. 中国机械工程，2002，13（6）：531-533.

[18]　吴伟仁. 军工制造业数字化. 北京：原子能出版社，2005.

[19]　陈向东，张旺军，潘艳华. 航天器的数字化总装设计研究. 航天器工程，2008，17（6）：64-67.

[20]　曹喜滨，张锦绣，孙兆伟. 卫星任务分析与轨道设计数字化平台. 系统仿真学报，2004，16（10）：2230-2233.

[21]　于登云，李志，等. 数字化航天器设计与仿真柔性平台系统. 北京空间飞行器总体设计部，2009.

[22]　于登云，高耀南，李志，杨雷. 航天与力学. 北京：科学技术出版社，2005.

[23]　马兴瑞，于登云，孙京，胡成威. 空间飞行器展开与驱动机构研究进展，宇航学报，2006，27（6）.

[24]　周志成，曲广吉. 通信卫星总体设计和动力学分析. 北京：中国科学技术出版社，2012.

[25]　郗晓宁，王威，高玉东. 近地航天器轨道基础. 长沙：国防科技大学出版社，2003.4.

[26]　James R. Wertz，Space Mission Engineering Springer，2011-01-01.

[27]　Wiley Larson，Space Mission Analysis and Design，Springer，2013-10-05.

[28]　Michael D. Griffin，Space Vehicle Design，AIAA，2004.

［29］　陈烈民．航天器结构与机构．北京：中国科学技术出版社，2005．

［30］　陈淑凤．航天器电磁兼容技术．北京：中国科学技术出版社，2007．

［31］　侯增祺，胡金刚．航天器热控技术．北京：中国科学技术出版社，2007．

［32］　Peter C. Hughes，Spacecraft Attitude Dynamics，Courier Corporation，2012 - 05 - 23.

［33］　P. G. Maropoulos，B. C. Rogers，P. Chapman，C. D. W. Lomas，D. Zhang，D. G. Bramall，Digital Enterprise Technology in Spacecraft Design and Manufacture，CIRP Journal of manufacturing System，2005.

［34］　Lucy Cohan，Analysis of Modular Spacecraft Bus Design for Rapid Response Mission，AIAA - RS4 - 2006 - 3001.

［35］　沈颂华．航空航天器供电系统．北京：北京航空航天大学出版社，2005．

［36］　周军．航天器控制原理．西安：西北工业大学出版社，2001．

［37］　李祖洪．卫星工程管理．北京：中国宇航出版社，2007．

［38］　张育林、范丽、张艳、项军华．卫星星座理论与设计．北京：科学出版社，2008．

［39］　Richard K. Huebschman，The MSX Spacecraft System Design，Johns Hopkins APL Technical Digest，Vol. 17 No. 1，41～48，1996

［40］　William E. Skullney，Harry M. Kreitz. Jr. ，Mark J. Harold，Seven R. Vernon，Teresa M. Betenbaugh，Theodore J. Hartka，David F. Persons and Edward D. Schaefer，Structural Design of the MSX Spacecraft，Johns Hopkins APL Technical Digest，Vol. 17 No. 1，59 - 76，1996.

［41］　Frederick F. Moblery，Wade E. Radford and Lawrence R. Kennedy，MSX Attitude Determination and Control Hardware，Johns Hopkins APL Technical Digest，Vol. 17 No. 2，153 - 160，1996.

［42］　Paul E. Panneton and Jason E. Jenkins，The MSX Spacecraft Power Subsystem Hardware，Johns Hopkins APL Technical Digest，Vol. 17 No. 1，71 - 87，1996.

［43］　Julie A. Krein and Douglas S. Mehoke，The MSX Thermal Design，Johns Hopkins APL Technical Digest，Vol. 17 No. 1，49 - 58，1996.

［44］　David D. Stott，Ronald K. Burek，Peter Eisenreich，Jerry E. Kroutil，Paul D. Schwartz，and Glen F. Sweitzer，The MSX Command and Data Handling System，Johns Hopkins APL Technical Digest，Vol. 17 No. 2，143 - 152，1996.

［45］　Andrew，E. Turner，Cost - Effective Spacecraft Dependent Upon Frequent Non - Intrusive Servicing，AIAA 2001 - 4554.

［46］　徐福祥、林华宝、侯深渊．卫星工程概论．北京：中国宇航出版社，2003．

［47］　Gerard Verfaillie and Marie C. Charmean，A Generic Modular Architecture for the Control of an Autonomous Spacecraft.

［48］　Mark L. Psiaki and Shan Mohiuddin，Modeling，Analysis，and Simulation of GPS Carrier Phase For Spacecraft Relative Navigation，Journal of Guidance Control and Dynamics Vol. 30，No. 6，11 - 12，2007.

［49］　B. N. Agrawal，Design of Multipurpose Spacecraft BUS，AIAA 92 - 0980.

［50］　James Ross，David Musliner，Thomas Kreider，Jack Jacobs，Michael Fisher，Configurable Spacecraft Control Architectures for On - orbit Servicing and Upgrading of Long Life Orbital Pltforms，2004 IEEE Aerospace Conference Proceedings 2625 - 2630.

［51］　George A. Boyarko，Spacecraft Guidance Strategies for Proximity Maneuvering and Close Approach with a Tumbling Object，Phd. Dissertation，Naval Post Graduate School，2004.